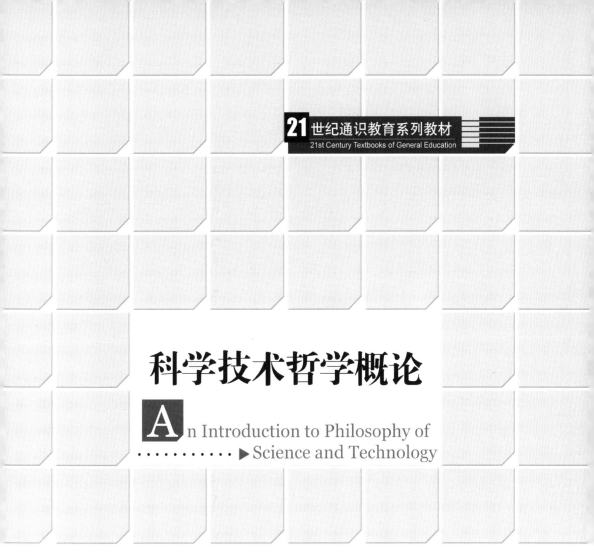

21世纪通识教育系列教材
21st Century Textbooks of General Education

科学技术哲学概论

An Introduction to Philosophy of
Science and Technology

刘大椿 ◎ 著

U0388681

中国人民大学出版社
·北京·

图书在版编目（CIP）数据

科学技术哲学概论/刘大椿著．—北京：中国人民大学出版社，2011
21世纪通识教育系列教材
ISBN 978-7-300-13595-3

Ⅰ.①科…　Ⅱ.①刘…　Ⅲ.①科学哲学-高等学校-教材　②技术哲学-高等学校-教材
Ⅳ.①N02

中国版本图书馆 CIP 数据核字（2011）第 063451 号

21世纪通识教育系列教材
科学技术哲学概论
刘大椿　著
Kexuejishuzhexue　Gailun

出版发行	中国人民大学出版社	
社　　址	北京中关村大街 31 号	**邮政编码**　100080
电　　话	010 - 62511242（总编室）	010 - 62511770（质管部）
	010 - 82501766（邮购部）	010 - 62514148（门市部）
	010 - 62515195（发行公司）	010 - 62515275（盗版举报）
网　　址	http://www.crup.com.cn	
	http://www.ttrnet.com（人大教研网）	
经　　销	新华书店	
印　　刷	天津中印联印务有限公司	
规　　格	170 mm×240 mm　16 开本	**版　　次**　2011 年 5 月第 1 版
印　　张	20.5 插页 1	**印　　次**　2019 年 5 月第 4 次印刷
字　　数	351 000	**定　　价**　48.00 元

· 出版说明 ·

随着信息时代的来临、经济全球化的深入与文化软实力竞争的加剧，重视大学生人文素养与创新能力的培养，提升大学生的综合素质，已成为各国教育改革与发展关注的重点和热点。人们越来越意识到：高等教育不仅要培养大学生良好的专业素质，更重要的是要使他们在走向社会之后拥有长足的自我拓展能力。只有以宽口径、厚基础、复合型为人才培养目标，才能更好地提高我国高等教育的质量，培育出适应现代社会需求的具备公民意识、社会责任感与创新精神的优秀人才。

从中外大学通识教育的实践来看，通识教育是一项系统工程，而课程体系建设始终是推进通识教育的核心任务，教材建设则又是其中的重要环节。为满足广大高校师生对高质量通识教育教材的需求，中国人民大学出版社组织多学科、多领域的专家学者，在广泛调研与深入研讨的基础上，组织编写了这套"21世纪通识教育系列教材"，为推动高等学校通识教育教材建设进行了努力和探索。

本套教材分为人文、政法和经管三大板块，定位为非专业统开课教材，突出"通识"的特色，强调内容阐释的"基础"和"宽度"，力求突破单纯的"专业视域"或"知识视域"，引导学生调整知识结构，拓宽文化视野，以达成人才培养效果上的"宽度"，从而实现高等教育培养复合型人才的目标。

本套教材中的每一本均由该学科领域有影响力的专家学者领衔编写。通识教材的"基础"与"宽度"，需要特别重视教材纲目与内容的适用性、可拓展性和灵活性。唯有在该领域具有丰富教学经验及精深学术水准的名家，方能"取精用弘，由博返约"，编写出体现"通识"特色的高水平教材。

本套教材形式与内容和谐统一，教材内容基础适用，语言简洁生动，并辅以典型、有趣的案例、图表，轻松活泼的栏目和插图等，图文并茂，引人入胜，照顾到青年学生群体的阅读习惯。

　　作为出版者，我们特别希望通过加强通识教育教材建设，推进高校课程体系的融会贯通，提高学生跨学科、跨文化的理解能力，为学生未来的职业生涯与人生发展奠定良好的知识和能力基础。这套通识教育系列教材只是开始，期望更多的专家学者共襄此事，推进通识教育教学的改革与发展。

中国人民大学出版社

· 目 录 ·

引论： 现代科学技术概观

第一章　自然观的变革

第二章 生态价值观与可持续发展

3

第五章 科学认识的经验基础

第六章　科学认识的理论建构

第七章　技术和工程的概念基础

第八章　技术创新的理论与实践

第九章　社会科学的哲学反思

引论：现代科学技术概观

重点问题
- 科学活动与科学共同体
- 现代科技结构与发展趋势
- 科学技术的伟大力量
- 防止科学迷信、弘扬科学精神

对科学的传统理解是静态的、单线条的，只能大致适用于古典科学。20世纪以来，特别是第二次世界大战结束以来，科学研究与技术乃至生产之间有了极为密切的相互依赖的关系，科学本身的状况及其在经济、社会发展中的地位和作用有了质的变化，科学精神日益成为主流观念，人们不但从新的视角看待科学和技术，并且对科学活动的主体、对科学共同体及其规范、对现代科技的结构与发展趋势、对科学精神内涵的展开等问题有了崭新的理解。

一、科学活动与科学共同体

1. 科学是一种人类活动

（1）科学的主要形相。

科学究竟是什么？随着科学的意义和社会作用愈来愈突出，国内外学人开始从活动的观点来看待科学。著名英国科学家、科学学创始人之一贝尔纳很早就指出，"科学"或"科学的"，在不同场合有不同的意义，必须在科学发展的一般图景中把它们联系起来。按照他的意见，科学可以取作若干主要形相，每一个形相都反映科学在某一方面所具有的本质，只有把它们全体综合起来才能抽取科学的完整的意义。贝尔纳认为，现代科学所取的主要形相是：

"一种建制"。"科学作为一种建制而有以几十万计的男女在这方面工作"，它是现代社会不可或缺的一种社会职业。

"一种方法"。在科学建制中，科学家从事科学职业，采用一整套思维和操作规则，有程序性的，也有指导性的，称之为科学方法。科学家遵循和运用这套方法取得科学成果。

"一种累积的知识传统"。科学的每一收获，不论新旧程度如何，都应当能随时经受得起用指定的器械按指定的方法对指定的物料进行检验，否则就会被科学排除。这种公认的客观检验标准，在其他知识系统，如宗教、法律、哲学和艺术中，是不存在的。

"一种维持或发展生产的主要因素"。这是当代科学最重要的形相。科学与技术的密切结合，导致生产的发展和社会进步。"在较早的时期，科学步工业的后尘，目前则是趋向于赶上工业，并领导工业。正如科学在生产上的地位被人所认清的那样，科学是从学习车轮和罐缶而来的，但却创造了蒸汽机和电机。"

"一种重要观念来源"。科学不仅能供实际应用，而且是"构成我们诸信仰和对宇宙和人类的诸态度的最强大的势力之一"。科学是当代文化中极其重要的一部分。科学知识必然反映出当时一般非科学的知识背景，受到社会的、政治的、宗教的或哲学的观念的影响，反过来又为这些观念的变革提供推动力。①

贝尔纳有关科学的多种形相的描述，引发了对科学的一种动态的观点，即把科学看做一种重要的人类活动。首先，当代科学是从事新知识生产的人们的活动领域，它不再局限于个别科学家自发的认识过程，而表现为一种建制，在其中，科学家、科学工作者被社会地组织起来，服从一定的社会规范，为达到预定的目的而使用种种物质手段和周密制定的方法。其次，科学又是人类特定的社会活动的成果，它表现为发展着的知识系统，是借助于相应的认识手段和方式生产出来的，构成当代观念和文化的重要方面。最后，科学活动是整个社会活动的一部分，它与经济活动、社会活动、文化活动相互作用，特别引人注目的是，现代科学活动与生产活动有着最密切的关系，前者是后者的准备及手段。知识并入生产过程，知识转化为直接生产力，正是科学活动分内的事情，是科学建制的重要功能之一。

科学活动说反映了当代科学的本质特点，突破了把科学仅仅看做意识形式的传统理解的框框，也有助于支持"科学是直接生产力"这个关键性命题。

（2）科学是一种高层次的人类活动。

科学认识活动因其内部所特有的复杂程度和有序程度而属于高层次的人

---

① 参见［英］J. D. 贝尔纳：《历史上的科学》，6～27 页，北京，科学出版社，1981。

类活动。

在人类发展的初级阶段,人类以树果为食,假兽皮为衣,借洞穴为居,事事听命于大自然的安排,处处依赖于大自然的恩赐。风暴雷电、洪水旱灾、疾病猛兽,无时不在威胁人类的生存。但是,原始的、质朴的、自然的人,受外界压力的驱使,在自己内部萌动了创造力,大脑的智力日益发展,逐渐地走向更高级的生命状态——从自然的人转变为自为的人。所谓"自为",就是说,人类此时已不再单纯依赖大自然的恩赐,而有能力把自己的意志加诸自然界,用自己的双手改变自然界的本来面目,创造更好的生存条件。自然界是一切生物(其中包括人类在内)赖以生存的空间,是由非生物成分和生物成分互相联系、互相渗透、相互作用形成的大链条。人是这自然链条中的重要一环。在人类的自然状态,这一环节基本上受制于其他环节;而在人类的自为状态,人类则要主动地改变这个大链条各个环节之间的关系,创造新型的人—自然关系。

在改变原有的人—自然关系的过程中,人类首先通过制造工具,进行有目的、有意识的生产劳动,创造出更适宜人类生存的自然环境。"只有人才办得到给自然界打上自己的印记,因为他们不仅迁移动植物,而且也改变了他们的居住地的面貌、气候,甚至还改变了动植物本身,以致他们活动的结果只能和地球的普遍灭亡一起消失。"① 然而,自然界的运动有着本身固有的规律性,要改造自然,就要认识自然,把握自然的运动规律。于是,人类怀着一腔好奇心,仰观俯察,穷究万物之理。随着时间的推移,这种在改造自然的过程中产生的探索自然的活动,逐渐演化为专门的活动——科学活动。正是科学的巨大力量,使得人类改造世界的能力空前强化。正如恩斯特·卡西尔所言:"对于科学,我们可以用阿基米德的话来说:给我一个支点,我就能推动宇宙。在变动不居的宇宙中,科学思想确立了支撑点,确立了不可动摇的支柱。"②

但是,是否所有认识自然的活动都是科学活动呢? 事实上,早在科学文明的曙光照亮人类之前很久,人类就获得了大量的自然知识。他们学会了钻木取火,变生食为熟食;学会了依季节的变动耕种收获;发明了车轮,制定了历法……然而,这些活动还不是科学活动,从中得到的知识不能称为科学知识,而是常识。毋庸置疑,科学联系于常识,起源于人们对日常生活的实际

---

① 《马克思恩格斯选集》,2版,第4卷,274页,北京,人民出版社,1995。

② [德]恩斯特·卡西尔:《人论》,363页,上海,上海译文出版社,1985。

考虑。例如，几何学与测量土地有关，力学与建筑及军事技术有缘，生物学发端于对人体健康水平的关注。但是，若仔细将科学与常识进行比较，则可以发现二者之间存在着诸多不同。

首先，常识乃知其然而不知其所以然，科学活动则为一种解释性活动。旅行家的游览见闻、图书馆的书目分类，不管多么有系统，不管组织得多么有条理，都不能称为科学。区分科学与常识的一个重要特征，是科学的解释性特征。古人早已知道装有圆形轮子的车搬运货物时省力，但却不知道何谓摩擦力，不了解装轮子的车子何以省力；农民知道施肥浇水会在秋后获得大丰收，但却不明白其中的作用机理。科学活动则可以说明这一切。科学家不仅要弄清事实，而且要对事实进行解释。常人遥望星空，叹为观止；科学家则要弄清星体位置、性质，找出其间的必然联系。正是对解释的追求造就了科学，依解释性原则进行的系统化和分类乃是科学的一大特征。

其次，科学所使用的概念比常识更加精确化、条理化。常识很少意识到自己的使用限度，因而是盲目的；科学则时时圈定自己的使用范围，因而是明智的。农人的常识是施肥浇水则根深叶茂，但如果连续不断地往田里施肥，到了一定程度，这种方法就会逐渐失去原初的效力，甚至产生反作用。农学家则是既懂得生物学原理，又了解土壤化学，因而知道肥料的效力依赖于特定时地的土壤条件、气候环境以及所种作物的需求。事实上，常识只有在一组因素保持不变的情形下才真正有效，因而往往具有严重的缺陷，科学则致力于消除这种缺陷。

最后，科学具有可预言性。常识的表述是模糊的，科学的表述是严格的。以"水足够冷时就会凝固"为例。在常识中，"水"没有精确的意义：从天而降的雨、自地而出的泉、广布世界的海洋，都可能被常人称为"水"；而所谓"足够冷"的概念，"足够"在常识中，它可以指仲夏时日最高温度与寒冬子夜最低温度之间的差异，也可能仅仅表征冬日午时与拂晓间的温差；由于语言的模糊性，在常识中，"水足够冷时就会凝固"的陈述就不可能具有明确的界域。科学则不然，它要明确道出水的化学成分（H_2O），严格界定水凝固的准确温度（0℃），并在此基础上作出准确的预言。

2. 科学共同体的规范结构与科学范式

科学共同体既有一般的社会学意义上的共同体的特点，又有其作为科学家群体的特殊规定性。在社会学和人类学中，"共同体"有两种不同用法，即地域性的用法和关系性的用法。地域性的共同体是指具有特定地理边界的有专门特征的社会实体。这种共同体是一组人，他们处于同一地方，功能上相互依赖。关系性的共同体是指具有特质的人类关系。这种共同体不再是区域上受限制的社会实体，而是具有特定性质的关系的人的集合，并且恰恰由其关系的特定性质而与其他人分开以形成一个集合。共同体是靠同感和同类这种结合力联系到一起的，其基本特征是：相互关系包含强烈个人色彩、高度的内聚力、集体性和时间持续。

按照上述区分，科学共同体更多的是关系性的共同体。而且就"科学共同体"这个词而言，可代表两种情形，一指整个科学界，一指部分科学家组成的各种集团。第一种情形能显示科学共同体的外在功能，显示科学与社会文化环境的相互关系；第二种情形显示了科学界的内部结构。

对科学共同体的规范结构进行开创性研究者首推美国社会学家默顿。他研究了科学共同体的内部结构、体制、规范、动力、作为共同体成员的科学家的行为模式等理论问题。在1937年12月召开的美国社会学会议上，默顿宣读了他的论文《科学与社会秩序》。从这篇论文就可以发现默顿对"纯科学的规范"的第一个暗喻和他对科学共同体的结构与动力发生兴趣的迹象。20世纪30年代的德国，希特勒对科学的毁灭性摧残，使默顿意识到研究科学自主性丧失的社会条件的重要性，这篇论文正是为此而作。默顿发现，纳粹政府（极权主义政府）与科学家集团的摩擦，部分原因来自科学规范与政治规范之间的非可比性，科学规范要求以逻辑一致、符合事实来评价理论或命题，而政治规范却把种族、政治信仰等强加于科学，这毫无疑问会引起冲突。此时默顿已赋予科学以特定的规范，为他以后制定科学的规范结构作了准备。默顿还进一步认为，科学的自主性或精神气质——知识纯正、诚实、怀疑性、无偏见、客观——正受到政府施加于科学研究领域的一套规范的触犯，并使科学共同体从原来的结构（在这种结构中有限的权力点被分散于几个活动领域）向另一种结构演变（在这种结构中，只有一个统治科学活动各个方面的权力中心）。这种情况促使各个领域的成员都起来抵抗这种转变，力图保持原来的多权威结构。因此，为了维持科学的自主性，抵抗来自科学共同体外部的压力，必须完善科学共同体的体制，并采取足够的防范措施。①

40年代，默顿进一步对科学作为一种特殊的社会现象感兴趣，着手制定科学的社会结构模型，以便发现科学这一特殊的社会体制是如何维持并运行的。结果他发现，几种作为惯例的规则——普遍性、公有性、竞争性、无偏

① 参见［美］默顿：《科学与社会秩序》，载《科学与哲学》，1982（4）。

见性、合理的怀疑精神——共同构成了现代科学的精神气质，成为科学共同体的特征。这一研究是开创性的，尽管受到一些人（包括科学家）的猛烈攻击，但在当时它显然作为一种"研究范式"对科学共同体的研究产生了深远影响。

60 年代，人们普遍强调科学是以共同体结构的形式组织和发展的。美国科学哲学家库恩把科学共同体结构的存在当做他重建科学史的逻辑起点，并实现了科学共同体与范式的结合。

库恩把范式作为科学共同体的存在依据，一定程度上甚至将两者等同起来，他说，"'范式'一词无论实际上还是逻辑上都很接近于'科学共同体'"，"一种范式是，也仅仅是一个科学共同体成员所共有的东西。反过来，也正由于他们掌握了大量共有的范式才组成了这个科学共同体"。于是，"要把范式这个词完全弄清楚，就必须首先认识科学共同体的独立存在"[1]。据此，库恩对科学共同体下了一个定义，认为科学共同体是由一些学有专长的实际工作者所组成的，他们由所受教育和训练中的共同因素结合在一起，自认为也被人认为专门探索一些共同的目标，包括培养自己的接班人。这种共同体内部交流比较充分，专业方面的看法比较一致，然而由于专业不同，不同的科学共同体之间的交流将是困难的。

不难看出，库恩的科学共同体的基础就是"一种范式"或"一组范式"，或者如他后来提出的"专业基质"。库恩认为，对科学共同体活动最基本的"专业基质"是：符号概括、模型、范例。这三种成分构成了科学共同体成员价值取向的参考框架，影响着集团的研究重点，也影响着评价标准和选择标准，一句话，影响着科学共同体怎样生产、证实、评价、选择科学知识。

在理论评价和选择过程中，科学共同体的裁决作用是无可置疑的。一旦出现了候补范式（未来的新范式），起初肯定势单力薄，旧传统还要提出质疑，然而，科学家们是有理性的人，这样那样的理由终将说服他们中间的很多人，于是，科学共同体最终还将转向新范式。

科学共同体与范式的关系相当复杂，初步归纳为以下四个方面。第一，范式是科学共同体的共同信念和共同约定，是科学共同体的存在根据，科学共同体是范式的承担主体；第二，范式是常规研究活动时期科学共同体提出与解决问题的指导性范例、工具、方法等；第三，范式与科学共同体之间具有对应性，特定的范式隶属于特定的科学共同体，某一科学共同体可具有一

---

① ［美］库恩：《科学革命的结构》，141 页，上海，上海科技出版社，1980。

个或多个相关的范式；第四，可以认为，科学共同体是一种有结构的实体，或称其为实体结构，而范式是一种关系结构，正是有了这种关系结构，才形成一个相应的实体结构。

把握库恩的科学共同体研究框架，必须同把握他的革命性科学观联系在一起，因为正是这种科学观，使库恩运用科学共同体和范式这两个基本概念，并从二者的动态进程中勾画出科学知识增长的模式。库恩强调科学知识的偶然性，肯定认识一定程度的非理性；否认科学进步的必然性，肯定科学中错误的可能性和理解这种错误的必要性。

总之，通过把"范式"概念引入科学共同体，库恩把科学的知识结构与社会结构结合起来，打开了对科学作社会学分析的大门。

3. 科学的职业组织与名誉共同体

英国科学社会学家理查德·怀特莱认为，科学共同体对科学知识的发展是至关重要的，因为它联结"知识主张"的生产与评价，从而控制科学研究的方向。因此，就它是知识生产与评价的独一无二的部门而言，"科学共同体构成科学"，只有经过它生产并证实的东西才是科学知识。按照这个观点，"科学就是由知识的生产者和消费者组成的一系列松散联结、大体上自治的群体的集合"[①]。这些群体环绕特定的知识目标形成各种独特的"共同体"，控制着研究设备，在相对隔离的状态下决定自身的优势重点和工作程序。这样，怀特莱的一个重要思想就明确为：要把握科学知识及其类型的变化，必须从科学的组织结构（科学家组织）的变化去理解。

怀特莱进一步认为，科学形成职业组织，或叫工作组织的一个子集，这个子集由于科学事业的特殊性，由于名誉在其中的中轴地位，可称其为"名誉组织"。也就是说，"名誉组织"是一种工作组织与控制系统，组织内的成员按照名誉共同体的信念和目标，控制着工作方式和工作目标。工作任务是由那些正在追求名誉（以对某一领域的智力目标的贡献为基础）的科学家选择、执行，并加以协调的。

作为一种名誉组织的科学在大学中的建立，在科学职业化过程中起了非常重要的作用，并且产生两个重要后果。一是人们认识到，科学不仅是有用的系统的知识，而且知识生产的实际过程能够被计划，并加以组织。科学作为关于世界的知识是稳定的、真的、逻辑一致的这种观念，逐渐被科学是能

---

① N. Elias，M. Martins and R. Whitley（eds.），*Scientific Establishment and Hierarchies*，p. 313.

够加以组织和计划的知识生产过程和方法这一观念所替代。二是出现了强有力的学术体制，这种体制融培训、授课、名誉授予、网络、设备、雇佣关系于一体，是适应研究任务和技术程序的精确化、纯粹化和标准化，以及研究设备的复杂化而产生的。这种学术体制首先出现于 19 世纪的德国大学，20 世纪的大学教育体制是这种体制的部分沿袭。

怀特莱认为，生产科学知识所需的技术手段的增长速度远远超过了个别科学家的承受能力，客观上要求形成共同体协作攻关；同时，技术程序和符号结构标准化，有助于建立正式的标准化的信息交流系统，名誉共同体也就能更有效地控制工作实践和工作成果。

科学领域的主要特征是对集团目标作出新颖贡献并追求名誉。为了产生对组织目标具有重要意义的知识主张，并且获得专业同行的承认，最后获得相应荣誉和奖励，作为名誉共同体成员的科学家需要相互依赖、相互协调工作过程及其研究成果。但是，由于科学体制对独创性规范的强调，科学家的研究愈来愈专门，而且成果的可预见性、可计划性往往又很差，这就使科学的研究过程和评价过程具有较大的不确定性。于是，怀特莱建立了分析科学组织结构的两个维度："相互依赖程度"和"任务不定程度"。他利用这两个维度及其相互关系来分析科学领域的组织结构及其演变。

总之，怀特莱试图描绘出把现代科学作为产生并选择智力创新过程的社会学框架。他勾画了一个分析并系统地对比处于变化条件下的科学领域的框架，以作为理解智力生产系统如何和为什么变化与转变的工具；通过精心地把科学作为一种特殊类型的工作组织，来确定科学领域据以变化并产生不同种类的知识的两个重要维度。与默顿和库恩不同，怀特莱分析的对象是科学（不单指自然科学），因而是从智力创造的角度去揭示问题的实质；而且，他用组织代替了前二者所指的科学共同体，这是用社会学的组织理论去分析科学共同体的产物。他的维度理论较好地体现了科学的认识结构与社会结构的结合。

二、现代科技结构与发展趋势

现代科学与现代技术紧密结合，它们构成的体系像一座雄伟的大厦，内部各分支或部门相互交织而又层次分明地、相对稳定地联系在一起。研究现代科技的整体结构和层次结构及其规律，可以揭示这一体系的本来面貌，进而达到结构优化的目的。

1. 科学和技术的旨趣

今天,每每提及科学与技术,常常统称其为科技。但是,科学与技术的独特目的取向或旨趣其实是并不相同的,只是因为 20 世纪以来科学与技术的发展由两条平行线变成交汇和相纽结在一起的曲线,人们才自然地将其并称为当代科技。

科学的旨趣 科学的首要旨趣是认识世界,即对世界作出解释和预言。

近代以来,世界发生了天翻地覆的变化,其根本原因在于近代科学革命使人类拥有了全新的世界观和认识事物的新方法。近代科学革命始于哥白尼的日心说,经由拉瓦锡的化学革命、赖尔的地理学革命,一直延伸到达尔文和孟德尔的生物学革命。科学革命使科学作为一种思想观念的功能得到了最好的发挥,科学革命的实质就是思想观念的革命。哥白尼的日心说告诉人们,眼见为实的传统观念不一定正确。虽然我们的感官看到太阳东升西落,但实际的情况并非如此,要想认识客观世界的真实过程,还必须借助于抽象的科学思维。由此,人们开始告别含混和无法检验的抽象概念,转而寻求明晰和可检验的科学概念,使理论思维走向科学化。

科学使人们从根本上改变了对世界的直观性、常识性和静止性的看法。近代科学革命的直接后果是人们利用科学重建了自己的世界观。20 世纪以后,在相对论、量子力学、分子生物学等现代科学革命的推动下,人们的世界观又一次得到了重建。由此可见,科学的认知旨趣使科学成为一种永无止境的求索,正是科学层出不穷的阶段性成果,使动态性成为近代以来人类的世界观演变的基本特征。

那么,从事科学活动的人为什么有一种不懈求索的精神?其根源是,在科学的认知旨趣的背后,还有一种更深层次的目的取向,那就是好奇取向。所谓好奇取向,就是指很多人之所以从事科学,在很大程度上是因为他们有一种抑制不住的冲动——揭示自然的奥秘。无疑,好奇取向的根源在于科学的早期形态是哲学的一部分,而哲学源于人对世界和存在的惊诧和好奇。由于人们易于将科学等同于科学的应用,往往会忽视科学这一独特的目的取向。将认知旨趣与好奇取向综合起来,就是科学所独有的内在旨趣,我们可以简称之为好奇认知旨趣。

技术的旨趣 技术的基本旨趣是控制自然过程和创造人工过程。

从刀耕火种的时代开始,技术就成为人的生活的一部分。当我们欣赏古代文明所创造的奇迹的时候,总会对古人所掌握的技术手段产生极大的兴趣。

9

An Introduction to Philosophy of Science and Technology

这些奇迹都是人通过技术实现的，技术使人的力量得到了几乎无限制的延伸。首先得到延伸和放大的是人的肢体。几千年来的技术变迁，使人类在生理力量有所退化的情况下，逐渐成为自然界最有力量的生物。其次，人的感官和大脑的功能也开始得到延伸和放大。随着新科技革命的发展，技术使人的力量得到了空前的拓展：便捷的通信使地球仿佛一个村落，电子计算机和人工智能正在部分替代和拓展人脑的机能。

透过这些已经或正在发生的奇迹，我们可以看到技术的基本旨趣——控制自然过程和创造设计人工过程。这种旨趣体现了人对自然的能动关系，即人希望以技术为中介使自然成为人可以掌握的对象；然而，意义更为重大的是，人们还试图用技术为自己编织一个人工世界。因此，技术不仅仅是对自然的改造，而且更是一种创造。

在控制和设计思想的指导下，人类将各种自然的力量从天然的状态中调动了出来，使它们成为人类控制和设计的对象：石油、煤炭、核能、太阳能、风能等能源相继得到了开发；青铜、钢铁、塑料、合金等人工材料被制造了出来；印刷术、电视广播、电话和最新出现的互联网给我们带来了越来越多的信息。

技术对自然过程的控制和人工过程的设计，使世界在人的手中得到了重新的安排，使人类生活的世界愈益人工化。在16世纪以前，不论是在东方还是西方，大多数人一生都不会离开生养他们的故里。而今天，地球已经变成了一个小小的村落，我们已经生活在一个利用技术建立起来的人工世界之中。我们要了解世界，就要看报纸、听广播、看电视，不论是学校、汽车还是电话都已经成为我们生活中须臾不可离的东西，而这一切都不是自然的直接赐予，而是人工技术的产物。这种人工世界有时是有形的物体：公路、铁路、火车、飞机、电脑、绘画等，有时又是无形的东西：软件、信息、知识、音乐等。

有形的人工世界在不断地发展，新的材料和能源层出不穷；人类所涉足的空间会越来越广阔，甚至有一天，我们也许会移民火星或者其他星球，再创新的文明纪元。无形的人工世界正在发生一场革命性的变化，那就是电脑网络空间的出现，正在形成一个虚拟的电子世界。通过这个虚拟世界，我们可以在家学习和在家上班，不用出门就可以买到自己需要的商品，甚至还可以建立异彩纷呈的网上社区，或者穿上传感服进入虚拟世界欣赏人工奇境。

本来，科学与技术是各异其趣的。早期的技术被称为技艺，主要是某种世代相传的手艺或技术诀窍。古代的时候，技术并未受到重视。西方人更注重哲学和科学,东方人则更关注人际关系和政治统治,因此匠人的地位都不高,他们只是被看做社会生活所必需的灵巧的"手"。这其中的重要原因是古代的技艺大多为经验型的技巧,一般的人假以时日便能掌握,并不需要太高的智力要求。

技术的这种命运直到培根之后才得到改变。培根提出了一个非常有名的口号:"知识就是力量。"这个口号的完整涵义是,科学知识不仅是人对自然的认识,而且是人的真正力量所在,人们可以利用科学知识所揭示的自然规律控制自然、创造和设计人工世界。培根又说,要命令自然,就必须服从自然。所谓命令自然所体现的就是技术的旨趣,而服从自然的前提是不断地探求自然的规律,这即是科学的旨趣所在。从此,技术由以常识为基础的传统技艺,发展为现代科学技术,科学开始与技术结合,使人的知识的力量延伸到世界的每一个角落。

2. 现代科技的整体结构

现代科学技术的整体结构是从整体上对现代科学技术知识的概括。在现代科学技术日益发展成为一个门类繁多、纵横交错、相互渗透、彼此贯通的网络体系的情况下,各个分支或部门的结合方式,它们在科学技术整体中的地位和作用,越来越引起人们的关注。

(1)科学活动的现代结构:基础研究、应用研究和开发研究。

作为一种重要而复杂的社会活动,当代科学活动形成了特定的结构,这就是由基础研究、应用研究和开发研究三种科学活动组成的庞大而有机的体系。基础研究包括理论和实验两个方面的工作,主要从事基本理论研究,目的在于分析事物的性质、结构以及事物之间的关系,从而揭示事物所遵循的基本规律。一般地说,基础研究的特征是创造性以及不直接与实用相联系。所谓不考虑实用目的,意味着基础研究这种科学活动,不是为了直接的实际应用,不直接与生产、技术相联系,它的基本任务,在于对客观世界作出理论说明,建立宏观世界的知识体系,从而为应用研究和开发研究提供理论基础。尽管当代基础研究需要昂贵的、精密的仪器、装置和设备,但我们还是可以说,它与传统理解的科学比较一致,因为它直接以认识世界为目的,以追求真理为最高价值。

但是,当代的科学活动不仅仅止于基础研究,虽然它依然非常重要,不容忽视。相对来说,应用研究和开发研究是占据主要地位的科学活动。应用研究致力于解决国民经济中所提出的实际科学技术问题,它的核心是技术。

科学理论和生产，一般是通过应用研究联系起来的，它一方面开辟科学理论转变为技术的方向，一方面将技术和生产的信息反馈给科学。通过应用研究，可以把理论发展到应用的形式，使理论具备为人类实践直接服务的可能性。应用研究的着眼点转向了确定基础研究成果的可能用途，以及利用这些成果达到预定目标的方法。

开发研究在现代工业社会是最为普遍的科学活动形式，它直接从事生产技术方面的研究，担负着把科学技术直接转化为社会生产力的工作。应用研究的成果，只是在技术上成功了，还有个交付实际生产的问题。生产中的技术保证和可行性考虑，都是从可能生产力变成现实生产力所不可缺少的。开发研究正是凭借已有的知识，指导生产新的材料、产品和设计，建立新的工艺、系统和服务。它是以对生产的直接性为特征的，通过它，科学活动系统与生产活动系统便直接联系起来了。

通过对基础研究、应用研究、开发研究共同组成科学活动的结构的上述分析，对于我们从理论上认识什么是科学具有决定意义。把科学看做一种具有特定结构的人类活动，可以有说服力地解释科学为什么是直接生产力。从宏观的角度来看，生产力有几个主要部分：科学技术、产业构成、生产力组织。科学活动结构与生产活动结构交叉，开发研究成为生产活动的直接准备，这就使科学直接成为生产力这个有机体的必要组成部分。在基础研究和应用研究指导下的开发研究，在科学活动结构中充当了把知识转化为直接生产力的角色，转化的过程不是别的，恰恰是科学活动极其重要的一部分。

（2）现代科学由基础科学、技术科学和工程科学形成一个"三足鼎立"结构。

在现代科学中，基础科学、技术科学和工程科学三者既相互独立，又相互联系、相互促进。基础科学是现代科学的基石，是技术科学和工程科学共同的理论基础，其发展水平和状况反映着一个国家的科学水平。基础科学的发展，开辟着新的生产技术领域，促进了技术科学和工程科学的发展。例如在20世纪30年代，当时物理学一个重要的研究课题就是中子与铀核的相互作用，物理学家们原先预料这种相互作用将可能获得更重要的超铀元素，但结果却出人意料地发现了铀核裂变反应。正是这一发现导致了原子能技术科学和核电工程科学的诞生。技术科学是将基础科学知识用于解决实际问题的中间环节。它既带有基础研究的性质（相对工程科学而言），又为基础研究提供新的研究课题和研究手段，从而推动着基础科学的发展。技术科学发展的状况和水平，反映着一个国家的技术水平。基础科学和技术科学只有通过工程科学才能转化为现实的生产力。工程科学的发展，依靠基础科学和技术科学的发展状况，同时与经济、社会有着密切联系，它作为生产力最重要的组成部分，成为推动经济、社会发展的强大力量。所以，工程科学发展的状况，反映着一个国家生产力发展的水平。

（3）现代技术由实验技术、基本技术和产业技术形成了另一个"三足鼎立"结构。

在现代技术中，实验技术、基本技术和产业技术也是既相互区别，又相互联系、相互促进的。尽管实验技术是随着近代科学发展而产生的，较之基本技术产生为晚，但在现代科学越来越成为技术和生产力发展的先导的情况下，仍可被视为基本技术和产业技术的基础。实际上，现代任何一项技术发明都是从实验技术开始，然后走向基本技术和产业技术而获得应用。例如，如果没有德国赫兹波存在所使用的实验技术，就不会有法国的布冉利、英国的洛奇和意大利的马可尼等人的无线电波传播这项基本的物理技术的出现，更不会有无线通信技术的产业实现。至于基本技术，则既可以为实验技术提供仪器设备促进其发展，又可通过劳动过程中的技术推动产业技术的进步。劳动过程中的技术往往是不同基本技术的组合，例如，在一个火力发电厂中，发电技术作为一种劳动过程中的技术当然需要物理技术，但其许多工作是要提高煤或油的燃烧效率、改善水质和减少环境污染，这些又离不开化工技术乃至生物技术。产业技术则是由劳动过程中的不同技术组成的，例如，冶金产业就需要采掘技术（采矿）、建设技术（矿井、选厂、高炉）、机械生产技术（破碎、浇铸、轧制）、能源技术（焦炭、电力）、输送技术（矿石、钢锭运送）、信息处理技术（化验、检测、控制）等劳动过程中的技术。基本技术的开发必然会促进产业技术的巨大发展，这可以从电子计算机这项物理技术明显看出，它不仅改造了机械制造、冶金、煤炭、化工、交通运输等传统产业技术，而且还使计算机、通信等高新技术产业得以兴起。产业技术既以劳动过程中的技术和基本技术为基础，又与工业、农业、交通运输业等经济部门密切相关。因此，如果说实验技术和基本技术代表着一个国家的科学能力和技术力量的话，那么，产业技术就代表一个国家的经济水平。

3. 现代科技结构的演化

在从横的方面对现代科技的整体结构进行研究之后，再从纵的方面探讨现代科技结构的演化。

（1）时空分布。

现代科学技术结构的空间分布包括两个方面。一方面，沿着客观辩证法方向伸展的空间分布，即向符合研究和改造的物质层次结构由简单到复杂的演进顺序的方向发展。另一方面，沿着主观辩证法方向伸展的空间分布，即向认识、改造自然的逐渐深化的方向发展。考察物质层次结构序列和科学技术结构，发现两者并不完全符合，如按物质发展由基本粒子到整个宇宙的序列，基本粒子物理应排在最前列，但它事实上直到 20 世纪 30 年代才产生。这说明科学技术结构的演化除了取决于各种物质运动形式本身的发展过程外，还取决于人们认识和改造自然的程度。这就是说，人们认识和改造自然的方法深刻影响着现代科技结构的空间分布。

现代科技结构随时间发生的变化是对其空间分布的逻辑补充。以往各门学科总是先后得到发展的，但现代却可能有几门学科同时获得巨大发展。例如，在 20 世纪 40 年代，物理学中的原子物理学、力学中的空气动力学、化学中的放射化学和物理化学、天文学中的射电天文学、地质学中的海洋科学、生物学中的生物化学、数学中的数学分析都是当时的主流学科。

（2）相关生长。

20 世纪以来，现代科学技术出现了相关生长的趋势，大量边缘学科、综合学科、横断学科的产生都是这一趋势的具体表现。现代科学技术之间的相关生长主要有三条途径：第一，理论的转移和综合。即通过概念的延拓、补充、修正使原有学科发生分化，发展出另一些新学科。例如，把量子力学基本概念转移到生物大分子结构的研究中，创建了量子生物学。第二，方法的转移和综合。一门成熟科学的研究方法一旦转移到其他新的领域，可以显示出它的巨大威力。据有人统计，用数学方法、物理方法、化学方法研究其他学科对象所形成的学科数目分别为 79 门、555 门和 271 门。第三，对象的转移和综合。现代有些学科对象越来越超出其传统范畴，例如，海洋学自古以来一直是地质学中对地球水圈进行研究的一个分支，但是今天的海洋科学却已发展成为一门拥有 139 个分支学科的综合性学科，海洋成了包括物理、化学、地质学、气候学、生物学和工程学在内的许多学科共同研究的对象。

现代科学技术的相关生长还不限于此。一些重大课题的解决，需要把现代科学技术与社会科学知识结合起来。例如，要解决环境保护问题，不仅涉及一系列生态、生化、生物、地质、物理等学科知识和许多技术问题，也涉及一系列社会制度、政策法令、人口控制、历史沿革等社会科学方面的知识。现代科学技术与社会科学结合形成了许多杂交学科，如工程经济学、系统工程学、技术经济学、预测学、情报学、经济地理学、工程美学等。不管是现代科学技术本身的相关生长,还是它与社会科学的相关生长,都改变着现代科学技术的结构。

(3)不平衡发展。

现代科学技术的发展是不平衡的,并不是各个学科或部门齐头并进的。总有一门或一组学科或部门作为先导带动其他学科或部门前进,这就是所谓带头学科。带头学科对于整个科学技术发展往往具有非常巨大的影响。20世纪初的带头学科是相对论和量子力学,它的理论和方法为其他学科或部门所采用,解决了现代科学技术中的许多难题。第二次世界大战以来,控制论、原子科学、航天科学、信息科学、生物科学等这样一些科学成为带头学科。当然这并不是否定其他基础科学的带头作用,从某种意义上讲,物理学和生物学(尤其是分子生物学)影响着现代科学技术的各个方面。

4. 现代科学技术的一体化

无论作为知识,还是作为社会活动,科学与技术之间都有很大差异,但又有不少共同之处。在历史上绝大部分时期,它们联系松散,基本是相互独立发展的。20世纪以来,由于社会生产力的提高和经济制度的演变,也由于二者自身发展的逻辑,它们之间的联系日益密切,形成以科学为先导的相互促进、共同发展的良性循环。现代的科学更加技术化,现代的技术更加科学化,科学与技术逐渐一体化。

(1)科学的技术化。

科学的技术化是指在总体的科学活动中包含着大量的技术科学研究、技术发展研究和技术应用作为其辅助部分。这些辅助的技术活动并非用于科学研究成果向相应技术领域的转化,而是服务于科学研究活动自身的需要。

科学技术化是科学实验规模日益增大、所用仪器设备日益复杂,并且越来越普遍运用现成工艺技术而导致的必然后果。以粒子物理学为例。这是当代物理学前沿。它通过高能粒子的碰撞实验来探索是否存在尚未知的新粒子。实验所需的高速粒子通过加速器获得,实验结果则通过专门的探测记录仪器得出。随着粒子能量的不断提高(如质子已超过 5 000 亿电子伏)和探测记录仪器的大型化、精密化,实验装置的设计制造已超出同时代工程技术的常规,必须由实验物理学家与工程师协作,做出新的发明创造和订立新的技术规范。例如,欧洲核子研究中心 1976 年建成的质子同步加速器(SPS),对直径 2 千米、周长约 6 千米的巨大主体真空路道的真空度要求是剩余气压小于 10^{-7} 毫米汞柱，而当时的真空泵无法满足要求，于是科学家与工程师一起发展高真空技术，发明了扩散法粘结的钛真空，完成了高真空用大型溅射离子泵（这台加速器用了 650 个这种泵）和转轮分子泵（用了 80 个）的批量生产。又如，为了精确观测极为遥远的天体，需要在大气圈外设置巨大望远镜，这就要研制能在大气圈外工作的望远镜和相应的信息传递装置。这项工作涉及光学仪器制造技术、信息加工传递技术和许多空间技术。

不仅科学实验要解决大量的工程技术难题，像数学等传统的非实验性基础学科在今天也借助大型计算机来证明定理。数学的某些分支、量子化学、大气空气动力学等基础科研现在都使用运行速度极高的计算机，需要科学家和计算机软件硬件工程师密切合作才能完成计算工作。

（2）技术的科学化。

技术的科学化有两重含义。第一，是指已有的技术上升为技术科学，形成系统的技术知识体系，反过来又完善和提高已有的技术。例如，冶金、农业、金属加工、建筑、纺织等传统技术从 19 世纪以来相继形成各自的技术学科体系。如今，这些技术领域都有根据技术科学原理和技术科学实验制定的技术极限和技术规范，为避免在实践中盲目的探索提供了极大帮助。例如，现在的建筑工程师不必像古代工匠那样反复用试错法才能找出新建筑的最佳结构，而只需正确地运用工程结构力学和材料力学的科学原理就能设计出轻巧的新建筑。

第二，是指技术创造发明根据已有的（包括最新的）基础科研成果做出，即技术进步以科学进步为先导。以激光技术为例。爱因斯坦在 1927 年提出原子系统与辐射相互作用时会产生受激发射的理论。1951 年珀塞尔等做核感应实验时第一次观察到微波的受激发射现象。同年，美国的汤斯研制成第一台微波激射器。1953 年，肖洛和汤斯在一篇论文中提出由微波激射器过渡到激光器所存在的问题及解决问题的建议。1960 年，梅曼制成第一台激光器。激光器制成仅几个月就应用到技术中，由此开始了激光技术的发展。梅曼的激光器本是作为验证受激发射的物理理论装置而发明的，因此，它也是科学的技术化和科学技术连续体形成的典型事例。

（3）科学技术连续体的形成。

科学技术连续体是科学技术高度一体化的产物，它是从基础研究经应用研究和发展研究到实用技术的连续的整体。这种连续体的形成一般通过两种途径：一是科学的技术化与技术的科学化两个过程相对展开，衔接后由于实践需要的推动相互渗透与融合而成；另一种是由于科学实验提出的技术原理符合某种实践需要，科学的技术化连续演变成新技术。

例如，半导体科学技术是通过前一种途径形成的。先看有关理论方面的进展。由于1927年发现的"异常霍耳效应"用经典电子学无法解释，英国的威尔逊等提出新的半导体电模型——"威尔逊模型"，指出半导体有两类："电子导电"型和"空穴导电"型。1938年，达维多夫和奔撒等研究了两型半导体相连时的导电，提出了半导体接触整流理论（二极管理论）。再看有关技术领域的进展。第二次世界大战期间雷达研究过程中，首先出现使用硅锗等材料制成二极管作检波器件的技术。人们受真空二极管发展为三极管后能有电信号放大功能的启示，思考半导体二极管能否发展为有放大功能的三极管。1945年美国贝尔实验室指定肖克莱等人负责研制半导体三极管。三年后，他们研制成功第一代点接触锗的三极管。然后，科学家在研究两个 p-n 结构成面接型三极管时，发现理论准备不足，又掀起了半导体物理的研究高潮，完成了半导体技术的基础理论，为以后微电子学技术的蓬勃发展打好了基础。

当代的生物科学技术（群）则是从另一途径形成的。50年代，以发现DNA双螺旋结构和分子生物学建立为开端的生物学革命产生了许多划时代的成果，从60年代开始，生物学实验技术，尤其分子生物学实验技术开始向生物工程的实用技术转化，由遗传工程（主要包括基因重组技术和细胞融合技术）、发酵工程、酶工程组成的生物工程技术伴随生物学革命迅速发展起来，成为最有潜力的新技术（群）。

科学与技术连成一体后科学对技术的研究方式及发展速度、价值取向都产生了深刻的影响。在一体化科学技术中，以寻求客观本质规律为目的的基础科研一般要以技术发展的未来范围为科研选题的主要依据，认识世界的活动明确地服务于改造世界的活动。而应用研究与发展研究则根据基础科研的最新成果，主动探索可导出的新技术原理和新技术应用，使得实用技术的发展基本上摆脱了已有经验的局限，而能够广泛灵活地运用各种新技术原理，在技术开发中实现最优的技术组合。科学家和工程师在一起协作，互相启发，互相促进，对双方的研究与开发工作都会产生积极的影响。

三、科学技术的伟大力量

1. 科学的四个层面及其"革命力量"

科学的力量来源于四个层面：科学知识、科学思想、科学方法和科学精神。

科学知识是人类对于客观规律的认识和总结。科学知识不仅能够帮助人们形成智力、能力、生产力，同时也形成新的思想道德和精神品格，促进人的全面发展。恰如培根所说，知识就是力量。正是不断积累的科学文化知识，揭示出自然过程的奥秘，使人类在一定程度上逐渐摆脱环境的制约，能够相对自主地决定自身的命运。

科学思想是人类在科学活动中所运用的具有系统性的思想观念，它们是人类智力的集结、智慧的结晶，是认识和改造世界的锐利武器。科学知识，只有集结为科学思想，才成其为条理化、系统化、理性化的知识，才可能体现出科学知识的力量。科学思想一旦形成理论体系，并同社会需要、技术发展结合起来，同亿万人民改造世界的实践活动结合起来，就会变成巨大的物质力量。人类认识世界改造世界的重要成果都凝聚在科学思想中。人类社会所取得的所有历史进步，所创造的一切人间奇迹，也都是在科学思想指导下进行的。

科学方法是人们揭示客观世界奥秘、获得新知识和探索真理的工具。科学方法一旦形成，就能指导人们更有成效地进行思维，更有成效地学习科学知识、运用科学知识、解决实际问题。由于科学方法建立在对于客观世界及其发展规律正确认识的基础上，所以科学方法的确立为科学指明了方向，也为科学的应用找到了最佳途径。对于每个人来讲，确立科学方法的一个重要方面就是实现思维方式的科学化，这往往是一种革命性变化，能使个人认识和改造世界的能力获得指数式的增长。

科学精神是科学的灵魂和光芒所在，是科学发展的动力源泉。科学精神不仅为科技界所推崇，也是现代文明的标志和现代社会的一种基本精神面貌。科学精神的核心是求真务实和开拓创新。求真务实就是相信真理、按客观规律办事；开拓创新则是现代社会发展的动力所在。

由上述诸层面的综合作用，科学产生了伟大的力量，体现为"最高意义上的革命力量"。

作为一种革命的力量，科学首先具有知识启蒙的意义，科学知识是开启民智、彰显理性的先锋。在蛮荒的年代，对自然的恐惧和敬畏使人生活在一个万物有灵的世界，"神秘"的世界的解释权为少数人所垄断，神秘主义被特权阶层发展为蒙昧主义和专制主义，人们难以发现人自身的力量。

知识像暗夜中的明灯把世界一点点地照亮，而日渐系统化的科学知识是其中最亮的一盏。科学知识所流射出的光就是真理之光，它使人们意识到，世界有其内在的规律，人可以认识真理。于是，人类开始用已有的科学知识理解世界，致力于探寻未知的奥秘。科学知识使世界的面纱一点点揭开，世界不仅不再神秘，而且可以认识。

与科学新知相伴而至的是科学思想，新的科学思想往往是观念创新的动力和先导，科学革命常常会使人的思想观念发生革命性的变化。每一次科学革命，都会带来世界图景的改变，都会更新世界观，改变对待人和事物的态度。哥白尼天文学革命、牛顿力学革命、拉瓦锡化学革命、达尔文生物学革命等思想成就，使人们看到了理性洞悉世界的威力和人类控制自然过程的可能性。在近代决定论的世界图景下，人的主体意识和创新意识开始迸发，甚至一度产生了主宰世界的思想。相对论和量子力学等现代科学革命，将抽象性、复杂性和不确定性的观念引入了科学。这些新的思想，一方面使人们看到了理性力量的伟大；另一方面，又使人们看到了认识和改变世界的艰难。于是，人们的思想开始成熟起来，一方面乘胜追击不断地进入自然的深处，发掘出更强大的自然力量；另一方面，开始思考科学的局限性，开始反省人与自然的关系，开始考量科学技术与人类其他文化形式的互动与融合。

丝毫不夸张地说，科学方法是人类方法库中最有力量的工具，科学方法的每一次更新，都是具有方法论意义的革命。这种革命首先发生在科学内部。科学方法每一次新进展不仅会导致科学的新突破，还可能转化为一种具有普遍意义的方法论。例如，逻辑分析方法已经成为现代社会生活中运用得最多的方法之一。在自然科学与社会科学日益融合的背景下，许多新的科学方法从一开始就为社会科学所运用，这一新的趋势使科学在方法论层面上的革命性影响更加广泛深入。

作为科学灵魂的科学精神，是最具革命性的精神武器。这是因为以求实和创新为核心诉求的科学精神，是现实可能性和主观能动性的完美结合。其中，现实可能性来自科学精神中对客观性的追求，主观能动性则最好地体现于科学精神中强烈的创新意识之上。因此，科学精神不仅是对科学活动的关照，更是对普遍性的人类活动具有规范意义的精神指南。几千年来的科学实践表明，科学精神是科学探索真理、坚持真理和发展真理最有力的武器。科学的不俗表现进一步使科学精神成为现代社会的一种主流文化精神。换言之，科学精神是现代社会区别于传统社会的首要标志，其对传统向现代社会转型的作用是毋庸置疑的。

2. "科学技术是第一生产力"

从马克思关于"科学是生产力"的洞见，到邓小平关于"科学技术是第一生产力"的论断，刻画了理论随时代不断更新的脉络，为人们提供了正确认识现代生产力和现代科学技术的基点。

在西方，还没有一个思想家能像马克思那样深刻地理解科学在历史上所起的伟大作用。马克思"把科学首先看成是历史的有力的杠杆，看成是最高意义上的革命力量"①。马克思在生命的最后时日，对电学方面的各种发现依然十分注意。"在马克思看来，科学是一种在历史上起推动作用的、革命的力量。任何一门理论科学中的每一个新发现，即使它的实际应用甚至还无法预见，都使马克思感到衷心喜悦，但是当有了立即会对工业、对一般历史发展产生革命影响的发现的时候，他的喜悦就完全不同了。"② 恩格斯高度评价马克思的科学观——关于科学的基本思想，认为这是马克思的与唯物史观、剩余价值理论一样重要的贡献。

首先，马克思的"科学是生产力"的思想，正确揭示了科学的生产力性质。科学不仅表现为社会发展的一般精神成果，以知识形态而存在（他称之为"一般的生产力"），而且从资本主义大生产的实践中洞察到："一般社会知识，已经在多么大的程度上变成了**直接的生产力**，从而社会生产过程的条件本身在多么大的程度上受到一般智力的控制并按照这种智力得到改造"③。当科学以一般知识形态存在、尚未并入生产过程时，它是以知识形态存在的一般社会生产力；而当科学并入生产，即转化为劳动者的劳动技能、物化为具体的劳动工具和劳动对象、通过管理在生产结构中发挥作用时，它就直接进入生产过程，成为社会劳动生产力，即直接生产力。

其次，马克思透彻分析了科学在生产力中的地位和作用。马克思认为科学是生产力中的一个相对独立的因素，它能够促进整个生产力的巨大发展。马克思在《资本论》中写道："劳动生产力是由多种情况决定的，其中包括：工人的平均熟练程度，科学的发展水平和它在工艺上应用的程度，生产过程的社会结合，生产资料的规模和效能，以及自然条件。"④ 他非常注意科学的力量对资本主义生产的作用，强调科学是生产过程的独立因素、是不费资本家分文的另一种生产力。⑤ 马克思的这些论断，既有助于我们理解科学是生产力发展的主要源泉之一、劳动生产力各要素的提高也决定于科学技术的水平

---

① 《马克思恩格斯全集》，中文1版，第19卷，372页，北京，人民出版社，1963。
② 同上书，375页。
③ 《马克思恩格斯全集》，中文1版，第46卷（下），219~220页，北京，人民出版社，1980。
④ 《马克思恩格斯全集》，中文1版，第23卷，53页，北京，人民出版社，1972。
⑤ 参见上书，423~424页。

这个重要思想,又揭露了现代资本主义发展的一个秘密:"大工业把巨大的自然力和自然科学并入生产过程,必然大大提高劳动生产率,这一点是一目了然的。但是生产力的这种提高并不是靠在另一地方增加劳动消耗换来的,这一点却绝不是同样一目了然的。"①

再次,马克思深刻指出了科学与生产的互动关系以及科学转化为直接生产力的基本途径。科学既是观念的财富又是实际的财富,同时还是"生产财富的手段"和"致富的手段"。科学的发生和发展一开始就是由生产决定的,现代科学更需要大工业生产提供强大的物质基础。反过来,科学并入生产,又使整个生产结构、生产过程、生产面貌发生了革命性变化。按照马克思的理解,作为一般社会生产力的科学知识,具有一个重要特征,即"不费资本家分文",通俗地说,就是具有使用的无偿性。这种"不需花钱的生产力",当它被应用到生产过程后将"使商品绝对降价"。转换的关键在于将科学并入生产,或者说将科学转化为直接生产力。转化的途径主要有:物化、人格化和科学管理。物化是自然科学和技术转化为新的劳动工具和劳动对象;人格化是科学武装劳动者,提高劳动者的文化科学水平,提高他们的技能和科学素质;科学管理则是运用科学的管理理论和方法,建立合理的生产结构和生产过程,改善劳动者之间的关系,通过提高管理水平提高生产力。

科学技术对生产力发展的作用,人们一向是有所注意的。工业革命后,科学技术进步作用的迅速增长更为研究社会经济发展的观察家和学者所关注。但是,一般来说,他们比较重视科学技术所造成的某些后果,注意到各种新的机器,承认这是经济增长加快的原因,却没有下工夫说明这些机器到底是怎样推动社会经济增长的。在19世纪,马克思是个例外,他致力于将对资本主义社会根本机制的研究与对科学技术进步本身如何发生的分析结合起来。他第一个突破了把科学技术当做经济系统外生变量的流行观点,开创性地认识到科学技术是社会经济系统的内生变量。马克思关于"科学是生产力"的理论是实践的结晶又具有超前性。

"科学是生产力"的论断,在马克思主义宝库中具有基本理论的意义,但长期以来没有得到应有的重视,却受到西方与中国的两个方面的歪曲,甚至诋毁。法兰克福学派的重要代表哈贝马斯,在他1968年为纪念马尔库塞诞生70周年而撰写的长篇论文《作为"意识形态"的技术和科学》中,曾经颇有见地地提出,20世纪以来西方资本主义出现的新趋势,其中之一是科学研究和

---

① 《马克思恩格斯全集》,中文1版,第23卷,424页,北京,人民出版社,1972。

技术之间的相互依赖日益密切，而这种密切关系使得诸种科学成了第一位的生产力。不过，对这种趋势的意义，他的估价与我们迥然不同。在他论证科学技术是"第一位的生产力"时，着眼点是在说明科学技术已成为当代资本主义社会的"意识形态"，从而造成人的异化和工人阶级革命性的丧失。他竭力证明科学技术在现代社会中消极的社会效应，是由科学技术革命本身所带来的，因而他用虚构的"科学技术与人性"的对立来代替真实的阶级之间的对立。更有甚者，哈贝马斯从"科学技术是第一位的生产力"这个命题出发，竟得出马克思主义全面"过时"的推论，声称马克思的劳动价值论的应用前提便从此告吹了，经济基础、上层建筑、意识形态的范畴也不再像过去那样起作用了。

而在当代中国，由于"左"的错误思想影响，国内对科学技术、对知识分子在社会主义建设中的地位和作用，在党的十一届三中全会前总的来说也是贬斥的，在"文化大革命"时期尤其是这样。

青山遮不住，毕竟东流去。在中国社会主义的实践中，第一次真正有意义地把现代科技发展与社会主义的命运连接起来，是在结束"文化大革命"十年动乱后不久。当时积重难返、百废待兴，怎么办？邓小平高瞻远瞩地说："我们国家要赶上世界先进水平，从何着手呢？我想，要从科学和教育着手。"① 他根据当代科学技术为生产开辟道路、给世界经济和社会各个领域带来巨大变化的事实，深刻地指出："四个现代化，关键是科学技术现代化。没有现代科学技术，就不可能建设现代农业、现代工业、现代国防。没有科学技术的高速度发展，也就不可能有国民经济的高速度发展。"②

邓小平在一系列的讲话特别是在全国科学大会开幕式上的讲话中，对当时一系列颠倒了的历史功过与理论是非进行了拨乱反正，着重阐述了科学技术是生产力和科技人员是工人阶级的一部分这两个关键问题，为我国新时期制定发展科学技术的方针政策、在社会上确立"尊重知识，尊重人才"的风气，奠定了有力的理论基础。

1988 年，正当我国的改革开放事业进入一个关键阶段之际，邓小平又及时告诫大家："从长远看，要注意教育和科学技术。否则，我们已经耽误了二十年，……还要再耽误二十年，后果不堪设想。"接着，他深谋远虑地指出："马克思讲过科学技术是生产力，这是非常正确的，现在看来这样说可能不够，恐怕是第一生产力。"③ 邓小平还特别讲到解决好少数高级知识分子待遇

① 《邓小平文选》，2 版，第 2 卷，48 页，北京，人民出版社，1994。
② 同上书，86 页。
③ 《邓小平文选》，1 版，第 3 卷，274～275 页，北京，人民出版社，1993。

的问题,把"科学技术是第一生产力"的理论与社会主义现代化的实践紧密结合在一起。此后,邓小平多次重申这一科学论断,强调最终可能是科学解决问题。在 1992 年初,他进一步指出科学技术是解决经济建设问题的根本出路。

为什么要在马克思关于"科学是生产力"这个论断中加上"第一"这个修饰词?首先是因为现代科学技术处于一切生产力形式、过程和因素中的首位,现代科学技术是生产力中相对独立的要素,是生产力诸因素中起决定性作用的主导因素。

科学成为生产力发展的独立因素和主导因素,是资本主义生产方式建立以后的事情。马克思写道:"**自然因素**的应用——在一定程度上自然因素被列入资本的组成部分——是同**科学**作为生产过程的独立因素的发展相一致的。生产过程成了**科学的应用**,而科学反过来成为生产过程的因素即所谓职能。每一项发现都成了新的发明或生产方法的新的改进的基础。只有资本主义生产方式才第一次使自然科学为直接的生产过程服务"①。

第二次世界大战以来,这一特点更为引人注目。科学及其在生产上的广泛应用,事实上同单个工人的技能和知识分离了。现代科学技术不仅渗透在传统生产力的诸要素中,而且在社会生产力的发展中起着比劳动者自身、生产工具和劳动对象更为重要的作用。现代科学技术除了决定着生产力的发展水平和速度、生产的效率和质量,还决定着生产中的产业结构、组织结构、产品结构与劳动方式,它不单使生产力在量上增加,而且使生产力在质上发生飞跃,导引着未来的生产方向。所以现代科学技术在生产力系统中已上升到主导的地位,在资本、劳动、科技三个因素对经济增长的作用中,科技已愈来愈显重要,在发达国家几乎占 70%。现在,向生产的深度和广度进军,不能只靠劳动力和资本,更要靠科学技术。

3. 科学技术是先进文化的基本内容

科学作为最高意义上的革命力量,不仅表现为先进生产力,而且还是先进文化的基本内容。

爱因斯坦曾指出:科学对于人类事务的影响有两种方式。第一种方式是大家熟悉的:科学直接地并且在更大程度上间接地生产出完全改变了人类生活的工具。第二种方式是教育性质的——它作用于心灵。尽管草率看来,这

---

① 《马克思恩格斯全集》,中文 1 版,第 47 卷,570 页,北京,人民出版社,1979。

种方式好像不大明显，但至少同第一种方式一样锐利。其中，第一种方式所说的是科学技术的物质生产功能，第二种方式则指科学技术的精神文化功能。

说起科技文化，就必然要说到哥白尼日心说的提出和传播，这件事不仅是一起科学事件，更是一起文化事件。在当时，仅从观察实证的角度来看，哥白尼的日心说甚至处于劣势，但日心说为什么能够拥有布鲁诺、伽利略等坚定的支持者呢，这与当时的社会文化心态有关。人们反对地心说、倡导日心说的一个重要原因是，他们已经十分厌恶教会及其用于附会《圣经》的地心说，而日心说一旦成立，正好用于宣泄心中强烈的反宗教的情绪。结果日心说胜利了，这胜利是反宗教的文化心理的胜利，也是科技文化的初次大捷。日心说只是一系列胜利的开始，在接下来的四百多年里，维萨里的《人体构造》、牛顿的《自然哲学的数学原理》、拉瓦锡的《化学纲要》、达尔文的《物种起源》、麦克斯韦的《论电学和磁学》、爱因斯坦的《论动体的电动力学》等胜利的里程碑相继树起。与此同时，电报、电话、汽车、广播、电视、计算机、互联网等新的应用技术层出不穷，并以文化的形式融入人们的日常生活之中。这些胜利的结果之一就是，科技文化逐渐发展为一种相对独立的社会亚文化系统。

作为一种重要的社会亚文化系统，科技文化在与其他文化的互动中不断发展，已经成为当代社会的一种先进文化。科技文化在现代社会的拓展和渗透，主要有三个途径。其一是科技对生产方式的变革，从器物层面传导到制度层面再影响到文化价值层面。由于科技的介入，生产过程日益复杂，这就必然导致了组织结构和制度文化的变革，在这种变革中，逐渐形成了求实与创新、效率与公平、批判与宽容等文化价值观念。其二是科技在生活中的广泛应用，新的科技文化不断涌现。科技供应与消费需求互动互促，一方面，新科技的应用，起到了直接塑造人们生活方式的作用；另一方面，个人和群体的偏好，又反过来影响到科技应用的方向。这样就形成了汽车文化、通信文化和网络文化等。显然，这些文化并非纯粹的科技文化，其中也蕴涵着各种社会文化价值，而且，还有很多对社会有负面影响的价值观，如汽车文化中的享受意识对于实现可持续发展是极其有害的。为了克服科技文化的负面影响，必须从人的角度出发，使科技文化与人文文化相融合。当前得到广泛提倡的绿色技术、工业生态技术等都兼顾科技发展和人的需求的努力，也是科技文化与人文文化互动的产物。其三是通过教育、宣传和普及直接进入社会文化价值领域。在人们认识到科学是推动历史发展的最高意义上的革命力量之后，科技文化在世界大多数国家都被视为主流文化，科技文化得到了广泛而深入的传播。

四、防止科学迷信、弘扬科学精神

1. 科学、非科学、反科学、伪科学

什么是科学，什么是非科学，什么是伪科学，反科学又是什么意思？这关系到科学的划界问题，为此，搞清科学的主要特征是个关键。

科学，首先是自然科学，在认识论和方法论方面的主要特征是：

——具体性。科学是将世界分门别类进行研究，它们的对象是具体的、特殊的物质运动，相对于无限世界的永恒问题，它们一般只提出和设法解决现实对象的有限问题。

——经验性。科学以经验为出发点和归宿。起于经验（由观察、实验而来）、讫于经验（用实验对所得到的科学认识进行检验），力求不背离经验。

——精确性。科学要求得到的结论是系统而明晰的，彼此联系、不矛盾，通常都能用公式、数据、图形来表示，其误差限制在一定的范围之内。

——可检验性。科学的结论不是笼统的、有歧义的一般性陈述，而是个别确定的、具体的命题，它们在可控条件下可以重复接受实验的检验。

其中可检验性是关键，它是具体性的体现、经验性的基础和精确性的保证。可检验性至少包含三层意思。第一，它意味着科学实验是最基本的科学实践活动，实验方法是科学的标志，是最重要的科学方法。第二，它为科学假说提供了一个基本的方法论原理，不论提出假说还是鉴别假说都应当遵循这个原理。第三，它是科学发现获得社会承认的基本条件，在这里表现为实验结果必须可以再现的可重复性特点。

人们常常把近代以来成熟的自然科学叫做实验科学。由于实验方法的建立，自然科学才最终与神学、与自然哲学分道扬镳，由直觉思辨的研究发展到实证的研究，以实验事实为依据并由实验事实加以检验，从而成为现代意义下的真正的科学。离开实验，科学之树就丧失了成长壮大的肥沃土壤。当然，理论不断改进要靠人们的想象力和创造力，但它基本的原动力是来自实验及其结果。近代以来，科学特别是物理学和生物学的伟大成就，充分证明了这一原则。这种成功，也为科学活动立下了一条极其严格的标准，就是：理论必须能经受住检验。换言之，理论应当解释已知的实验结果，还应当预言今后可能得出的实验事实。在解释和预言中，一般都是拿理论导出的数据与实验中测定的数据相比较，这就是所谓实验检验，就是科学的可检验性。

如果解释或预言失败，或者说没有经受住实验检验，理论就需要修正或被别的更能满足要求的理论取而代之。

可检验性同时为科学假说提供了一个重要的方法论原理：科学假说在原则上应当是可检验的。如果一个假说不但无法在技术上接受实验的检验，而且在原则上也不可能被检验，那就不能称为科学假说。所谓原则上不可能被检验，是指它根本没有检验蕴涵——它本身不能被检验，由它演绎推导出的命题也不能被检验。例如，关于月球物质构成的假说，即使在人们登月之前，即使技术上尚无法实现，原则上仍然是可以检验的。人们可以用许多间接方法，其中有光谱分析的方法，把它转化成一组检验蕴涵。一旦登月飞行实现后，还能最终在技术上实现直接检验。与此相反，有些天主教物理学家认为，物体相互的引力吸引，是与"爱"有着密切关系的某种"爱好或自然倾向"的表现。爱是那些物体所固有的，它使得它们的"自然运动成为可以理解的和可能的"。这个假说在原则上就是不可检验的，不能称为科学假说。

再则，可检验性使科学活动处于同行专家的严格监视之下。科学活动要求科学家向他们的所有同行作出说明，他们必须用公认的方法与手段验证自己的成果。可检验性为科学发现的社会承认机制带来了客观性和合理性，这就是科学实验的可重复性特点。确立一项科学发现，其基本前提是实验的行为可以重复、实验的结果可以再现。实验的行为和功能在严格规定并加以控制的条件下，决不会因人、因时、因地而异。科学活动为此立下了一个规矩：任何一个实验事实，至少也应该被另一位研究者重复实现，否则就不予承认。可重复性特点是可检验性原则的具体化，它在行为和功能方面，对检验的客观性和现实可行性作出了保证。它表明，科学家面对的不是一个外行当事人，像医生面对病人、律师面对法律当事人一样。科学家面对的是有资格的同行，这些人对科学活动的兴趣和知识素养与他不相上下，因而他早就预料到要经受严格的审查。

可检验性作为科学的基本原则与重视理论思维并不矛盾。它不是简单的"眼见为实"，而对"见"的过程有严格的规定，同时要求动脑筋。实际上，现代物理学，例如爱因斯坦的广义相对论，不仅是可检验的，而且也是高度思辨、高度抽象的。相反，人们却可以在许多流行的圆梦书或占星术中看到，其中的迷信观念倒是与人们的日常经验有一定的联系。占星术之类之所以不为现代科学所容纳，原因倒不是毫无观察依据，而是不具备科学的可检验性，不符合公认的科学理论和方法。因此，当我们谈到科学的可检验性时，不能仅仅停留在它们是否具备直观的经验基础上，同时必须把可检验性这一根本特征与科学的理论结构联系起来考察。在科学活动中,提出的假定必须明确,足以容许我们对于理论所要解释的现象推导出特定的检验蕴涵。人们将能把理论所设想的基本过程与我们掌握的经验现象相联系,而这些经验现象又是该理论所能解释、预见和后顾的。

一旦我们了解了科学的上述特征,就不难分辨出非科学,凡不具备可检验性特征者就不能说是科学,即是非科学。当然,非科学的涵盖面非常广,这里并没有一个好坏的评价。非科学中不乏有价值者,但它们依然是非科学,并不因为它们有价值而可以称为科学。

伪科学是一种特殊的非科学,它实为非科学,却要伪装成科学,不承认自己的非科学身份。在一定意义上,它也是一种反科学,它违背科学精神,不遵循公认的科学规范,起着破坏科学的恶劣作用,却还要自称为科学。伪装是它的基本特征。

反科学主要是对科学的否定性评价,它并不自称科学,反而直截了当地批判科学,揭科学的短。反科学反对把科学方法视为万能和最高准则,反对排斥其他方法,只用科学方法来仲裁政治、道德、法律、艺术、情感等等一切人类问题。因此,反科学在原则上是有合理性的,是科技与文化整合中不可缺失的一个成分或方面。它的问题在于片面性,正如把科学看做万能不符合事实,把一切灾难归之于科学更是荒谬的。科学方法虽非万能,却的确有极广泛的应用可能性,至今仍不能说人类已穷尽了科学方法的所有可能应用领域。如果反科学走向绝对化,武断地认定哪些领域不能采用科学方法,那么就阻止了人类继续利用科学方法为自己谋得更多福利的可能,从而是不智的,是损及科技与文化的整合的。

2. 警惕打着科学旗号的迷信

现代迷信伪装成科学,以售其奸,这是它的一个重要特点。在我们这种科学不甚发达、公民的科学素养比较低的国度,情况尤为严重。近年来,封建迷信活动沉渣泛起。当然,这里有深刻的社会原因:市场经济的逐步发展,改变了社会的面貌,给人们提供了许多新的机会,也带来了一些不确定的因素。当人们对事态的进程难以把握、对社会现象感到困惑之时,人们对自身、对社会组织、对主流意识,甚至对科学容易失去信心,产生所谓信仰危机。于是,一些宣扬鬼神命运和超自然神秘力量的迷信,就会乘虚而入。在科学时代,许多非科学自觉或不自觉地冒充成科学,它们向科学挑战的手法,不是正面与科学较量,而是假冒科学的名义,或者干脆宣称自己就是科学,甚至是尖端科学、前沿科学。一些人打着科学的旗号，附会某些科学术语，试图用非常规条件下很不规范的"科学实验"，将某些非科学打扮成科学，堂而皇之地流播于人群之中。还有一些人自称"弘扬"优秀传统文化，冒充科学态度，把糟粕说成精华。这就造成了当前特别尖锐的问题：危害很大的现代迷信伪装成科学向我们挑战，我们必须坚决和有效地戳穿、抵制这种伪科学。

伪科学虽然打着科学的旗号，冒充科学，具有一定的欺骗性，但假的毕竟是假的，在关键的地方必定很不规范，与科学相差甚远，所以只能借助各种特殊伎俩。它们常常惊动有权势者，这些人或者糊涂，或者别有用心，居然为之说项；它们也吵吵着要用科学实验来验明正身，时而通过关系找一些权威的科学家和权威的科学机构作佐证，钻科学的空子为自己贴金；它们还善于通过非科学的手法来为自己扩大影响，其中文艺作品和新闻传媒出力最多，流风所及，假作真时真亦假。它们本来是非科学问题，却装扮成科学大行其道。非科学本不可惧，有些还有自己特殊的存在价值。但别有用心抹杀非科学与科学的界限，就成了地道的伪科学。对伪科学是不能太天真的，它们不会自生自灭。它们不仅要与科学较量，而且要利用科学，打着科学的旗号来摧毁科学。

中国的伪科学大致有几种类型，危害各不相同，要作具体分析。最世俗化的是江湖术士型，他们一般有点"功夫"，会几招拳脚和杂技，还能算命、星占、解梦、硬气功等，有的具有"特异功能"。传统上，他们以表演谋生，并不讳言要搞点欺骗、玩点花样。除了一些痞子，并无大碍。但近十几年来，他们在一度沉寂之后突然反弹，涌现出一批世界级的"大师"，可以呼风唤雨、消灾避难、健身壮阳、点石成金，几乎无所不能。更怪的是信从者众，有些共产党员、高级干部、大知识分子，居然利用自己的地位和手中的权力，为他们做义务推销员，给他们贴上"现代科学的"、"传统文化的"金色标签，自己信不打紧，还唯恐别人不信，甚至逼迫大家相信。把传统迷信装扮成现代科学，新瓶装旧酒，这是一种类型的伪科学。

另一种是学术骗子型，他们或多或少有点科学知识和训练，一般不安于现状，喜欢投机取巧，出人头地。但他们的功夫主要不是用在按照科学规范老老实实地运作上，而是在科学之外走路子、钻门子。在长达十多年的"水变油"闹剧中，真正的科学活动实在分量太少，具有轰动效应的都是公关活动和不折不扣的欺骗。一个并不复杂的科学问题和精心策划的骗术，把自信而无知的新闻记者骗了；经国家权威报纸和广播电台等媒体宣传，把许多善良而轻信的老百姓骗了；再经好大喜功又有权势的人推波助澜，特别是经科学界某些人的违规操作,假的几乎成了真的。这个被吹捧成"中国第五大发明"的特大伪科学案例,后来是由于达数亿元的经济诈骗案事发,才终于水落石出。

再一种是政治骗子型,有些达官贵人为了某种政治目的,利用和支持那些学术骗子,其中一些学术骗子有了权后更成为政治骗子。他们从事伪科学活动,宣传伪科学结论。典型的例子是李森科事件。在遗传和育种问题上,李森科从30年代开始就反对染色体和基因是主要遗传物质的学说,并把对立的瓦维诺夫院士的观点贴上"资产阶级科学"的标签。这充其量是不同科学学派的争论,却被当局视为政治斗争。直到60年代初,尽管李森科的双料骗子面目已暴露无遗,当局仍然支持他。几十年折腾的结果,不仅瓦维诺夫等一大批有才华的生物学家死于非命,苏联的遗传学也大大落后了。

还有一种是商业骗子型,这是在体制转型期间比较流行的。由于"科学"在中国有极高的声誉,打着科学的旗号往往更容易博得大众的信任,因而成为许多骗子的首选。例如一项"电子增高器"的发明,号称刺激人体特定穴位可以使矮个青年迅速长高。不少人看了广告后掏钱购买,结果纷纷反映上当,有的人还被电流烧伤!再如号称"科学发明"的"电子口吃矫正器",事实上只是个小型音响系统,可以让人在耳机中监听自己说话的声音,对矫正口吃并无直接效果。至于在广大农村地区邮寄流传乃至在有影响的刊物登载的所谓"科技致富信息",其中下三烂的坑蒙拐骗成分更多,有时让人啼笑皆非。

总的说来,伪科学是一种现代迷信,它们的共同点是把假的说成真的,为了达到某种庸俗低级甚至于卑鄙目的,把非科学伪装成科学。伪科学通常都是与别有用心的宣传或诈骗活动联系在一起的,因此打击伪科学,归根到底要在规范学术行为、政治行为和商业行为方面下工夫,建立反欺诈的法律体系和监控机制。另一方面,大众传媒对此也要负一定责任,如果传媒能够杜绝或减少为伪科学宣传,就可以防患于未然,降低各种伪科学活动而带来的经济损失乃至社会损失。提高大众媒介的科技水平,是一个至关重要的问题。

历史反复告诉我们,科学与迷信的斗争是不会停息的。在科学时代,要特别警惕那些打着科学旗号的迷信。不要一听到以科学名义叫卖的东西就相信,对那些自称是科学的东西,不能轻信,必须仔细分辨。

现代迷信装扮成科学与我们较量,也使我们清醒地看到,科学并不是既成的、不变的教条,它本身也是在不断变化和发展的;同时要正确估计科学的实际作用，掌握好分寸。科学是一种社会活动，它不断与其他社会体制，包括经济、政治、文化、意识相互影响，正是这种合力推动了历史前进。

进而言之，有一个给科学恰当定位的问题。在现代社会这个复杂系统中，固然科学起着主导作用，但科学不是全体，更不是一切。有许多非科学的东西，它们自身本来就有存在的合理性，并不需要硬说成是科学。诸如文化背景、宗教和民族传统、艺术风格、社会习俗等等，它们对于社会发展是十分重要的，有时是非常关键的，但它们却不是科学。所以，不能一概否定非科学。

还应当注意一个对科学的迷信问题。过去的愚昧是见"菩萨"就拜，不管是"真菩萨"还是"假菩萨"。现代迷信的一种重要形式是把真理绝对化，形而上学地看待科学。我们要矫正一种误解，以为一切都"靠科学解决问题"，就是只要有科学就可以解决问题，或者只有科学才能解决问题，别的一切都是毫无意义的。科学的确是历史前进的伟大杠杆，但是科学并不能自己成为动力，需要一定的体制和机制与之配合，还要有特定的历史主体——人去把握。在发挥科学的作用时，还必须自觉地避免它的负面作用。实际上，当代人口、资源、环境危机等全球问题的产生，是与科学技术的高度发展相关的。环境污染造成生态危机，物种濒临灭绝使生物多样性丧失，利用高科技武器侵略他国谋求霸权，等等，许多新问题提醒我们，的确要认真控制科学，防止科学技术可能带来的负面影响。

3. 高扬科学精神，破除迷信

在当前中国，由于社会转型时期不可避免的脱序效应，非理性主义的倾向颇有市场。用迷信的或实用主义的态度崇拜科学者均有之，这使伪科学有了一定的土壤。宣称科学与人文精神对立而非议甚至否定科学者，亦可成为时髦。

当今在西方比较流行的"反科学"思潮，以"对科学的迷信"的批判者自居，是对科学与社会发展负面结果的一种畸形回应。由于现代化带来的不仅有物质财富的增长，还有一系列负面的社会问题和精神危机，由此引发出各种批判性反思是非常自然的。其中一些反思来自科学家和科学哲学家。一方面，现代科技成果的社会效用的确不易把握，例如，原子能可以造福人类，也可以毁灭文明；克隆技术具有诱人的前景，也可能产生棘手的伦理难题。科学拥有巨大力量，但它的作用方向并不是科学自己能完全决定的。面对这些矛盾，不能轻易断言：凡是科学工作，必然将获得正面评价。另一方面，当代科学理论的革命性进展,特别是相对论和量子力学的胜利、分子生物学的成功,使得要按照传统科学规范取得新的重大突破愈来愈困难,这种状况在科学家内部产生了"科学终结论",并成为反科学思潮的一种新形式。当然,片面强调科学的负面作用,把罪恶归之于科学,把造成负面作用的真正责任者——不合理的制度放在一边,否定科学的进展永无止境,显然是错误的。第二次世界大战以来,西方科学哲学的主流转向对科学主义的批判。这种批判虽然导致了许多问题的深化,但也造成了相对主义的流行。应当既看到反科学思潮具有一定的合理性,又清醒地认识到它们的片面性。它们的基本倾向是对科学的确定性提出质疑。

原来断言,观察和实验是科学认识的基础;后来流行的观点则转变为观察渗透理论,因而引申出,任何实验都不是中立的;极而言之,每一科学活动都会有先入之见来支配实验的运作和结果的取舍。

原来断言,科学是理性的事业,是天然合理的;后来流行的观点则反称非理性是科学创造之源,引申下去,得出的结论是:科学遵循无政府主义的"怎么都行",科学与神话并无根本区别。

原来断言,科学具有累积性和进步性;后来流行的观点则否认科学革命前后的科学之间是可比的、不断进步的,更有甚者,对于那些流行的科学理论,有些论者认为,只能在其中随意进行选择,根本没有客观标准。

对科学确定性的质疑,在一定条件下有助于克服科学主义把科学绝对化的偏颇,可是,更应当看到,这种反科学思潮常常走入极端,它把科学认识的相对性夸大为相对主义,使科学的合理性也终被轻率地抛弃。其实,在发达国家的实践中,科学始终占据主导地位,反科学思潮只是正餐的作料。但对发展中国家来说,值得警醒的是,如果把握不好,反科学思潮看似新潮,却很容易与极端落后的封建迷信合拍,甚至与反现代化的挽歌合流,在急需发展科学的国度,这一思潮有可能消解对科学的追求。所以要拒斥反科学思潮的相对主义,在吸取它的批判性时,一定要掌握分寸。

在整个 20 世纪,除了少数例外,中国的主流意识不可谓不重视科学。但在科学之路上之所以不尽如人意,一是没有真正掌握科学与伪科学的区别,太随心所欲地把科学当做自己的工具了,结果与科学精神相违背,有时适得其反;二是没有始终如一地在科学体制化上下工夫,致力于建立现代化的教育体制、现代化的科研体制、现代化的开发体制,急功近利,南辕北辙,结果无功而返。

面对当前中国社会和学界存在的一些脱序状态,应特别警惕失范的危险。

首先，必须在高扬科学精神的氛围中，着力建立现代体制化的科学和社会，批判形形色色的现代迷信，抵制伪科学的干扰；其次，参照科学先进国家相对于中国的超前发展，不要回避现代化将带来的新问题。在某种意义上说，不但要弥补我们过去所缺乏的形式理性与实证精神，而且要前瞻地关注其可能的负面影响。我们不能简单地跟着国外流行的反科学思潮跑，在科技不发达的条件下，超越可能意味着愚昧。但是，对许多已见端倪的问题，如工业化带来的生态破坏，科学作为文化的一部分与其他文化构成之间冲突的可能性，等等，又不能漠然置之，思想的触角应该敏锐地将它们把握住。

当伪科学拿科学当挡箭牌，为现代迷信作辩护时，更要坚持科学精神。科学精神是人类精神中最深层次的宝贵内涵，是与现代迷信作斗争的锐利武器。

小 结

随着科学的意义和社会作用愈来愈突出，人们开始从活动的观点来看待科学：科学表现为一种建制，一种发展着的知识系统，是整个社会活动的一部分。

科学的首要旨趣是认识世界，技术的基本旨趣是控制自然过程和创造人工过程，现代科学与技术紧密结合，构成一座宏伟的大厦，内部各分支或部门相互交织而又层次分明地、相对稳定地联系在一起，现代的科学更加技术化，技术更加科学化，科学与技术逐渐一体化。

科学是"最高意义上的革命力量"；科学技术是"第一生产力"，是先进文化的基本内容。科学的力量来源于下述四个方面：科学知识，科学思想，科学方法和科学精神。弘扬科学精神，首先要把握科学的主要特征，辨别科学与非科学，认清伪科学与反科学，警惕打着科学旗号、伪装成科学的现代迷信，同时也要避免形而上学地看待科学，避免走向极端的反科学思潮。弘扬科学精神，意味着既要弥补我们过去所缺失的形式理性与实证精神，又要前瞻地关注其可能的负面影响。

思考题

1. 怎样从人类活动的角度看待科学？
2. 为什么现在常常将科学与技术统称为科学技术或科技？
3. 科学技术的伟大力量体现在哪些方面？

4. 为什么既要防止对科学的迷信，又要避免走向极端的反科学思潮？

延伸阅读

1. 普赖斯：《小科学，大科学》，上海：世界科学社，1982 年。

2. 齐曼：《知识的力量——科学的社会范畴》，上海：上海科学技术出版社，1985 年。

3. 加斯顿：《科学的社会运行：英美科学界的奖励系统》，北京：光明日报出版社，1988 年。

4. 巴伯：《科学与社会秩序》，北京：三联书店，1991 年。

5. 贝尔：《后工业社会的来临——对社会预测的一项探索》，北京：新华出版社，1997 年。

6. 默顿：《十七世纪英国的科学、技术与社会》，北京：商务印书馆，2000 年。

7. 贝尔纳：《科学的社会功能》，桂林：广西师范大学出版社，2003 年。

8. 布什：《科学：没有止境的前沿》，北京：商务印书馆，2004 年。

第一章　自然观的变革

．．．．．．．．．．．．．．．．．．．．．．．．．．．．．．．．．．．．．．．

重点问题
- 近代科学的兴起与机械论自然图景
- 辩证自然观的革命
- 当代科学突破与自然观的新探索

　　人类对自然的认识绝不是简单的临摹，而是依赖于人类的认知概念框架，对自然主动地进行同化和建构的结果。认知概念框架包括语言、神话、宗教、艺术、科学甚至政治等诸种观念，每一时代的自然观来自于历史上迄今为止人类知识的全部，代表着每一时代人类对自然和自身的认识，体现着人类关于自然的秩序以及人类在自然界中的地位的信念。时代不同，人们的认知概念框架就不同，主导人类自然观的因素就不同，就会有不同的自然观和对待自然的不同态度。

　　科学的发展与自然观的变革是不可分离的，相反亦然。人类的自然观有一个演变的过程。与近代科学一道兴起的是机械论自然观，它是还原论方法的一种具体形式；现代辩证的自然观随着现代科学革命登上历史舞台，它使我们得以恰当地把握人与自然的关系；而当代自然观的新探索又为我们展现了极为丰富的思想内容。

一、近代科学的兴起与机械论自然图景

1. 近代机械论自然观的肇始

　　从中世纪末期始，在逐渐加快发展的手工业和农业中越来越多地应用各种机械技术，为早期的机械论自然观提供了大量丰富的感性材料。文艺复兴以来日益发展的工场手工业，尤其是钟表业，更促进了机械技术的发展，并激发学者们借鉴机械技术的成功，用机械论的思想去理解大自然的运行。许多学者在认识自然规律时都认为自然界的运行是与钟表等机械相类似的。应

该说，当时的生产实践和生产力发展水平是机械论自然观的根本基础。

伽利略为机械论自然观奠定了认识论和方法论的基础。他有一句在当时极为流行的格言：圣灵的心意是教导我们如何升入天堂，但决不是教给我们天本身是如何行走的。在他看来，自然界的一切都是服从机械因果律的。他曾说，他对于外界的物体，除掉大小形状、数量以及或快或慢的运动外，从来没有想过任何别的要求。

哈维的血液循环理论是用机械力学方法研究生理学的成果。他用机械术语和机械原理描述血液运动，把心脏比做一个中心水泵，把心脏的收缩比喻为水泵的压水运动，把心脏瓣膜比做两个控制血液单向流动的阀门。

2. 对机械论的早期哲学概括

法国哲学家、数学家笛卡儿是早期机械论哲学的代表人物。他的哲学是一种理性主义的二元论。他把世界分为两部分——形体世界与精神世界，对灵魂与肉体、内心感应与外部世界进行了严格的区分。

笛卡儿认为，物质是形体世界里唯一的客观实体，一切形体都是做机械运动的物质。他对物质运动、天体运动以及人体的运行机制都作了机械论的解释。笛卡儿以量的特征定义物质，认为物质的唯一特性是广延。在这样一个实体中，只有物物相触才能产生运动。他提出了著名的"动量守恒定律"，认为物质的唯一运动形式是空间位移。在笛卡儿物理学中，宇宙是一个巨大的机械系统，在上帝提供给它"最初起因"之后，就按照严格的机械运动规律运行下去。他自信地说："给我运动和广延我就能构造出世界。"

笛卡儿将机械论引入生物界，他将动物看做具有各种生理功能的自动机器。他甚至提出人体本身也是一种"尘世间的机器"。在他看来，人的活动也严格遵循着物理定律，人作为机器与动物机器的区别，就是人要受到存在于他自身的"理性灵魂"的控制。他认为，人除了思想之外，机体的所有功能都像钟表一样是纯机械性的。他赞赏哈维的血液循环理论，认为哈维的理论正好说明了生命就在于血液的机械运动。与哈维不同的是，他把心脏比做热机。

笛卡儿对自然的认识基本摆脱了目的论和唯灵论的束缚，对后来机械论和唯物论的发展都起了重要作用。但他的哲学也明显地表现出早期机械论自然观的弱点：参照当时的机械技术进行朴素直观的类比，没有用力、速度、空间、时间等科学的概念去把握自然。

3. 牛顿力学的影响与机械论哲学的成熟

正确地提出力的概念，并由此对自然的机械论哲学作了根本上的修改并赋予其更为深刻思想的是伟大的英国科学家牛顿。

牛顿所提出的力并不是一个像文艺复兴时期自然主义中"爱"和"憎"一样含糊的、起定性作用的词，也不完全是那种解释碰撞作用的"一个物体对另一个物体的压力"，而是改变物体机械运动状态的、能够精确度量的力学上的一种物理量。在此基础上，他不仅根据"自然的一致性（或简单性）原则"、"同因同果的线性因果决定论性原则"、"物体属性的普遍性原则"和"归纳主义的原则"，从现象中推出普遍的规律，而且明确提出了他的核心研究纲领："我希望能用同样的推理方法从力学原理中推导出自然界的其余现象。因为有许多理由使我猜想，这些现象都是和某些力相联系着的，而由于这些力的作用，物体的各个粒子通过某些迄今尚未知道的原因，或者相互接近而以有规则的形状彼此附着在一起，或者相互排斥而彼此分离。正因为这些力都是未知的，所以哲学家一直试图探索自然而以失败告终，我希望这里所建立的原理能给这方面或给（自然）哲学的比较正确的方法带来光明。"①

可以说，牛顿在他的著作中很好地贯彻了他的研究纲领。他在其经典名著《自然哲学的数学原理》中清楚地定义了涉及物质运动的"质量"、"动量"、"惯性"、"时空"等基本概念，提出了运动三定律和万有引力定律，从而将天上的运动和地上的运动统一了起来，构建起严谨的经典力学体系。而且他开始把表面看来并非力学现象的"自然界的其余现象"与力学原理联系起来，要从力学原理中导出它们。他明确地把热看做物体微粒的振动，并且以此为基础，假定物体微粒间的斥力与距离成反比，竟然从力学原理中推导出波义耳定律。他把光学与力学原理联系起来，竟导出了包括折射定律在内的许多光学定律，建立起了近代科学中第一个光学理论。牛顿的光学理论是一种机械还原论的光学理论。因为他将微粒说作为光学理论的基础，并且借助于微粒说通过一种力学机制来推导出光学定律，获得了巨大的成功，从而把光学还原为力学。不仅如此，他还暗示人们如何进一步从力学原理中导出种种其余的自然现象。可以说，牛顿借助于力学还原论实现了科学史上的一次大统一。

总之，牛顿通过在物质和运动基础上加上一个新的范畴——力，把伽利

---

① 转引自林定夷：《近代科学中机械论自然观的兴衰》，79 页，广州，中山大学出版社，1995。

略的数学传统引入笛卡儿的机械论哲学的途径，使得数学力学和机械论哲学彼此协调。"力的概念使自然科学达到一个前所未有的水平，并从此成为科学实证的范例。"①

牛顿经典力学建立并获得巨大成功后，牛顿力学的思想和方法迅速向其他学科和领域扩展，带来了学科的全面发展和兴盛。例如，道尔顿将有机械力作用的原子带进物理和化学，用原子论说明了气体的性质，把质点和力的概念应用于化学；库伦把平方反比关系引入静电学，揭示出静电力的内在联系；安培仿照万有引力定律写下了平行导线间的作用力公式。科学家们竞相模仿，力图把牛顿力学的定律推广到整个自然界，并使牛顿力学的思想方法成为近代科学固定的思维模式。在整个 18 世纪乃至 19 世纪，几乎所有的自然科学家都按这种模式去研究自然。甚至在 20 世纪初，卢瑟福还把原子看成与太阳系类似的系统，用牛顿的思维方式构造模型。

牛顿经典力学的建立和巨大成功又启发哲学家将其概念范畴和思想方法运用到哲学中，使机械论哲学很快发展成熟。与牛顿几乎同时，英国唯物主义哲学家霍布斯和洛克把机械论从自然科学扩展到哲学领域，使机械观发展为成熟的经典形态。

霍布斯曾被恩格斯誉为"第一个近代唯物主义者（18 世纪意义上的）"。他建立了第一个比较完整的机械唯物论哲学体系，将力学范畴引入哲学，确立了物体、偶性、运动因果性等基本范畴。他把物体定义为不依赖于我们思想的东西，与空间的某个部分相合或具有同样的广袤。在西方哲学史上，他的定义是第一个比较完善的机械唯物论物质定义。霍布斯将机械运动观引入哲学，认为机械位移是物体的唯一的运动形式，世界的一切事物都受机械运动原理的支配，都可以用机械运动原理解释。他把一切运动都归结为物体在空间位置上的变动，提出人和自然没有本质区别，"心脏不过是发条，神经不过是游丝，关节不过是一些齿轮"，甚至人类的推理活动也不过是机械的计算，"一切推理都包含在心灵这两种活动——加与减里面"。霍布斯将牛顿物理中的因果联系思想引入哲学，提出了机械决定论的因果律。但他把必然性混同于因果性，否定了偶然性的存在。

洛克吸收并发展了牛顿、波义耳用微粒说概括物体性质的观点，认为微粒说"最能明了地解释物体的各种性质"。他把组成物体的物质微粒的空间结

① ［美］理查德·S·韦斯特福尔：《近代科学的建构：机械论与力学》，彭万华译，153 页，上海，复旦大学出版社，2000。

构和数量组合看成物体的"实在本质"，当做决定一切物体特征的内在根据。他认为，自然事物的一切特殊性都由物质微粒的量的机械组合而决定，用物质微粒的这些机械的量的特征可以说明自然界的一切现象。

霍布斯和洛克使科学中的机械论自然观上升为机械唯物论哲学，使机械观的概念范畴得到进一步的概括和提炼，发展为经典形态的机械观，即成熟的机械观。其基本思想是：整个宇宙由物质组成；物质的性质取决于组成它的不可再分的最小微粒的空间结构和数量组合；物质具有不变的质量和固有的惯性，它们之间存在着万有引力；一切物质运动都是物质在绝对、均匀的时空框架中的位移，都遵循机械运动定律，保持严格的因果关系；物质运动的原因在物质的外部。

牛顿经典力学和英国机械论哲学传到法国后，对 18 世纪法国思想界的启蒙运动起了决定性影响。启蒙运动中的唯物主义哲学家吸收了牛顿力学的成果和英国机械论哲学的主要内容，将公开的战斗的无神论思想引入机械论，使经典的机械论进一步发展为极端化的机械唯物论。百科全书派拉美特利和霍尔巴赫的哲学鲜明地体现了法国机械唯物论的特点。

拉美特利的哲学体系表现出彻底的无神论精神。他指出物质是唯一的实体，是存在和认识的唯一根据，在整个宇宙只存在着一个实体，只是它的形式各有变化。在《人是机器》一书中，他不仅批判了宗教唯心主义的不死灵魂说、贝克莱的主观唯心主义和莱布尼兹客观唯心主义的"单子论"，也否定了笛卡儿的二元论，直言不讳地宣称自然界和物质无所依赖地在宇宙中独占首要地位，没有给造物主留下丝毫空隙。拉美特利对机体和心灵活动的形式作了机械论的解释，认为人与动物并无太大的差别，人只不过比动物"多几个齿轮"，"多几个发条"，它们之间只是位置的不同和力量程度的不同，而决没有性质上的不同。他说："人体是一架会自己发动自己的机器；一架永动机的活生生的模型。体温推动它，食料支持它。"拉美特利关于"人是机器"的思想虽然打破了自然哲学中唯心主义的最后壁垒，但其错误也是显见的。他的哲学是极端形态的机械论哲学的代表。

霍尔巴赫建立了系统的机械唯物论哲学体系。他第一次从思维与存在的关系上对物质下了唯物主义的定义。他提出："物质一般地是以任何一种方式刺激我们感觉的东西；我们归之于各种不同物质的那些特征，是以物质在我们内部所造成的不同的印象和变化为基础的。"他的定义比起 17 世纪英国机械唯物论对物质和物体不分彼此的表述前进了一大步。但他对运动的理解没有超过笛卡儿，仍把运动归结为机械运动。霍尔巴赫认为："宇宙本身不过是一条原因和结果的无穷链条。"他把因果联系简单地理解为机械的因果必然性，夸大了必然性的作用，否定了偶然性，反而把必然性降低为纯粹偶然性的产物。

4. 机械论自然观的社会、宗教背景

哲学中的笛卡儿主义具有把主体和客体严格区分，对客体进行冷静的观察、实验，在数量和规律上把握客体的近代科学风格。把自然作为科学技术对象加以彻底把握，意味着把自然界彻底客体化、外部化，毫无顾虑地把自然视为人的研究资料、生产资料和生活资料。用亚里士多德的用语来说，剥夺自然形相，使自然质料化。

马克思对笛卡儿的评价值得注意。马克思指出，笛卡儿提倡机械论自然观的背景是处于工场阶段资本主义意识形态的影响，笛卡儿把动物定义为机械时是处于和中世纪不同的工场时代，在中世纪，动物被看成人类的助手。笛卡儿试图把周围所有物体的作用、对力的认识与手工业者的知识结合起来。这种机械论自然观，是受当时自然科学发展水平的制约，也是当时有效利用劳动资料的要求的反映。

近代科学的建立、机械论自然观的形成，与工场的发展、机械的发明和制作密不可分。伴随劳动过程和社会过程的机械化进行的近代社会形成的诸过程，是机械论自然观产生的基础，也是其发展的推动力。这种观点对近代科学的评价是有益的。

笛卡儿对物理学等自然科学的发展，并不单单是从知识好奇心的角度进行评价，也从产业和技术的发展以及当时市民的幸福的观点进行评价。我们对近代科学发生和展开中形成的自然观认识，应该和近代市民社会也就是当时的资本主义生产体系联系起来。近代社会的人类、自然和社会也应该被看做一个整体，自然观也就在这个框架中得到正确的认识。

所谓近代市民社会，亚当·斯密称之为"商业社会"，是重视经济和商业的社会，对自然的评价也离不开这个特征。也就是说自然在经济上被视为开发、索取的对象，是劳动材料。在这种逻辑基础上，自然通过人类劳动变成了人类的所有物。培根所说的对自然施加考问，使其供出自己的规律也是同一旨趣。这样，人类是自然的主人，自然是与人类主体相对的客体和材料，变成了没有内部性和神秘性的机械。这种自然观与中世纪的自然观明显不同，自然是可以反复强制实验的对象，是人间完全的从属物。人类这一面也同时发生了改变，像霍布斯指出的那样，变成了按照自我保存欲望、以他人和自

然为利用对象的合理主义的个人。

对于上述近代的情形，可以从两个方面加以评论。从积极的一面说，近代克服了中世纪的封建特权和宗教压制，肯定了现世生活的市民的个人欲求。在其之后的现代社会的生命尊严、基本人权等思想都来源于那个时代。但是这种倾向也助长了个人主义，使人与人之间产生隔膜。这种人类观的变化，和上述的自然观的变化是一起发生的。自然破坏与人类破坏是一体两面。

在17世纪，科学与宗教也有着紧密的联系。笛卡儿自己就说过自然界的规律是神设定的。因此，合理主义并不如现代人所想象的那样清楚简明，把合理主义想象为铁板一块实际上是忽略现实社会发展的一种幻想。在特定的场合下，某种宗教信念也会促进自然科学的研究，但不能把这一点绝对化。

有些学者认为，基督教《圣经》中表述了作为近代科学源头的自然观。在《创世记》中，上帝对诺亚和他的儿子们说，把地上所有的一切都给你们。这预示了上帝、人、自然的层次性，意味着上帝保证了人类自由处理自然界万物的权利。这当然和佛教中万物平等的自然观相去甚远。既然上帝从无创造了世界，自然是上帝真理的一以贯之的体现，那么，人类是能够认识自然规律的。但不能因为这一点就说近代科学自然观来自《圣经》。

有些科学史家指出，哥白尼、开普勒等提倡地动说，与其宗教自然观有关。哥白尼说"太阳居于万物中央的王座上"，提倡太阳信仰。这样的信仰对地动说的形成的确起到重要作用。哥白尼一直关注着过去的天动说不能很好解释的太阳、行星、月亮等的天象观测数据，试图在数学上对行星运动予以正确、简洁的说明。实际上他做到了这一点，但是，这主要应归功于他认为本质与现象一致的科学精神以及他优秀的数学能力。

开普勒也确信"只有太阳与上帝相匹配"，信仰新行星主义。但开普勒把数学的协和看做上帝给予这个世界的秩序，进而发现了行星运动三大定律。如果把三大定律的发现视为只是信仰宗教的结果，也无法让人接受，因为开普勒发现的基础首先在于他的老师第谷长年观测积累的大量数据，其次是开普勒自己的优秀的数学能力。实际上有三种因素是形成科学理论不可或缺的：卓越的设想或假说；正确的观测数据的积累；包括使用数学工具的、合乎事实的理论构筑。单纯的太阳信仰是不能发现天文规律的。

5. 机械论自然观是还原论方法的一种具体形态

机械论自然观在思想发展史上占有非常重要的地位，对科学、文化及思维方式的发展产生过重大的积极作用和一些消极作用。

在哲学中，机械论自然观推动了唯物主义哲学的创立和发展。在科学发展史上，它指导着几个世代的科学家的思维方式。它的运用促进了力学的进一步发展，继牛顿之后，伯努里和欧拉研究了多质点体系、刚体和流体力学，拉普拉斯研究了天体力学。19 世纪的热力学、电磁学等一系列科学理论都是运用机械论自然观、以力学为模式而建立起来的。即使在 20 世纪，机械观思维方式仍然在相当的范围内流行，例如以还原论的形式在分子生物学等领域就起了重要作用。

作为人类认识和人类思维发展过程中一个不可超越的发展阶段，机械观思维方式的作用应当予以正视。机械观在原则和渊源方面，特别是它的还原论的方法论基本原则，有着非常深刻和丰富的内容。只要我们抛弃那种绝对化的态度，进行还原尝试的方法就是极富成果的。

在人类认识史上，特别是在西方科学史上，以分析为主的思维方式和以综合为主的思维方式是交替出现的，它们是当时科学发展水平的重要标志。16 世纪至 17 世纪开始的科学革命，使人们的观念发生了重大变化。有机的、精神性的宇宙观念被"世界机器"的观点所代替。这种变化是物理学和天文学革命的产物，其中，哥白尼、伽利略、牛顿是最重要的里程碑。与此同时，科学在这个时期自觉地建立在一种新的求知方法的认识论基础上。

牛顿经典力学是近代科学成就的顶峰，他采用机械观的视角，运用一套严谨的数学理论来描述世界。牛顿把以培根为代表的经验的、归纳的方法，与以笛卡儿为代表的理性的、演绎的方法结合起来；把开普勒的行星运动经验公式与伽利略的自由落体定律结合起来，总结出对一切天体都有效的物体运动一般规律，这就使牛顿的宇宙成为一个庞大的按精确的数学规律运转着的机械系统。因此，机械观同严格的决定论紧密相关，巨大的宇宙机器完全具有因果性和决定性：一切发生的东西均有原因，并导致确定的结果；换言之，一切东西都可以被精确地解释和预言。

机械论自然观使人类从古代素朴直观的世界图景转变为牛顿的"经典的"世界图景。其特征是，在这个图景中，认识对象的感性外观已经让位于抽象的关于认识对象的描述。一般地说，牛顿用以解释物体运动原因的那些"力"是隐蔽的、肉眼不能直接看到的。由经典力学所描述的世界图景，具有如下要点：首先，自然界是不变的，当上帝给予第一推动力创世之时起迄今，普天之下原则上并无新物。其次，宇宙大厦的基础是某些绝对简单的、不可再分的物质粒子——"原子"，我们周围的大小物件，一切都是由这些原始砖块构成的。再次，机械模型本来是抽象的形式，却被想象成与看得见的东西相类似。因此，一切基本范例和模型的机械的直观性，成了被它们描述的自然界的本质。最后，自然界中一切要素都是预先给定的，这就是说，世界是既成的，我们在自然界中所见到和认识到的物体是什么样子，它们实际上就是什么样子。概括地说，机械论自然观或近代经典的世界图景的要点是：自然的不变性、原子的基本性、机械的直观性、世界的既成性。

从方法论的角度来看，由牛顿力学确立的机械观主张：一切真实的知识，都能被一种正确的、一般同质的获得知识的方法论加以规范。这种方法论就是本质上类似于物理学方法的"科学方法"的普遍化形式。例如，生物科学的研究基于这样的假定：人们能够根据物理学和化学说明生命的过程，而物理学和化学最终要根据原子内部或原子之间的作用力来加以说明。其他领域的研究，也可以化为这样的方式处理。

作为还原论的一种具体的历史形态，机械观指明了一种特定的科学解释的途径。力和物质（质量）被看做理解一切现象（首先是自然现象）的基本概念，用运动定律规定了物质、运动和力之间的普遍关系。从此，在长达两个多世纪的科学研究中，这些概念和关系就成为一切自然研究的出发点和归宿。德国著名科学家亥姆霍兹甚至说，一旦把一切自然现象都化成简单的力，而且证明自然现象只能这样来加以简化，那么科学的任务就算完成了。

二、辩证自然观的革命

1. 自然科学的新发现与机械观的衰落

但是，19 世纪下半叶以来，随着自然科学从经验领域进入理论领域，自然科学本身所固有的辩证性质与机械论自然观的矛盾逐渐激化。自然科学发展中一系列重大成就的出现，在机械论自然观上打开了一个又一个缺口。可以说，19 世纪末 20 世纪初以来重要的科学成就都是对机械论自然观的重新审查和否定，其中特别具有代表性的有：

——19 世纪自然科学的三大发现：细胞理论、能量守恒和转化定律、达尔文生物进化论。这场革命性的大变革迫使承认自然界绝对不变、否认自然现象普遍有机联系的形而上学观念一步一步地后退，让位给关于自然界的普遍联系和发展的辩证法思想。

——在 19 世纪与 20 世纪之交，从物理学开始发生了许多根本的变化。X 射线、电子、放射性的发现，揭示了原子、元素的复杂结构，证明了它们的可分性和互变性。物理学，过去被认为是衡量精确知识的准绳，被当做把推理的严谨性与建立在经验基础上的可证实性恰当结合起来的理论典范，此时突然发现自己以前关于原子的一些基本概念，其实具有重大的局限性。因此，绝对的基本性被否定，不可穷尽性取而代之。列宁写道："原子的可破坏性和不可穷尽性、物质和物质运动的一切形式的可变性，一向是辩证唯物主义的支柱。"①

　　——爱因斯坦相对论，特别是量子力学的创立，坚决要求否定机械直观性的原则。量子力学已经证明，微观过程领域中有自己独特的规律，即间断性和连续性的统一、波和粒子的统一。要想直观地描述这种统一是不可能的。一般地说，在理论物理学中新出现的许多抽象概念，并不能用关于研究对象的感性表象来构造。实际上，微观规律，除了数学模型外是任何直观的模型都无法描述的。科学的突破是以抽象的概念取代了直观的形象和模型，或者说，是以数学的抽象性取代了机械的直观性。

　　——亚原子领域（或微观）物理学的现代成就表明，所谓基本粒子虽然是复杂的、可以相互转化的，但并不具有构成性质：它们不是彼此由对方构成的，也不是由别的更简单、更基本的粒子构成的。例如，由中子分出电子和反中微子，不能与化合物分解相提并论。后者分离出来的粒子在分解前就以现成粒子的形式预先存在于被分解的系统之中了，而重核子（在这里是中子）产生的轻粒子（在这里是电子和反中微子）的过程则完全不同，轻粒子并没有以现成粒子的形式预先存在于核子里，它们纯粹是利用被裂解的核子的质量和能量重新产生出来的。人们现在认为，基本粒子的"结构"极其独特，根本不像我们已经熟悉的原子的结构，甚至也不像原子核的结构。基本粒子是由潜在的即可能存在的粒子构成的，在一定的条件下，这种可能性便转化为现实性。正是在粒子的分解和生成的过程中，显示出该粒子的实在性，即在其母粒子内部潜在的预存性。此后人们不再把研究对象当做现实地存在的东西了，而仅仅承认它是可能存在的、潜在的东西，这就否定了研究对象在其构成形态上的既成性。基本粒子的"结构"问题现在发生了根本的变化，这里涉及的已经不仅仅是这些粒子应当具有什么性质的问题，而首先是：只能从这种粒子生成别种粒子的可能性、从粒子的潜存而不是实存出发来确定粒子的"结构"。这是从既成性到潜在性的变革。

　　20世纪物理学家们遇到的根本挑战，是回答他们本质上是否有能力认识

_____

① 《列宁全集》，中文2版，第18卷，295页，北京，人民出版社，1988。

世界这个问题。情况是，每当他们对自然提出一个有关原子实验的问题，自然界会回报他们以一个悖论，他们越是试图澄清这种局势，悖论的矛盾就变得越加尖锐。以牛顿为代表的经典科学试图把世界分解为一个个组成部分，并且根据因果关系来安排它们，但在现代原子物理学中，这种机械论与决定论的图景再也不可能了。

2. 还原论的现代意义

机械观的衰落，对于还原论的命运有何影响呢？我们知道，正是还原论的一再成功，扩大了机械观的影响，使人们相信并奢望能把自然界的一切最终还原为同样的要素及其关系。机械观的衰落曾经引起误解，以为一切还原论的方法论原则也最终过时了。苏联自 20 世纪 30 年代后，不仅批判机械观，而且长期把还原论作为与辩证唯物主义自然观完全对立的形而上学，采取极端否定的态度。显然，这是把一种方法论原则与它的特定的历史形态混同起来了。

今天，有关还原论存在着三个突出的问题，它们有着重大的理论和实践意义。这三个问题是：（1）我们是否能够或是否希望把生物学还原为物理学或者还原为物理学和化学？（2）我们是否能够或是否希望把我们认为可归诸动物的那些主观意识经验还原为生物学，以及假如对问题（1）给予肯定的回答，我们能否再把它们还原为物理学和化学？（3）我们是否能够或是否希望把自我意识和人类心灵的创造性还原为动物的经验，以及假如对问题（1）与（2）给予肯定的回答，那么，我们能否再把它们又还原为物理学和化学？

显然，如果相信还原方法能够达到完全还原，那就重复了类似机械观的错误。因为我们生活的世界是进化的，在这个世界上，任何新事物都不可能完全还原为任何以前的阶段。但是，上述问题仍然是值得并必须解答的，也就是说，进行还原的尝试是有价值的。当人们这样做时，是把还原确立为科学解释的基本原则而运用。科学理论的主要目标是回答有关外在世界尚存疑问的问题，并且对自然现象提供解释。用构造性语言把现象纳入某个理论模型，就给现象提供了某种解释。在这个意义上，解释相当于还原：就是把表面上极为复杂的自然现象归结为几个简单的基本概念和关系。

还原论的方法之所以有效，首先，是因为在科学研究中对纷繁多样的总体加以限制，可以把注意力集中于现实的完全确定的方面，而免去可能产生的不明确的思想。用分析客观实在多样性中主要的、稳定的、相似的东西的方法，用已知的比较基本的规律来解释所研究的客体，以便简化、缩小实在的多样性、复杂性的方法，乃是一切科学都必备的。其次，要想使一门科学趋向精确化、定量化，就必定会用已有的精密自然科学——物理学和化学的一般原理来加以解释。解释的基本要求是寻找并确定不变量，把复杂现象归结为简单的规律，这一过程正是还原论方法的运用。

实践中的科学家在某种意义上都是还原论者，因为科学上的成功莫过于成功的还原。法国著名生物学家莫诺在哲学上是不赞成还原论的，但在方法上是一个还原论者，他竭力把一般生物问题还原为分子生物学的概念，试图从分子水平加以研究和阐明。

此外，还原的尝试还由于下述理由备受重视：甚至从那些不成功的或不完善的还原尝试中，人们也能学到大量东西，并且那些由此遗留下来的问题将属于科学上最为宝贵的知识财富。例如，企图将几何和无理数还原为自然数的所谓算术化计划，已被数学的基础的研究所否定。但是，这个失败带来的意外的问题和意外的知识之多是惊人的，它极好地说明，即使在还原论者没有获得成功的地方，也能从还原的失败中涌现出极有价值的东西。

辩证自然观不是人类自然观的终结，也没有终结机械论自然观。尽管 19世纪中叶自然科学的三大发现——进化论、细胞理论、能量守恒和转化定律暗含了对"自然的不变性"、"世界的既成性"等观点的批判，但是，由于牛顿力学的成功以及机械自然观的影响，这种反驳并不彻底。如对于生命有机界，至少到 19 世纪 50 年代，主流观点仍把生命看做有机体所具有的独特属性，不应该用物理化学方法来研究生物学，由此导致生物世界与无机世界相互分离。生命成了一个与物理化学物质无关，也与社会和其他高级现象无关的存在。但是，在此之后，分子生物学诞生发展，基因技术获得进步，使生物学上的还原主义得到了比较彻底的贯彻。"基因论"代替了"灵魂"、"隐得来希"、"普纽玛"、"阿契厄斯"、"原型"等众多活力论、有机论。基因技术将生命最终还原为化学材料，揭开了笼罩在生物世界上的魔力迷雾，使生物体本身成为制造的对象。它所开辟的世界是祛魅世界的延续。生命的历史性和复杂性被简单取消，由此也造成生物风险、环境污染的危险。

上面的论述表明，机械论自然观存在许多不足之处，但是，对它的反驳和扬弃应该是一个过程。纵观科学的进一步发展，应该不断努力，进行自然观的新探索。

3. 辩证自然观的深刻内涵

自然科学新发现，突破了牛顿力学的框架，预示了一种新的自然观的诞生，即辩证的自然观。包括数学、物理学、力学、天文学、化学、生物学等可能涉及的领域，辩证的自然观都从生成、变化和相互关联的角度予以把握。正如恩格斯指出的，全部自然，从最小的到最大的，从沙粒到太阳，从原生生物到人类，都处于永远的生存和消亡之中，存在于不停歇的流转、无休止的运动和变化之中。

自然界具有层次性。自然是由从单纯到复杂的东西互相作用组成的。自然不是原来就以这个样子存在，而是"物质的进化"的结果。这种物质进化，不但有宇宙论的、地质学的、生命论的，还有社会的进化。必须把自然作为一个有机的整体，从时间和空间两个维度上辩证地把握它。要通晓当时的自然科学成果，并对这些成果给予哲学的解释，解决自然观中争论的问题。解决的方法不是单纯地把自然观归结为原子论的或要素主义的，而是肯定各自的合理成分。用黑格尔或恩格斯的话来说就是，在辩证地扬弃了物理学、力学的地方出现了比较复杂的化学，进一步出现了更复杂的生命科学，这就是自然有机体的全体性。这样，辩证的方法就克服了原子论、机械论和有机论、浪漫主义的对立。

恩格斯认为，我们所面对着的整个自然界形成一个体系，即各种物体相互联系的总体。这是物质运动的一个永恒的循环，这个循环只有在我们的地球不足以作为量度单位的时间内才能完成它的轨道，在这个循环中，最高发展的时间，有机生命的时间，尤其是意识到孳生自然界的生物的生命的时间，正如生命和自我意识在其中发生作用的空间一样，是非常狭小短促的；在这个循环中，物质的任何有限的存在方式，不论是太阳或星云，个别的动物和动物种属，化学的化合或分解，都同样是暂时的，而且除永恒变化着、永恒运动着的物质以及这一物质运动和变化所依据的规律外，再没有什么永恒的东西。①

辩证自然观对于地球生态系统的存在方式给出了有效的解释，而没有陷入神秘主义。辩证自然观认为物质拥有运动性和主体性，批判了自然（对于人类这个唯一的主体而言）依赖于外部作用而运动的机械论的观点，指出了机械论自然观的褊狭之处。从进化论的观点看，人类主体也是自然的存在，产生于漫长的进化过程。人类既是主体，也是自然界进化产出的客体，人类是大自然全体共同劳作的产物。恩格斯明确表达了如果人类扰乱了自然的机制，来自自然的反作用就会惩罚人类的思想。

———————————

① 参见恩格斯：《自然辩证法》，23～24 页，北京，人民出版社，1971。

恩格斯从历史的发展过程出发，重视劳动的作用，承认了"人对自然的统治"。人类只要从事劳动、维持生活，就必须在一定程度上承认对自然的统治。然而只从这一点看待自然，那就要导致环境破坏。恩格斯预言了自然对人类的报复，现代大规模的公害和环境破坏为他所言中。他写道："但是我们不要过分陶醉于我们对自然界的胜利。对于每一次这样的胜利，自然界都报复了我们。"① 这些刚刚取得的胜利，固然带来了我们预想的结果，但两次、三次以后，这些胜利会抵消掉最初的成绩，引起当初不曾预料的后果。所以我们决不能像征服者支配异民族那样支配自然，我们的肉、血和头脑都属于自然。我们对于自然的支配，对于其他动物的胜利，根源于我们对自然规律的认识和正确利用。这一点我们每前进一步都要想起。

必须深刻理解"认识自然规律，正确利用自然规律"的表达，对这个表达的浅薄理解会导致轻易控制自然的结论。对自然的轻易管理，会不断地废弃最初的结果，同时引发最初不曾料到的结果。在这个问题上，马克思关于人与自然关系的论述特别值得注意：（1）要解决所谓自然环境被破坏的问题，首先应该审问人与自然是怎样的关系。马克思强调以劳动为中心的人类主体活动是以自然界为大前提进行的，劳动是人类的自然存在，受到自然界的制约。劳动是受劳动对象制约的实践。人类在破坏自然时也反过来受到自然的影响，因此人类也是一个被动的自然组成部分。把人类的位置摆在自然之中，这样的思想才能与解决环境问题相适应。（2）马克思认为，一方面，劳动是人类实现理性目的的活动，自然是为此目的的素材；另一方面，劳动是人类与自然之间的一个过程，是人类介入人与自然物质代谢的一个过程。作为物质代谢过程的劳动，是向人类社会输送自然质料和向外界排放废弃物，并且受到劳动控制的循环。这样两面性的劳动论，认为人类生活的全部过程都是这种"物质代谢"，并把物质代谢的概念扩展到饮食、排泄、生产、消费以及排放废弃物等领域。

所以，现代自然观如果不与劳动论、经济学、社会哲学等结合，是不会有什么具体结论的。

三、当代科学突破与自然观的新探索

以相对论和量子力学的创立为标志的现代科学革命，以信息科学和生命

---

① 恩格斯：《自然辩证法》，158 页，北京，人民出版社，1971。

科学为主战场的现代科技革命，为人类勾画了一幅新的世界图景，自然观的新探索展现了极为丰富的思想内容。

1. 自然的简单性与复杂性

大多数古代的哲学家和科学家都认为自然的本质是简单的，而不是复杂的。它主要表现在两个方面：一是物质构成上的简单性；二是物质运动上的简单性。到了近现代，古代本体论意义上的自然简单性观念被近现代科学家继承并发扬。如牛顿就把上述自然的简单性观念作为一种信念置于众法则之首，以至在他的名著《自然哲学的数学原理》中认为："自然界不做无用之事。只要少做一点就成了，多做了却是无用；因为自然界喜欢简单化，而不爱用什么多余的原因来夸耀自己。"① 近现代科学的诞生和发展、机械自然观的形成表明，自然的简单性主要表现在下列几方面：

（1）自然的规律性：它表明自然具有机械性的确定性、固有的秩序、决定性、必然性和单一因果关联等。它在古代就被人们所持有，并且植根于一神教的思想和社会管理的实践中。

（2）自然的外在分离性。它包括两个方面：一是自然与人是完全分离和独立的，只存在外在关系，而没有内在关联；二是自然可以尽可能地还原成一组基本要素，其中一要素与另一要素仅有外在关系而无内在关联，它们不受周围环境中事物的内在影响。系统的性质等于各要素之和。

（3）自然的还原性。它包含两个方面：一是以无限可分的思想探求物质的基本构成。如分子可以分成原子，原子可以分成原子核和核外电子。原子核又可分为质子和中子……由此走向无穷。二是认为整体或高层次的性质可以还原为部分的或低层次的性质，认识了部分的或低层次的性质，也就可以认识整体的或高层次的性质。

（4）自然的祛魅。一般而言，自然的经验性与复杂性是紧密关联的，也是人们难以认识的。近代科学正是在一定程度上消除了自然的经验性的基础上产生和发展起来的。

当然，自然的简单性除了表现在上述几方面外，还表现在下列一些方面：绝对的时空观；时间的外在性、非生命性和对称性；自然的对称性、可逆性、相似性、最优性等。所有这些方面都表明自然在本体论意义上是简单的。

---

① ［美］塞耶编：《牛顿自然哲学著作选》，3页，上海，上海人民出版社，1974。

　　自然真的是简单的吗？当然，坚信自然的本质是简单的人们对此持肯定态度，并且认为坚持这一原则能够正确认识到自然的本质。如爱因斯坦就认为："自然规律的简单性也是一种客观事实，而且真正的概念体系必须使这种简单性的主观方面和客观方面保持平衡。"① 德国物理学家海森堡也认为科学认识体系的简单性可以作为科学假说可接受性的标准。他相信自然规律的简单性具有一种客观的特征，它并非只是思维经济的结果。而且，从科学对自然的认识和科学认识的历程看，近现代科学所揭示的自然的规律性、机械性、外在分离性、还原性和祛魅性等表明了自然的简单性，从而使人们认为自然的本质是简单的。

　　自然的本质是简单的还是复杂的呢？这是一个复杂的、存在争论的问题，很难回答。但是，如果我们考虑最新发展起来的复杂性科学——系统论、混沌学、协同学、自组织理论等，考察它们对自然界中复杂性现象的研究，就会发现自然界中存在大量的模糊性、非线性、混沌、分形等复杂性现象。自然界存在结构的复杂性、边界的复杂性、运动的复杂性。具体体现在：不稳定性、多连通性、非集中控制性、不可分解性、非加和性、涌现性、进化过程的多样性以及进化能力的差异性。②

　　这是对"自然的本质是简单"的反动。它比较充分地说明：由传统科学所得出的"自然是简单的"结论没有充分的证据，自然具有广泛的复杂性。近现代科学所展现的自然的简单性特征并不能涵盖自然的全部，相反，自然具有一些不同于简单性特征的复杂性：不可分离性、不可还原性、不可完全祛魅等。

　　当然，如果这种复杂性能够约简为简单性，那么，我们仍然可以说自然的本质是简单的，否则，就不能说自然的本质是简单的。

　　自然的复杂性能否约简为简单性呢？从逻辑上说，如果某种复杂性能够约简为简单性，那么，这样的复杂性就不是真正的复杂性，而是隐藏着简单性实质的复杂性表象。从科学认识的现实看，自然的复杂性不是简单性的线性组合，更不可能被简单性所覆盖，而是不可以约简还原为简单性的。如对于非线性系统，往往存在间断点、奇异点，在这些点附近的系统行为完全不能作线性化还原处理。否则，就处理掉了非线性系统的非线性因素，从而也就人为消除了相关的复杂性行为。因为这些因素恰恰就是非线性系统出现分叉、突变、自组织等复杂行为的内在根据。

---

① 许良英等编译：《爱因斯坦文集》（第一卷），214 页，北京，商务印书馆，1976。

② 参见吴彤：《科学哲学视野中的客观复杂性》，载《系统辩证学学报》，2001（4）。

2. 时空的绝对性与相对性

在牛顿的绝对时空观中，时空是欧氏时空，符合伽利略变换下保持关系性质不变。时间与空间无关，是独立的存在。时间在宇宙中处处流逝着，时间是一条直线，具有同时性的绝对性。时间虽然以物质的运动来量度，但是，不依赖于任何外部事物，外部物质的存在不以时间的形式作为证明。空间是平坦的，是物质运动的场所，但是，它又不受物质及其运动的影响。

爱因斯坦的相对论时空观和量子力学的建立为人们打破这种绝对的时空观创造了条件。

一是同时性的相对性。绝对时间，它能独立存在而与任何特定的客观事件和物理过程无关。但是，爱因斯坦的相对论认为，时间并非处处相同，而是随运动的情况不同而不同。对于整个宇宙来说，不存在同一的时间。以有限速度传播的相互作用，使得在某一坐标系中同时发生的两个事件，在另一相对于此坐标系运动的坐标系中，将不同时，因此，是否"同时"与所选择的参照系有关，参照系变化时，不同时的事件可能变得同时，同时的事件也可能变得不同时。

二是时间与空间不可分离。时间离不开空间，时间通过空间变动来测量。如古代的观象授时就是这样。反过来，空间的测量也可以用来表示时间。在天文学家的观念里，天体之间的空间距离就是时间，即光年。而且，在现实世界中，时空又是不可分割的联系在一起的，我们说明一个物体在一个地点时无不处于一定的时刻，说明某一物体在某一时刻时，无不位于一定的地点。因此，传统的三维空间结构存在严重的缺陷，如果没有时间作为第四维的时空，那么，三维空间结构便是静止的、不动的、呆滞的，而这样的时空绝不是客观存在着的真实世界。在一个真实的、运动着的世界中，时空是统一的，两者之间不存在本质的差别。

三是时间、空间与物质不可分离。爱因斯坦的狭义相对论所揭示的尺缩钟慢效应表明时间、空间与物体的运动状态有关，而他的广义相对论所揭示的时空弯曲效应表明，时间、空间与物质有着内在的联系。物质密度越大的地方引力场的强度越大，黎曼空间的曲率越大，时间节奏的变化越快，时空弯曲得越厉害。时空随物质存在的不同而不同。

应该指出的是，对于牛顿和爱因斯坦的时间，都是一种运动（不含演化）时间，是事物的外在形式。在牛顿那里，时间是一维的，它均匀地流逝而与任何外在情况无关，时间成了描述事物运动的纯粹抽象的外部框架。爱因斯坦的相对时间虽与观察者的运动速度有关，并最终由物体的质量分布所决定，它是被动的；它虽与物体的存在不可分，并由物体运动所产生，但对于物体的演化来说，它仍是外部的相对参量，是用来调整动力学机制的外部因素。因此，绝对时间和相对时间同物质存在仅构成外部联系，而不存在内在联系。这是时间的外在性。正是由于这种外在性，决定了它们只与物质运动相联系，只是对物体机械运动的空间量度，没有深入到事物的内部。时间不具有生命性。但是，系统论、耗散结构理论认为，时间更重要的性质不仅作为系统外的一种因素（运动的存在方式），而在于它本身就是一种参量、一种动力，从而使得这样的时间成为内部时间，内部时间是系统的内部变量，成为事物的内部属性。由它决定的熵区分了系统的过去和将来。一个系统由潜熵向熵的转化就是系统生命演化的动力，因此，系统所具有的"转化能力"本身就是系统生命的标志，而描述这一能力的参量"熵"乃是内部时间的函数。内部时间决定了系统的演化，与之相应的就是生命本身，时间在人和自然中，而不是人和自然在时间中，时间由系统演化的不可逆"动势"而产生，时间的指针不是由机械运动，而是由生命演化带动的。由此也使时间呈现出不可逆性。

　　虽然在现代许多科学理论中，时间的方向无关紧要，如果时间倒走，牛顿力学、相对论、量子力学等是成立的，因为在这些理论中，时间是可逆的。但是一旦涉及事件，涉及热力学、化学、宇宙学、自组织理论等领域中的一些现象时，时间的不可逆性就表现得非常明显了。此时，引入内部时间就成为必然。内部时间是对称破缺和不可逆的，具有方向性，此方向与熵增方向一致，由此表示系统的产生、发展和消亡的演化过程。其本征值不是确定物体的空间位置，而是对应系统演化阶段的状态或进化程度，它是一种不可逆的演化的时间。

3. 自然的构成性与生成性

　　构成论的基本思想是：宇宙及其万物的运动、变化、发展都是宇宙中基本构成要素的分离和结合。可以说，古希腊自然观和机械自然观都含有这种思想。它们否定宇宙万物真正意义上的"生成"思想，把宇宙看做机械决定论的，否定了事物本身的随机性，否定了世界的历史性和创造性，由此在自然科学中表现为无时间性（无论是牛顿力学还是量子力学，方程两边的时间 t 都可消去）。

　　事实怎样呢？康德的星云演化学说、达尔文的进化论冲击着这种自然观，相对论量子力学所揭示的客体的性质与在其环境的整体关系中的生成性，粒子物理和场论所揭示的大多数基本粒子的不稳定性和生灭转化性，非平衡态热力学所揭示的系统开放和远离平衡态条件下借以形成新的稳定的宏观有序结构的自组织性，尤其是大爆炸宇宙论在对宇宙早期热历史的"考古"中所揭示的物质的种种形式（如粒子、辐射、真空等）和性质（不对称、时空等）的生成和演化，都回应着古希腊"自然"一词的本义，成为生成论转向的标志。现代科学对于实体论和还原论的拒斥，就是对于空间化思维和表现形态的结构分析、性质阐明的拒斥，而去关注四维流形中随着时间而来的事件序列、动态的关系网络、生成的量子现象、演进的整体动力学机制，也就是说，去关注更为具体的、本真的、具有某种主动性（activity）的自然。

在哲学上，法国哲学家柏格森试图用崭新的时间观念表达一种全新的进化观念。他分析批判了达尔文的进化论，认为，达尔文的进化论过分强调了生物体对外界环境的依赖作用而彻底忽视了有机体的自主性力量。他认为，达尔文的进化概念虽然是一个简单的 、明晰的概念，但是，他将适应现象的产生完全归于外在的原因，即环境对不适者的淘汰，而没有考虑有机体内在的主动性；而达尔文的变异则是建立在偶然性、随机性基础之上，变异的发生与有机体的整体功能无关。问题是，偶然的、随机的变异如何能成就一个在结构和功能上都非常协调有序的整体？由此，柏格森就把"生命冲动"视为万物的本质，认为这种"原初推动力"是生物和非生物的共同根基，生命进步的真正原因在于生命的原始冲动，生命冲动是宇宙意志，是世界起始阶段就业已存在的一种"力"，一种生成之流。这种作用的方向不是预先决定的，但它具有瞬时性、延续性，所以，分享了绵延的特性。所谓绵延，是一种不能用知性和概念来描绘，而只能以直觉来把握的、不可预测而又不断创造的连续质变过程，是包容着过去而又面向将来的一种现时的生命冲动。①

由怀特海创立的、由建设性的后现代主义继承和发扬的过程哲学对上述思想作了进一步的发挥。它的基本要义是："事件"这一术语表明现实的基本单位不是"永久不变"的事物或物质，而是瞬间事件。那些在现代哲学看来是"永久不变"的事物，诸如一个电子、一个原子、一个细胞或一种精神，实际上都是一种短暂性的社会（a temporal society），由一系列瞬间（momentary）事件所构成。每一事件都接受（incorporate）了先前事件的影响。这样一来，原来当做世界基本构成单位的静止的、分列的、只具有外在关系的实

① 参见［法］柏格森：《创造进化论》，6～10页，长沙，湖南人民出版社，1989。

体，被实体之间的关系以及由此表现出来的事件所代替，也就是被一种生成性的过程所代替。这就将实体、关系、属性等包含于世界的基本构成之中。

过程哲学有待商榷，值得怀疑，但是，复杂性科学表明，事物的进化从根本上取决于内部的自组织的力量，即一个远离平衡态的系统，都有使自身趋向于日益复杂的结构和秩序的能力（另一方面也有从秩序走向解体的趋势），这种自组织能力便构成了有机体形成和生长的原动力，从而为上述哲学论断提供了有力的科学佐证。

科学的新发展虽然是支持生成论的，但是，它并没有让我们完全否定构成论。下面这段话对我们如何对待构成论和生成论应该有所启发。"怀特海也许比其他任何人都更敏锐地认识到，假如组成自然的各个成员均被定义成永恒的、单个的实体，它们在一切变化和相互作用中都保持它们的同一性，那么就不可能想象出自然界有创造力的演变。但是他也认识到，要使一切永恒成为虚幻的，要以演化的名义否认存在，要拒绝实体而支持连续的和不断变化的流，就意味着再一次堕入永远为哲学所布设的陷阱——去'沉湎于辩解的业绩'。"①

由自然的生成性自然而然地就可以得出自然具有有机整体性的特征。这可以概括为：世界是由关系网络组成的有机整体，整体先于关系物；部分之和不等于整体；世界的各组成部分之间存在内在关系；世界是动态有序的整体；层创进化与自我超越；人类更大的意义与价值包含于自然整体的自组织进化过程中。

这种整体论的观点有一定道理。科学的最新发展表明了这一点。按照传统的观点，不管环境如何，基因总是具有自我统一性的物质微粒。而根据现代生物学的研究，基因可以受到有机体的影响，分子可以以各种不同的方式体现出来。至于以何种方式，则取决于细胞的环境影响以及当时分子所处的环境。如此，系统与要素、要素与要素之间就呈现出不可分离的状态，系统并非等于组成系统的各要素之和。

关于自然界事物之间的内部联系，现在虽然我们不能明确它究竟是什么？或有些事物之间是否真的存在内在联系，但是，仍然可以认识到有些事物之间确实存在着内在联系。在传统的生物科学中，生物在自然内部进化，只限于从自然吸取能量和物质，只为着自身事物和其他物质需要而依赖自然。自然则是各种生物系统的选择者，而不是把各种生物系统结合为一体的生态系

---

① ［比］普利高津、［法］伊·斯唐热：《从混沌到有序》，137页，上海，上海译文出版社，1987。

统。而在现代生态学中，"生态系统的关系不是两个封闭实体之间的外在关系，而是两个开放系统之间的相互包容的关系，其中每一个系统即构成另一个系统的部分，同时又继承整体。一个生物系统愈是具有自主性，就愈是依赖于生态系统。事实上，自主性以复杂性为前提，而复杂性意味着和环境之间的多种多样的极其丰富的联系，也就是说，依赖着相互关系；相互关系恰恰构成了依赖性，而这种依赖性是相对的独立性的条件"①。

至于世界的层创进化和自我超越，美国科学家哈里斯把自然看成一个单一的不可分的彻头彻尾的有机论总体，"这个总体是由其内在形式的阶梯所组成的，每一层次在某种意义上都是独立自己的和渗透一切的；然而，每一层次又都是借助于在它内部总体（在这一总体中，它不过是一个阶段）的内在原则所赋予的潜在性，引出比它更高的层次出现。这就是不仅把自然看做一个包罗一切的活的动物，而且把它看做一个动态有机系统的自然观，这系统在复杂性和一体化以及各方渐次增加的各层次上包含一连续系列的整体。它们在辩证关系中互为整体，因此这完整的系统表现为进化的系列"②。在这里，互为整体指的是所关联到的各个整体一方面独立自主、自我依存，另一方面又相互影响、不可分割地互相联系。进化的系列指的是，每一整体都作为前驱者的完成而与前驱者发生关系，当实现前驱者没有能力实现的潜在性时，要求并且合并先前的形式。每个后继者都是比其前驱者表达更清楚、整体性更完善并且更自我决定的整体。它高于前行者，包括了前面的一切，是以前潜在性的实现。

4. 自然的决定性与非决定性

机械自然观是决定论的自然观。法国数学家和天文学家拉普拉斯看到牛顿力学不仅把天上和地上的物体的运动统一到力学原理之中，而且根据力学大批量用数学方法推导出其他自然现象。因此，他认为，可以"用相同的分析表达式去理解宇宙系统的过去状态和未来状态。把同一方法应用于某些其他的知识对象，它可能将观察到的现象归结为一般规律，并且预见到在给定的条件下应当产生的结果"③。在他看来，一切事物的运动变化都存在着确定的、必然的联系，服从某种规律。

这种机械决定论随着科学的发展日益表现出它的局限性。19 世纪发展起

---

① ［法］埃德加·莫兰：《迷失的范式：人性研究》，13～14 页，北京，北京大学出版社，1999。
② ［美］E-哈里斯：《自然、人和科学：它们变化着的关系》，载 http://www.king2000.net。
③ ［法］拉普拉斯：《论概率》，载《自然辩证法研究》，1991（2）。

来的统计物理学表明，由大量微观客体组成的宏观客体所服从的是概率论规律，而不是牛顿力学定律。1850 年，德国物理学家克劳修斯发现了热力学第二定律，并将此表述为"熵增原理"，它说明自然界中存在不可逆过程。这样，拉普拉斯所断言的——只要知道系统目前状态，就可以推知它过去的状态以及未来的状态——就不适用了。而且，相对论表明，牛顿力学不适用于物体宏观高速运动的情况，这直接冲击了建立在牛顿力学基础上的拉普拉斯机械决定论自然观，说明它没有反映物体在高速运动情况下的时间—空间新特性。

量子理论在表明牛顿理论在宏观领域有效性的同时，也暴露了在新的亚原子的领域，非决定论普遍存在。在亚原子世界中，实在的最基本构成不可能真正被分离，准确地鉴定、预言或者理解。在认识和分析亚原子粒子的过程中，测不准原理起着基本的作用。如此由经典物理学所倡导的准确的预言以及观测对象的中立性、客观世界的稳定性就不可能获得了。

对机械决定论冲击最大的是上世纪 50 年代创立的混沌学。它表明，混沌运动具有内在的随机性、对初值的敏感依赖性和奇异性。所谓内在随机性，是指混沌的产生既不是因为系统中存在的随机力或受环境外噪声源的影响，也不是由于无穷多自由度的相互作用，更不是与量子力学不确定性有关，而是来自确定性系统内部的随机性。所谓对初值的敏感依赖性，是指当初始值出现微小偏差时，便引起轨道按指数速度分离，"蝴蝶效应"是其生动体现。所谓奇异性，是指从整体上看，系统是稳定的，但从局部看，吸引子内部的运动又是不稳定的，即相邻运动轨线互相排斥，而且按指数速率分离；混沌吸引子具有无穷层次的自相似结构；它的空间图形具有分形的几何结构，其综合利用数一般是非整数维。牛顿力学是确定性的，即只要知道构成系统一些因素之间的相互关系和初始条件，就可以确定系统运动的状态。可是混沌学表明，非线性确定论方程存在着内在随机性，或者说必然性中潜藏着偶然性；由于混沌运动具有对初始条件的敏感性，使得预测变得不可能。这就从根本上动摇了机械决定论的理论基础。它表明拉普拉斯机械决定论只能适用于日常生活和线性科学。

小 结

人类的自然观有一个演变的过程，与近代科学特别是牛顿力学一道兴起的是机械论自然观，它是还原论方法的一种具体形式，其要点是：自然的不变性、原子的基本性、机械的直观性、世界的既成性。

随着现代科学的发展，机械论自然观又暴露其局限性，强调普遍联系和发展的辩证自然观开始登上历史舞台，它把自然作为一个有机的整体，使我们得以恰当地把握人与自然的关系。

当代科学的突破引发了自然观的新探索，对于自然的简单性与复杂性、时空的绝对性与相对性、自然的构成性与生成性、自然的决定性与非决定性等问题有了新的认识，展现了极为丰富的思想内容。

思考题

1. 机械论自然观与近代科学的兴起有什么关联？

2. 机械论自然观的主要内涵是什么？

3. 辩证自然观是如何随着科学的进步而兴起的？

4. 当代对自然观的新探索有什么特点？

5. 简述自然观与科学进步的关系。

延伸阅读

1. 莫诺：《偶然性与必然性——略论现代生物学的自然哲学》，上海：上海人民出版社，1977 年。

2. 海森伯：《物理学和哲学》，北京：商务印书馆，1981 年。

3. 普利高津，伊·斯唐热：《从混沌到有序——人与自然的新对话》，上海：上海译文出版社，1987 年。

4. 贝塔朗菲：《生命问题》，北京：商务印书馆，1999 年。

5. 玻尔：《尼耳斯·玻尔哲学文选》，北京：商务印书馆，1999 年。

6. 韦斯特福尔：《近代科学的建构：机械论与力学》，上海：复旦大学出版社，2000 年。

7. 柯林伍德：《自然的观念》，北京：北京大学出版社，2006 年。

第二章　生态价值观与可持续发展

重点问题
- 科学万能论与生态价值观
- 增长的极限与"发展"的危机
- 从经济增长观到可持续发展观

随着自然环境破坏的深刻化，环境问题的研究真正开展起来，生态价值观开始兴起。许多重要的思想和观点提了出来：科学万能论问题、增长的极限问题、生态价值观问题、可持续发展问题，等等。

一、科学万能论与生态价值观

1. 科学万能论的流行与破产

科学技术作为调节人与自然关系的本质力量，在历史上曾把人从受制于自然的被动地位提升到与自然平等对话地位。科学技术的发展，以及它在促进人类文明进程中日益显示出的巨大力量，使人们对它寄予无限希望，并且一度导致科学万能论的流行。但是，当今生态危机的现实无情地打破了科学万能的观念。有些人又转而指责科学技术，把它视为危机的根源。问题究竟该怎么看？科学技术的价值如何才能真实地体现？这些问题需要认真作出回答。

科学万能论是出自近代机械论世界观勃兴时期对科学技术无限信赖的唯科学主义思潮。它认为人类在征服、改造自然方面，原则上没有科学技术解决不了的难题。科学万能论的产生和流行，与人类对理性的发现和张扬是紧密联系的，它是人类对理性力量无限推崇的必然产物。在这一意义上，科学万能论与理性至上的信念是一致的。

人被定义为理性的动物，与动物相区别的正是理性。古希腊人天才地直觉到了理性的力量，相信人能够凭借理性而非神性来把握世界。柏拉图告诫人们："人应当通过理性，把纷然杂陈的感官知觉集纳成一个统一体，从而认识理念。"① 而普拉泰哥拉"人是万物的尺度，是存在者存在的尺度，也是不存在者不存在的尺度"② 的思想，则鲜明地表达了古人对自然的态度。古希腊文明中，人是自然主人的思想已露端倪。

15世纪的西方文艺复兴运动使理性获得高度弘扬。人文主义对人的颂扬，以及自然主义对认识自然的现实主张，使自然界在理性的人看来已不再神秘，而是充满秩序的图景。伽利略就认为自然界是用数学语言写就的，自然的真理存在于数的事实之中。培根深信人类控制自然的力量深藏于知识之中，科学的作用在于运用正确的方法寻求这种知识，他提出了"知识就是力量"的名言。笛卡儿则强调人的理性力量，他运用"我思故我在"的演绎推理方式，赋予自然以逻辑秩序，并把人置于中心支配地位。

在高扬的理性主义旗帜下，人与自然关系被抽象的主体与客体关系所取代。近代认识论的主客二分以及强调人的主体地位，在观念上树立起人是自然主人的信念，自然变成了人类征服的对象。与此同时，从神学教义中解放出来的自然科学便在自觉的理性思维基础上，在对自然过程控制和干预中建立起探索自然奥秘的实验研究方法，从而使远离经验的科学与技术结合，并具有工具性和可操作性特征。科学因此获得了新的力量。沿着这条道路，近代力学在牛顿那里得到完美的综合，从而使机械论自然观占据统治地位。19世纪电力技术革命再次显示了人对自然力的支配能力，表明人类不仅能驾驭自然力，而且还能利用被改造了的自然力去控制其他自然物质过程。在此基础上，人类建立了庞大的现代工业体系和高效益的生产管理体制。

随着科学技术被广泛运用于社会生产过程，人对自然的支配能力急剧扩大，人在自然界的地位发生了根本转变。科学技术的作用消除了人类对黑夜的恐惧，使人不必再为获取基本的生存物品而犯愁。人类可以任意涉足地球的一切地方，甚至可以越出地球，千里之遥的交流如同面对面的交往，这一切无不显示出人的主人地位。在短短的几百年间，人类从巨大的物质利益和精神享受中，切身感受到科学技术赋予自己的征服自然的巨大力量。科学技术为现代文明所做的一切贡献，使人似乎有理由相信，只要依靠科学技术，人类在征服自然的道路上就不存在不可逾越的障碍。

---

① 北京大学哲学系编：《西方哲学原著选读》，上册，75页，北京，商务印书馆，1983。
② 同上书，54页。

2. 当代生态运动中的反科学倾向

建立在人类中心主义之上的"科技万能论",导致一部分人的自我意识极度膨胀,他们漠视人类对自然环境和自然资源的依赖性,对科学技术一味地采取实用主义态度,从而加剧了人与自然的对立。

面对全球性生态危机和人口、资源压力,20世纪60年代兴起的生态运动唤起了人类的生态意识,它高举"保护生态环境,反对输出污染"大旗,把矛头直接指向以牺牲环境为代价而采取的聚敛财富行为,得到社会广泛呼应。绿色和平组织、"绿党"之类的政治组织和团体迅速涌现。联合国在环境保护方面的价值导向,为生态运动推波助澜,使之发展成为影响深远的全球性社会文化思潮。

在传统工业社会中,科学技术备受推崇,人们对它能赋予巨大物质财富和精神幸福的力量深信不疑。而在当代社会,随着核技术、农用化学技术等在应用过程中暴露出来的种种问题,人们对科学技术转而采取一种审慎的批判态度。几乎所有生态运动成员都反对盲目崇拜科学技术,并主张改变现存的生产方式。他们把科学技术视为一柄双刃剑,一刃对着自然,而另一刃对着人类自己。一种流行的观点认为,科学技术不能从根本上解决资源和生态问题,因为它即使可以解决某些具体问题,也不可能克服地球物质系统本身的局限性。罗马俱乐部在其著名报告《增长的极限》中明确表达了这样一种看法:"我们甚至尝试对技术产生的利益予以最乐观的估计,但也不能防止人口和工业的最终下降,而且事实上无论如何也不会把崩溃推迟到2100年以后。"[①] 与罗马俱乐部把分析集中在生存环境上不同,人文主义者则在意识形态层面上对科学技术进行浪漫主义批判。斯宾格勒、海德格尔、雅斯贝尔斯等等学者,都把技术当做人类文明堕落、道德沦丧的根源。法兰克福学派则更认为科学技术排斥意志,压制情感,造就了单面社会、单面人和单面思维。

这些思想对当代生态运动产生了深刻的影响,导致了生态运动中的反科学思潮,并把矛头直接指向了科学技术本身。在他们看来,科学技术固然带来了地球表面的繁荣,却严重破坏了地球生态系统的稳定性和有序性,而后者对人类的生存发展更为基本;科学技术创造了现代物质文明,却又为毁灭文明提供了高效手段,增加了不安全感。

生态运动中的反科学思潮作为对近代以来流行的理性至上、科学万能的

---

① [美]米都斯等:《增长的极限》,166页,成都,四川人民出版社,1984。

反驳，给人以警示，使人由对技术盲目崇拜转向对技术的审慎运用，它们无疑具有积极的意义。但将生态危机归咎于科学技术的发展，导致对科学技术的否定，则不免有失偏颇。

科学技术作为调节人与自然关系、实现人的价值目标的中介性手段，是人的本质力量的对象化。科学技术的双重属性决定了它既要受到自然规律的制约，又要受到社会文化价值观和人的目的的规范。在人类认识和改造自然能力低下的时候，科学技术主要表现为"自然的"选择过程，而随着人类认识和改造自然能力的增强，科学技术的发展则越来越取决于人的"价值的"选择。人的文化价值观成了规范科学技术的主导力量。

3. 生态价值观确立的合理性

科学技术不能也不应该为当下的人类生存困境负责，恰恰是人类自己有不可推卸的责任。因为在人统治自然的价值观下，人总是以功利眼光看待一切。人类对科学技术的价值判断和评价仅仅只是实用性的、纯经济或政治的考虑，而忽视了它与自然的价值或人类根本价值要求可能的背离。人们在追求合目的的科学技术效用的正面价值之时，不得不承受由此带来的违背人的更高目的或价值要求的负面价值。

科学技术的快速进步，使人拥有了支配、控制自然的巨大能力，这种能力的获得使人从自然界的消费者地位上升到调控者地位。作为调控者，人对自然生态系统具有道德责任和义务。然而，人类的理性常常滞后于科技变革的实际过程，不能及时认识到自己应负的责任与义务。在缺乏对自然系统深刻理解的情况下，人类无法避免与自然的激烈冲突。

呈现在人类面前的自然界原本是一个多样性的价值体系，除了经济价值外，还有生命价值、科学价值、美学价值、多样性与统一性价值、精神价值等。然而，在传统的人类中心主义价值观下，自然界的一切价值都被归结为人类价值，人类的需要和利益就是价值的焦点，科学技术仅仅是人实现人类需要和利益的工具。因此，人类困境，从根本上讲，不是科学技术发展所必然带来的问题，而是受传统价值观所规范的科学技术被实际运用的后果问题。造成人类生存困境的根源不在科学技术，而在于支配着科学技术运用的价值观，本质上是价值观危机。

近代以来人类追求的人对自然界的中心地位，试图以征服和控制自然、无限地牺牲自然来满足人类需要的价值观，在严峻的现实面前遭到无情抨击。《寂静的春天》作者卡逊认为控制自然的观念是人类妄自尊大的想象产物，是在生物学和哲学还处于低级幼稚阶段的产物。威廉·莱斯试图对控制自然的观念作出新的解释，认为它的主旨在于伦理学的或道德的发展，而不是科学和技术的革新，控制自然的任务应当理解为把人的欲望的非理性和破坏性方面置于控制之下。我们不应该把人类技术的本质看做统治自然的能力。相反，我们应该把它看做对自然和人类之间关系的控制。这种观点对正确理解当代人与自然的关系无疑是十分重要的。

人本来是自然的一部分，对自然的理解应当包括对人自身的认识。这样，控制自然的观念便具有双重内涵，即对外部自然的控制和对内在自我的控制。早期人类控制自然的能力很弱，人的作用不至于破坏自然生态系统的自我调节功能，因而控制自然主要表现为对外部自然的控制。随着支配自然能力的迅速增强，人类对自然的破坏力也相应扩大。这时，控制自然也应当包括对人类干预自然造成的负面效应的控制。只有对人自身能力发展方向和行为后果进行合理的社会控制，以约束人类自身的行为活动方式，才能保证对人的创造力的强化和对人的破坏力的弱化，把人与自然关系中的负面效应降到最低限度。

从对自然的控制转向对自我的控制，表明传统价值观的合理性在当代的失效。人类需要一种人与自然的新型关系，即生态价值观下的人与自然的协调发展关系。与传统价值观那种把自然视为"聚宝盆"和"垃圾场"的观念相反，生态价值观把地球看做人类赖以生存的唯一家园。它以人与自然的协同进化为出发点和归宿，主张以适度消费观取代过度消费观；以尊重和爱护自然代替对自然的占有欲和征服行为；在肯定人类对自然的权利和利益同时，要求人类对自然承担相应的责任和义务。

生态价值观把人与自然看成高度相关的统一整体，强调人与自然相互作用的整体性，代表了人对自然更为深刻的理解方式。现代生态学理论揭示出，整体性是生态系统最重要的特征。自然界是由物质循环、能量流动、信息交换多样性构成的巨大有机整体，每一物种都占据着特定的生态位，都离不开与其他物种的联系和对环境的依赖。系统依靠复杂的反馈机制，实现自我调节和自我维持功能，保持系统在一定时空中的相对稳态。当代生态危机正是人类从系统中取走过多的生物产品，向系统输入超出系统净化能力的污染物，引起系统退化所至。这是人类在尚未充分认识和能动把握生态规律情况下盲目活动的结果。

生态价值观反对不加区分地运用一切技术，反对刻意追求技术的工具效用。它对技术具有明确的价值选择，即技术的运用不仅要从人的物质及精神生活的健康和完善出发，注重人的生活的价值和意义，而且要求技术选择与生态环境相容。

随着生态运动的纵深发展以及生态价值观的逐步确立，科学技术范式正在发生转变，显现出明显的"生态化"发展趋势。这种趋势最终将导致社会生产和生活方式的根本性转变。必须指出，科学技术并非作为一种独立的力量推动人与自然关系的演化，它的作用要受到文化背景及价值观的制约。科学技术的工具性特征使它自身缺乏判断，它既可帮助人类摆脱自然对人的奴役，也可以为人类统治自然的目的效力，还能成为推进人与自然协同进化的中坚力量。尽管科学技术参与价值观的形成，然而，价值观一旦确立，科学技术的作用就将被特定的价值观所规定。科学技术的能动调节作用总是在与一定的价值观共同作用下体现出来的。生态价值观的确立，将使科学技术在人与自然之间发挥更大的调节作用。

二、增长的极限与"发展"的危机

随着科学的发展以及人类改造自然能力的增强，工业时代的人类在使国民生产总值呈指数增长的同时，人类对自然环境的破坏呈现加速和全球化趋势；在人口剧增、人类对资源的消耗剧增的同时，自然资源日益贫乏。也就是说，人类在对自然进行巨大改造的同时，给自然带来了巨大的破坏；人类在自身得到极大发展的同时，使全球濒临灾难的边缘。全球性的人口危机、资源危机、环境危机，使人类处于生死存亡的紧急关头：要么沿着传统的老路走下去，从而加速人类对自然的破坏和人类的灭亡；要么沿着可持续发展的道路行进，从经济增长观转型为可持续发展观，从工业文明转型为生态文明，留下一个适合于后代生存的地球。

1. "增长的极限"

人类社会在使得人口和生产呈指数增长的同时，也使得资源消耗和环境破坏呈现剧烈的增长。整个 20 世纪，人类消耗了 1 420 亿吨石油、2 650 亿吨煤、380 亿吨铁、7.6 亿吨铝、4.8 亿吨铜。占世界人口 15％的工业发达国家，消费了世界 56％的石油和 60％以上的天然气、50％以上的重要矿产资源。如此巨大的消费，是靠透支地球自然资源的存量取得的。这不仅减少了人类赖以生存的资源数量，出现资源危机，而且，破坏了生物赖以存在的生态环境基础，造成了地球所储存能量和物质的巨大消耗，引起地球生态呈现不稳定的状态，引发了自然地理环境的恶化，无情地报复了置自然地理环境保护于不顾的人类。如果听任这种状况继续下去，那么人类社会的发展在一定时间内在达到某一极限之后很可能会出现崩溃。[①]

"罗马俱乐部"成员、美国科学家米都斯亦译为"梅多斯"，在1972年出版的《增长的极限》一书中，首先提出了"增长的极限"的概念。他认为，地球是有限的，在地球上决定人类命运的有五个因素：人口、粮食生产、工业化、污染和不可再生的自然资源消耗，这五个因素每年都按指数在增长。当这许多不同的因素在一个系统里同时增长时，在一个较长的时期中，每一个因素的增长都最终反馈并影响自身，形成恶性循环。这个恶性循环走向极端就是地球上的不可再生资源会被耗尽，环境污染会无法消除，粮食生产的增长会终止。总之，人与自然界在相互作用中最终将遭到灾难的冲击。

《增长的极限》发表后，在全球范围内敲响了人和自然关系危机的警钟，使西方社会长期以来流行着的"自然资源是无限的、科技进步和物质财富增长是无止境的"盲目乐观主义思潮受到极为强烈的震撼。这是人类第一次用系统动力学方法研究人类社会未来的发展，从而建立了第一个"世界模型"；第一次对人类发展的严重困境提出警告，使人们警醒过来，开始反思以往的社会发展道路，寻求对策，以避免人类可能遇到的困境。

当然，《增长的极限》一书所使用的模型过于简单。后来，米都斯对此进行了修正，得出的结论是：

（1）人类对许多重要资源的使用以及许多污染物的产生都已经超过了可持续的比率。不对物质和能量的使用作显著的削减，在接下去的几十年中人均粮食产出、能源使用和工业生产将会有不可控制的下降。

（2）上述的下降是不可避免的。要想防止这种下降，两个改变是必需的。第一是修改使物质消费和人口持续增长的政策和惯例。第二是迅速地提高物质和能源的使用效率。

（3）可持续发展的社会在技术和经济上都是可能的。它比试图通过持续扩张来解决问题的社会更可行。向可持续发展的社会过渡需要兼顾长期的和短期的目标，同时又要强调产出的数量。它需要的不只是生产率和技术，它还需要成熟、热情和智慧。[②]

虽然《增长的极限》一书中的某些预测没有成为现实，但是，这并不意

---

① 参见林培英等主编：《环境问题案例教程》，313页，北京，中国环境科学出版社，2002。

② 参见［美］唐奈斯·H·梅多斯等：《超越极限：正视全球性崩溃，展望可持续的未来》，5页，上海，上海译文出版社，2001。

味着人类发展的未来不会出现资源短缺、环境破坏。诚然，发达国家的环境确实有所改善，但这并不意味着《增长的极限》没有言中，而是因为他们听从了它的警告，从而改变了事态发展的方向。1999 年联合国环境规划署发表的一份题为《2000 年全球环境展望》的报告，在综合了全世界 850 多位科学家和 30 所著名研究机构的意见后提出：环发会议召开 7 年后，在体制建设、国际共识的建立、有关公约的实施、公众参与和私营部门的行动方面已取得一些进展，一些国家成功地抑制了污染并使资源退化的速度放慢，然而总体情况是全球环境趋于恶化，重大的环境问题仍然存在于所有区域和各国的社会经济结构之中，制止全球环境恶化的时间所剩不多。

实际上，经济活动受到自然的有限性、热力学第二定律以及生态系统承载力三方面的限制，尽管技术的进步和不可再生资源的更多利用能够在一定程度上打破这一限制，但不可能超越这一限制。经济不可能无限地增长下去。

摆脱生态环境危机与人类社会的发展并不矛盾，而只是与人类社会传统的发展模式相排斥，可以这么说，生态环境危机的产生正是与人类社会以往的发展模式以及发展观念的欠缺相关联。

2. 传统发展观的误区及其引发的危机

在不同的时期，人们对什么是发展以及如何实现发展的认识水平却是不同的。18 世纪工业革命开始以来，人们总是把发展片面理解为科学技术的发达和国内生产总值（GDP）的增长。这种传统工业文明发展观存在着很多误区，主要表现在以下三个方面：

其一是忽视环境、资源、生态等自然系统方面的承载力。许多世纪以来，由于人们对自然界的本质和规律的认识水平较低，生态知识有限，把美丽、富饶、奇妙的大自然看做取之不尽的原料库，向它任意索取愈来愈多的东西；把养育我们世世代代的自然界视为填不满的垃圾场，向它任意排放愈来愈多的对自然过程有害的废弃物。近三百年来，人类自恃科技的力量和无上的智能，以自然界的绝对征服者和统治者自居，肆意掠夺和摧残自然界的状况愈演愈烈，严重破坏了生态平衡规律，大大损害了大自然的自我调节和自我修复能力。

其二是没有考虑自然的成本。传统的发展观倾向于单向度地显示人类征服自然所获得的经济利润，没有考虑经济增长所付出的资源环境成本。这样的经济核算体系容易带给人们"资源无价、环境无限、消费无虑"的错误思想。而在实践行为上则采取一种"高投入、高消耗、高污染"的粗放外延式发展方式。这样虽然实现了经济的快速增长，同时却给地球带来不可估量的污损。西方工业文明发展的许多结果已经表明，今天的自然资源的过度丧失将来花费成倍的代价也难以弥补。因此，那种不计自然成本、以牺牲自然为代价的增长不再有理由被视为是真正意义上的发展，真正的发展必须尽量少地消耗自然成本并有效地保持自然的持续性。

其三是缺乏整体协调观念。多少年来，由于人们对物质财富的无限崇尚和追求，总是把发展片面地理解为经济的增长和生产效率的提高，将注意力集中在可以量度的诸经济指标上，如国民生产总值、人均年收入、人均电话部数、进出口贸易总额，等等。20 世纪 30 年代以来，凯恩斯主义经济学一直把 GDP 作为国民经济统计体系的核心，作为评价经济福利的综合指标与衡量国民生活水准的象征，似乎有了经济增长就有了一切。于是，增长和效率成了发展的唯一尺度，至于人文文化、科技教育、环境保护、社会公正、全球协调等重大的社会问题则受到冷落或被淡忘。这种对经济增长的狂热崇拜与追求，不仅使人异化为工具和物质的奴隶，导致社会畸形发展，而且引发了大量短期行为，弃生态环境于不顾：无限度地开发、浪费矿物资源，贪婪地砍伐森林和捕猎动物，肆无忌惮地使用各种化学原料与农药，等等。

由于传统发展观存在着上述种种弊端，当人们庆贺经济这棵大树结出累累硕果的同时，人类赖以生存和发展的环境却被破坏得百孔千疮。

由传统发展观引发的危机主要表现在以下几个方面：

（1）人口压力。世界人口在 20 世纪初为 16 亿，而 2000 年已超过 60 亿。目前，全世界人口正以每年近一个亿的幅度在增长，呈"人口爆炸"势头。预计到 21 世纪中期世界人口将达 100 亿。人口的飞速膨胀，意味着对多种资源如食物、水、各种矿产品以及各种用途的空间等需求量相应增大，这必然给地球上有限的自然资源带来巨大压力。难怪保罗·埃利希这位科学家和人类学家说："一颗人类的炸弹正在威胁着地球"。

（2）空气污染。生命须臾离不开空气。然而，工业生产和现代交通每天向空中喷射数千种化学物质，严重污染了大气，导致许多有害现象。如由二氧化硫和氮氧化物等产生的"空中死神"——酸雨，不仅影响森林和其他植物群的正常发育，使湖泊酸化从而引起鱼群减产或消失，而且对建筑物、文物和金属还有腐蚀作用；二氧化碳、甲烷、氯氟碳化合物等在大气中含量不断提高，产生温室效应，这可能导致海平面因海水受热膨胀和冰山融化而升高，淹没沿海低洼地区的城市和耕地；氯氟烃等气体还消耗大气中具有"保护伞"作用的臭氧层，使太阳紫外辐射无阻碍地到达地面，增加皮癌、白内障等疾病的发生，等等。

（3）水源污染和短缺。水是生命的源泉。可是据分析，当前世界的淡水资源约 1/3 受到工业废水和生活污水的污染。世界上有 100 多个国家缺水，其中严重的有 40 多个。至于海洋污染更具有全球性的特点，人们常把海洋当做"填不满的垃圾箱"，导致大量海洋生物死亡。而且，废物不断进入水中和在水中的不断积累，正在使被污染的水变得对动植物和人类无用甚至有害。

（4）土壤退化。土地是养育万物之母，也是一种难以恢复的环境要素。在自然力作用下，地球表面平均每千年才生成约 10 厘米厚的土壤层，每年生成的厚度比纸还薄！然而专家们估计，人类自开始耕作以来，因为砍伐森林、过度放牧和化肥农药的污染，全世界已经损失了 300 万平方千米的耕地，相当于损失了 3 个中国的生产用地。水土流失，已经被视为当今世界的头号环境问题。现在全世界每年流失土壤 270 亿吨。有人推算，如果地球上土壤的平均厚度为 1 米的话，800 年后全球耕地就将消失殆尽！

（5）生物多样性锐减。人类自身的持续存在和生活质量的提高与其他生物物种的存在是息息相关的。但由于人口的压力，自然生态的破坏，对资源的过分开采及污染等影响，地球上的物种自 1600 年以来已有 724 个灭绝，目前每天有 100 个～300 个物种临近灭绝。许多专家认为，地球上全部生物多样性的 1/4 可能在未来的 20 年至 30 年内有消失的严重危险。

（6）森林面积急剧减少。1991 年世界森林大会宣告：全世界消失的森林面积已达到 17 万平方千米。这样递减下去，不到 300 年，森林就不存在了。而物种密度最集中的热带雨林正以每年 1%～2% 的速度被毁灭，如果 50 年至 100 年后热带森林从地球上消失，就意味着一半以上的物种将消失，这是对地球上生物多样性的严重威胁。

3. 造成传统发展观负面作用的根源

现代科技是现代社会发展的催化剂和巨大杠杆。但是，现代科技也给人类带来了负面影响，在观念上也产生了一些误区。传统发展观之所以造成负面效应，究其原因，主要是人类认识水平的限制和多种社会因素的作用。

（1）人类认识水平的限制。

就认识根源来看，首先要归咎于工业革命造成的片面的自然观——"人类是自然界的统治者"的观点。殊不知，包含人类这个生物种在内的自然界是一个有机的、辩证地存在和发展着的大系统，对于任何超出其自我调节和自我修复能力的内部异动和失衡，它都必然会作出异常的、对人类也许颇具威胁的反应。诸如生态平衡失调、环境恶化、资源匮乏、能源枯竭等现象，便是自然界这种痛苦反应的结果。英国经济学家舒马赫曾一针见血地指出：出现这么惊人、这么根深蒂固的错误，与过去三四个世纪中人类对待自然的态度在哲学上的变化有密切的联系，现代人没有感到自己是自然的一部分。

其次，是科学技术自身的局限性。大自然是纷繁复杂、千变万化的，科学技术作为人类对自然规律的认识和运用，是一个不断发展、充实和完善的活动过程，它在各个发展阶段上都存在不可避免的局限性。当自然科学的研究着重分门别类搜集材料之时，人们偏爱还原法，总喜欢把研究的事物分解为许多细部，即所谓"拆零"，往往忽略或忘记了部分之间的内在联系、部分与整体的联系以及事物与环境之间的联系。"只见树木，不见森林"，使人类忘记了自身属于自然界这个整体，把人类与自然界绝对对立起来，可能导致灾难性的生态后果。当今，人们对一些新技术和复杂技术如核技术、生化技术、重大工程技术的性质的认识仍欠全面、深刻，因而在实际设计和使用这些技术时往往欠合理、规范，预防事故的措施也不够健全，应用技术也可能给人类带来危害。此外，人类常常容易看到眼前的利害和直接的后果，难以充分觉察和预料长远利益和间接后果，进行决策和应用科技成果也可能造成失误。必须清醒地估计到，人类无论是凭借已有的科技干预自然，还是根据某种意志创造人工自然，总是难免部分地背离自然规律，招致意想不到的失误。

（2）多种社会因素的作用。

现代科技已不再是纯正中立的，它已和政治、经济、军事、社会等因素牢牢结合在一起。这种结合对于改善人类的生存状况，增强人类的发展潜力无疑起着关键的作用。但我们也应看到，一些个人、实业集团乃至国家，为了眼前的私利，肆无忌惮地滥用科技，以致产生了严重的科技异化现象。例如，在两个超级大国对抗的"冷战"年代里，大规模发展核武器和生化武器生产。据统计，当时全世界动用了 5 000 万科技人员（几乎占全世界科技人员总数一半）、60％的世界资源来发展和研究军事。20 世纪 80 年代中期，全世界的核武器库贮存了 50 000 个核弹头，其总威力大约相当于 100 万个投放于广岛的原子弹。这意味着世界上的每个居民包括孩子在内正坐在具有 3.5 吨 TNT 当量的有待爆炸的烈性炸药之上。在当今科技革命迅猛发展、和平与发展已成为世界主题的新形势下，发达国家又把高科技作为国际政治生活的重要筹码，它们经常使用"科技封锁"、设定"技术禁区"对其他国家进行制裁，或通过某些新技术的输出，以换取对方的"政治让步"、"政治妥协"。科技落后的发展中国家在国际事务中常受摆布，受到不公正对待。如果说军国主义者以严厉的科技手段来自我毁灭，强权主义把高科技作为对其他国家进行制裁的惯用手法，那么经济实用主义却把现代科技的发展引上了邪路。当代科技成果往往被资本家集团所垄断，为了追逐高额利润和达到种种自私目的，他们可能不顾社会公德，用科技手段去干有害于人类的事；或以掠夺性经营的方式对待自然界，为了多销产品多赚钱鼓吹"高消费"，造成人为的资源"高浪费"和环境的"高污染"；或把危害环境的"污浊生产"（如化工、冶金、造纸、石油加工等部门）向发展中国家输出，等等。很明显，资本主义就其本质而言，不可能从根本上消除科技异化现象。

处在社会主义初级阶段的国家和发展中国家，由于缺乏健全得力的道德监督、法律控制，受其经济力量的制约，滥用科技成果的行为也经常发生。例如，资源国有制度，从根本上来说有利于资源保护和有计划地使用与再生，但也容易产生所有权不明确，管理责任和管理制度不落实，管理者缺乏主人意识等问题。其结果，自然资源得不到有效保护。再如，一些发展中国家为了实现经济起飞，摆脱贫穷，在技术落后、资金奇缺的情况下，往往不惜低价出售自己宝贵的自然资源，或者被迫引进那些在发达国家被淘汰的、污染严重、物能消耗大的技术和产业，这就会进一步加剧这些国家的环境、资源、能源的危机。

总之，种种科技异化现象的产生或加剧，都包含着各式各样的、不同程度的社会因素的作用。而这些社会因素的总根源，正在于特定的生产方式的局限。恩格斯指出："到目前为止存在过的一切生产方式，都只在于取得劳动的最近的、最直接的有益效果。……在西欧现今占统治地位的资本主义生产方式中，这一点表现得最完全。支配着生产和交换的一个一个的资本家所能关心的，只是他们的行为的最直接的有益效果。不仅如此，甚至就连这个有益效果本身……也完全退居次要地位了；出售时要获得利润，成了唯一的动力。"[1] 不合理的经济制度和社会制度，是产生包括科学技术异化在内的种种社会异化（如劳动异化）现象的本质根源。按照马克思对未来社会的预见，只有到了共产主义社会，社会化的人，联合起来的生产者，才能合理调节他们与自然之间的物质交换，把它置于他们的共同控制之下，而不让它作为盲目的力量来统治自己。当然，要实现马克思的美好预言，需要地球上几十亿居民的携手合作与共同奋斗。

---

[1] 恩格斯：《自然辩证法》，160～161页，北京，人民出版社，1971。

三、从经济增长观到可持续发展观

1. "经济增长观"的根本误解

在一切社会形式下，人类的生存和发展都必以经济活动为前提，以经济增长来保护人类生活质量的提高，增长经济成为人们孜孜以求的事情。这点在第二次世界大战后表现得更加突出。第二次世界大战后，随着一大批殖民地、半殖民地国家的相继独立，整个世界都忙于战后的重建、恢复和发展。西方国家和遭受战乱的国家把加速经济建设视为最紧迫的任务；战后所独立的国家和地区关心的是如何振兴本国经济，消除贫困，确立它们在世界体系中的地位，走上真正的自立发展道路。

在这样的背景下，在 20 世纪 60 年代之前，各国以发展经济学为中心、以物质财富的增长为发展目标来构建经济发展理论，促进经济的增长。当时，人们还没有把"发展"（development）与"增长"（growth）两个概念区别开来，认为经济增长可以解决诸如贫困、收入分配不平等以及社会安定等一系列问题。发达国家和发展中国家的政治领导人，普遍把国内生产总值的数量的增加当做一个国家经济增长的代名词，GDP 的增长率几乎成为衡量一国经济绩效的唯一标准，如此就将经济增长等同于社会发展。

这样，社会发展就成为一种经济行为，经济客体成为发展视界的唯一或主要选择，经济增长的具体标准成为衡量社会发展的尺度，社会发展仅仅归结为国民生产总值的增加：国内生产总值增加了，社会也就进步了，社会发展的程度也就提高了。这是传统经济增长观的根本误解。

发展是大多数人渴望的目标，通过经济发展获得社会发展是大多数人的希望所在。但是，传统的经济增长观注重近期和局部的利益，片面强调经济发展而忽视人口、资源、环境的协调发展，很可能会带来人口膨胀、过度城市化、分配不公、社会腐败、政治动荡、环境危机等，也就是带来"有增长无发展"、"无发展的增长"或"恶的增长"的结果。

这种情况必然引起人们普遍的忧虑，尤其是从 20 世纪初到 60 年代至 80 年代，人类在经历了一系列重大的公害事件对经济和社会发展的严重冲击后，痛定思痛，开始反思和总结"经济增长观"。人们开始认识到，经济增长和社会进步之间是不能画等号的。单纯的经济增长不等于发展，虽然经济增长是发展的重要内容，但发展本身除了"量"的增长要求以外，更重要的是要在总体的"质"的方面有所提高和改善，即社会应该获得整体意义上的进步。

英国学者杜德利·西尔斯在《发展的含义》一文中指出：经济增长和社会进步之间不能画等号。"增长"和"发展"是两个不同的范畴。增长仅仅只是物质的扩大，增长本身是不够的，事实上也许对社会有害；一个国家除非在经济增长之外，在不平等、失业和贫困方面趋于减少，否则不可能享有发展。法国社会学家佩鲁（1983年）认为，增长、发展和社会进步是性质不同的概念。增长是指社会活动规模的扩大。发展是结构的辩证法，是指社会整体内部各种组成部分的联结、相互作用以及由此产生的活动能力的提高。假如增长不能改变整体内部诸要素之间的关系和能力，就被称为"无发展增长"。经济增长和经济发展是不同的。增长意味着在一定时期所生产的产品和服务的总量（GDP）的量的增长，也意味着通过一定经济系统的物质和能量的流动速率（自然流量）的增长。这样的增长在生物物理上是有限制的，甚至在经济上，即边际成本开始超过边际收益的意义上也是有限制的。它不可能超越资源再生和废物接纳的可持续的环境能力而永远持续下去。如果放任这样的经济增长持续下去，将使人们更加贫穷而不是更加富有，也将使得消除贫困和保护环境更加艰难。正因为这样，一旦达到这个临界点后，物理性增长应该停止，质量性改进应该继续。最终由经济增长走向经济发展。增长的含义是"通过吸收或生长产生新增物质从而带来规模上的自然增加"；发展则意味着"扩张或实现某种潜能，逐渐达到更规范、更令人满意或更好的状态"。说某物增长了，是说它变得更大了；而说它发展了，是说它变得不同了。经济增长的含义较窄，通常指纯粹意义的生产增长。发展的含义较广，除生产数量的增长外，还包括经济结构和某些制度的变化。发展不仅要有量的增长，而且要有质的提高。以经济增长代替人类社会发展。是以人之外的"物"代替了人，以发展经济代替了发展人类，忽视了经济发展与政治制度、意识形态、文化价值的相互关系，必定引发一系列经济社会问题。

鉴于此，西方有识之士普遍主张应该由社会发展的经济增长观向综合的社会发展观转变。英国学者托达罗指出：应该把发展看做包括整个社会体制重组在内的多维过程。除了收入和产量的提高外，发展显然还包括制度、社会和管理结构的基本变化以及人的态度，在许多情况下甚至还有人们习惯和信仰的变化。法国学者罗兰·柯兰则把"社会进步指数"作为衡量社会、政治和文化现象的综合标准，包括技术系统、经济系统、政治系统、家庭系统、个人社会化系统、思想与哲学宗教系统等六大方面。1970年10月24日，在纪念联合国宪章生效25周年会议上，通过的"联合国第二个发展十年

（1970—1980 年）"国际发展战略目标中，除经济指标外，还规定了反映社会政治状况改善的其他指标。与此同时，许多国家在制定国家计划时，不再像过去那样搞"国民经济发展计划"，而是制定"经济社会发展计划"。

这种综合的社会发展观，唤醒了人们对自身社会发展终极目的的理性思考，提出了一种不同于经济增长观的新的发展战略，赋予了人作为发展主体的内涵，从以物质为中心的发展转到以人为中心的发展，为人们寻找最好的社会发展道路，打开了广阔的视界。

2. 可持续发展思想的酝酿与形成

面对如此严峻、复杂、紧迫的环境危机以及一系列社会问题，人们从 20 世纪 70 年代开始积极反思和总结传统经济发展模式中不可克服的矛盾，认识到发展不只是物质量的增长与速度，也不仅仅是"脱贫致富"，它应该有更宽广的意蕴：所谓发展是指包括经济增长、科学技术、产业结构、社会结构、社会生活、人的素质以及生态环境诸方面在内的多元的、多层次的进步过程，是整个社会体系和生态环境的全面推进。于是，催生出一种崭新的发展战略和模式——可持续发展。

从片面追求科技与经济发展，到强调人的全面发展，再到谋求人与自然的持续协调发展，充分显示了人类理性的力量。人类在发展观上的变迁，事实上是不断对科技参与社会发展的过程和方式作出更加明智合理的限定。

在可持续发展观的产生和发展过程中，有几件事的发生具有历史意义，那就是：

1962 年，美国海洋生物学家 R. 卡逊所著《寂静的春天》一书问世。它标志着人类把关心生态环境问题提上议事日程。书中，卡逊根据大量事实科学论述了 DDT 等农药对空气、土壤、河流、海洋、动植物与人的污染，以及这些污染的迁移、转化，从而警告人们：要全面权衡和评价使用农药的利弊，要正视由于人类自身的生产活动而导致的严重后果。

1972 年 6 月联合国在瑞典的斯德哥尔摩召开人类环境会议，为可持续发展奠定了初步的思想基础。这次会议有 114 个国家代表参加，发表了题为《只有一个地球》的人类环境宣言。宣言强调环境保护已成为同人类经济、社会发展同样紧迫的目标，必须共同和协调地实现；呼吁各国政府和人们为改善环境、拯救地球、造福全体人民和子孙后代而共同努力。本次会议唤起了世人对环境问题的觉醒，并在西方发达国家开始了认真治理，但尚未得到发展中国家的积极响应。而且这一阶段强调的是单纯的环境问题，还没有深刻地将环境问题与社会的发展很好地联系起来。

可持续发展作为一种概念，1980年首次在联合国制定的《世界自然保护大纲》提出；作为一种理论，1987年形成于《我们共同的未来》；作为一种发展战略普遍被各国接受，是1992年世界环境与发展大会通过的《21世纪议程》。

1987年，挪威首相布伦特兰夫人主持的世界环境与发展委员会，在长篇专题报告《我们共同的未来》中第一次明确提出了可持续发展的定义："既满足当代人的需求，又不对后代人满足其自身需求的能力构成危害的发展"。报告以此为基本纲领提出了一系列政策和行动建议。从此，可持续发展的思想和战略逐步得到各国政府和各界的认同。

1992年6月，联合国在巴西的里约热内卢召开了环境与发展大会，共183个国家的代表团和联合国及其下属机构等70个国际组织的代表出席了会议，102位国家元首或政府首脑到会讲话。这次大会深刻认识到了环境与发展的密不可分；否定了工业革命以来那种"高生产、高消费、高污染"的传统发展模式及"先污染、后治理"的道路；主张要为保护地球生态环境、实现可持续发展建立"新的全球伙伴关系"；通过和签署了为开展全球环发领域合作、实现可持续发展的一系列重要文件，如《里约热内卢环境与发展宣言》、《21世纪议程》、《关于森林问题的原则申明》、《生物多样性公约》，等等。它们充分体现了当今人类持续协调发展的新思想，并提出了相应的行动方案。可以说，本次会议是人类转变传统发展模式和生活方式，走可持续发展道路的一个里程碑。

之后，不同学科的学者从不同的角度讨论了可持续发展的理念。比较多的共识是，可持续发展就是协调人与自然之间的关系和人与人之间的关系，最终达到自然的可持续发展、经济的可持续发展、社会的可持续发展。

自然的可持续发展是指维持健康的自然过程，保护自然环境的生产潜力和过程，使之能够满足经济和社会可持续发展的需要。自然的可持续发展是社会、经济可持续发展的基础。没有前者，后者的发展也不能实现。但是，前者的发展不是自发的。由于人类社会的进步、人类改造自然的力量的增强，人类因素已经成为自然发展变化的主要因素，因此，自然的可持续发展的实现必须由人类恰当的行为和思想来保证，由经济的和社会的可持续发展来保证。

经济的可持续发展是指在保护自然资源和环境的前提下，保持经济的稳定增长，最大限度地增加经济发展的利益，提高国家的收入，使环境与资源具有明显的经济内涵。这样看来，经济可持续发展有二：一是在经济发展过程中保持自然的可持续发展；二是在自然的可持续发展基础上保持经济增长。经济可持续发展的目的不是自然的可持续发展，保持自然的可持续发展的直接目的是为了经济和社会的可持续发展。否定经济的可持续发展来追求自然的可持续发展，就是放弃人为，消极地顺应自然。以经济和社会的停滞发展为代价获得自然的可持续发展，可以说，这绝不是可持续发展。可持续发展战略不仅要求自然、经济和社会的可持续，而且要求这三者要发展，要求在这三者的发展过程中保持三者的可持续，在这三者可持续发展的过程中获得发展。放弃发展是一种历史的倒退，不为现实所接受；放弃持续发展，是杀鸡取蛋、竭泽而渔，会加快人类的消亡。两者都是片面的。

可以说经济的可持续发展是可持续发展战略的核心和关键。自然的可持续发展是在可持续经济的运行中实现的，实现了可持续发展的自然又为经济的可持续发展提供物质基础，也只有经济可持续发展才能保证社会的可持续发展。

对于社会的可持续发展，一般是指满足社会的基本需要，保证同代人之间、不同代人之间在资源和收入上的公平分配。这一定义现在普遍被人们接受。它从时间的角度体现了可持续发展的特征。但是，它并没有充分阐述可持续社会发展应是一个什么样的状态，即什么样的社会才能保证其可持续发展。查尔斯·哈珀对此进行了阐述。他认为，一个可持续社会能够抑制人口增长并使之稳定；一个可持续社会将保存其生态基础，包括肥沃的土壤、草地、渔场、森林和淡水地层；一个可持续社会将逐渐减少或停止对矿物燃料的使用；一个可持续社会在任何意义上说，都将变得更有经济效益；一个可持续社会将拥有与这些自然、技术和经济特性相和谐的社会形态；一个可持续社会将需要一个信仰价值和社会范式的文化；在一个相互联系而且共同分享一个环境的世界中，一个可持续社会将需要在其他社会的可持续性基础上与其他社会进行合作——按照他们的环境不同。[①] 社会的可持续发展是实施可持续发展战略的根本保证和最终目的！

由此可见，在经济增长观片面指导下所涉及的问题不单纯是环境资源问题，而是整个的社会发展问题；可持续发展观所涉及和所要解决的问题也不单单是环境资源问题，还有许多其他的社会发展问题。环境问题的产生与其他社会问题的产生是紧密联系在一起的，环境问题的解决也应该在解决其他

---

① 参见［美］查尔斯·哈珀：《环境与社会——环境问题中的人文视野》，326～329 页，天津，天津人民出版社，1998。

社会问题的过程中进行。

科学的发展观是对"发展是硬道理"的丰富和补充，它表明"发展是硬道理"并不意味着"增长是硬道理"，也不意味着"增长率是硬道理"、"GDP增长是硬道理"，而是意味着只有社会的整体协调发展才是硬道理。如此，就应该把资源成本和环境成本纳入国民经济核算体系，从根本上改变政府官员的政绩观，推动粗放型增长模式向低消耗、高利用、低排放的集约型模式转变，真正把科学的发展观落实到社会经济建设的各个层面、各个领域，从工业文明走向生态文明。

3. 可持续发展的重要原则

可持续发展的思想被世界普遍接受，其实践活动也开始在全球展开。其中《21世纪议程》是一个广泛的行动计划，它提出了在全球、区域和各国范围内实现可持续发展的行动纲领，提供了一个21世纪如何使社会经济与环境协调发展的行动蓝图，涉及与可持续发展相关的所有领域。它宣称，人类正处于历史的抉择关头：要么继续实施现行的政策，保持着国家之间的经济差距，在全世界各地增加贫困、饥荒、疾病和文盲，使我们赖以维持生命的地球的生态系统继续恶化；不然，就得改变政策，至少得实行以下几个重要原则：

——整体协调性。包括两层含义，其一是指要把人口、科技、经济、社会、资源与环境等要素视为一个密不可分的整体，注意它们之间的和谐发展，不能顾此失彼；其二是指要在地区、国家和全球范围内防止和消除两极分化，注意社会公平。许多资料表明：全球资源与环境恶化的根本起因，既有贫困地区为求温饱而不得不掠夺性地利用资源，更有富裕者为追求最大利润和奢侈享受而滥用资源。由于发展的基本目标是满足全人类的基本需求，所以贫困者的生存需求应当优先于富裕者的奢侈需求。

——未来可续性。主要指代际之间的均衡发展，既满足当代人的需求，又不损害后代人的发展能力。可持续发展观认为，在社会经济发展的长河中，各代人共有同一生存空间，他们对这一空间中的自然和社会财富拥有同等享用权和生存权。如果每代人都毫无节制地耗费资源和环境质量，不对其进行合理分配，那么人类生活将一代不如一代。因此，必须切实保护资源和环境，不仅要安排好当前的发展，还要为子孙后代着想，绝不能吃祖宗饭而断子孙路，走浪费资源和先污染、后治理的路子。

——公众的广泛参与性。公众参与是推动社会进步与可持续协调发展战略的群众基础。全球《21世纪议程》的实施，必须依靠公众及社会团体最大限度的认同、支持和参与。因为，只有人人开始感到人口、资源和环境问题对人类生存和自然发展带来的莫大冲击，行动起来，形成一股崇尚生态文明的新风尚，可持续发展才有可靠的保证和成功的希望。公众参与的内容，包括社会个人或社会团体在控制生育、节约资源和环境保护问题上的自律，对他人有害自然环境行为的预警、监督和指控，也包括通过新闻传媒或公众论坛推进政府部门采取有效而及时的保护措施，等等。

　　——"新的全球伙伴关系"。可持续协调发展战略是针对人类面临资源枯竭、人口爆炸、生态失衡、环境污染、粮食危机、南北冲突、国际难民等问题而提出的，这些涉及人类生存的全球性问题，要求人们超越社会制度的差异和民族国家的界限，携手合作，共同努力。特别是发达国家在环境问题的解决中要发挥更重要的作用，要从资金、技术、人力等方面帮助发展中国家，以实现可持续协调发展的目标。

　　全球《21 世纪议程》是一个不具有法律约束性的文件，但它反映了环境与发展领域国际合作的全球共识和最高级别的政治承诺。《21 世纪议程》的出台，为在全球推进持续协调发展战略提供了行动准则。

小结

　　科学技术作为调节人与自然关系的本质力量，使人在自然界的地位发生根本转变。建立在人类中心主义基础上的"科技万能论"的流行，加剧了人与自然的对立。面对当今生态危机，有些人把责任全推给科学技术，但从根本上看，造成人类生存困境的根源不在科学技术，而在于支配着科学技术运用的"人类中心主义"价值观。人类需要一种视人与自然高度相关和同一的生态价值观。

　　科学技术的发展增强了人类改造自然的能力。但由于人类认识水平的限制和多种社会因素的作用，人们长期把发展片面理解为单纯经济的增长，同时忽视环境、资源、生态等自然系统方面的承载力，由此引发了人口、资源、环境等诸多危机，使人类面临"增长的极限"。若按照传统模式发展，将加速对自然的破坏，全球将濒临灾难边缘。

　　人们在反思传统发展模式带来的环境危机以及各种社会问题的过程中，催生出一种新的发展模式——可持续发展，即协调人与自然和人与人之间的关系，最终达到自然、经济和社会的可持续发展。《21 世纪议程》使可持续发展作为一种发展战略普遍被各国接受，并提出整体协调性、未来可续性和公众的广泛参与性等重要原则，作为全球推进持续协调发展的行动准则。

思考题

1. 科学万能论是因何流行并最终破产的？

2. 如何理解生态价值观的合理性？

3. 传统的发展模式会导致"增长的极限"吗？如果会，是如何导致的？

4. 传统发展观有哪些误区？

5. 可持续发展观的主要内涵是什么？

延伸阅读

1. 卡逊：《寂静的春天》，长春：吉林人民出版社，1997 年。

2. 得奥波德：《沙乡年鉴》，长春：吉林人民出版社，1997 年。

3. 米都斯等：《增长的极限——罗马俱乐部关于人类困境的报告》，长春：吉林人民出版社，1997 年。

4. 刘大椿，岩佐茂等：《环境思想研究：基于中日传统与现实的回应》，北京：中国人民大学出版社，1998 年。

5. 雷毅：《深层生态学思想研究》，北京：清华大学出版社，2001 年。

6. 洪大用：《社会变迁与环境问题》，北京：首都师范大学出版社，2001 年。

7. 中国科学院可持续发展研究组：《2003 中国可持续发展战略报告》，北京：科学出版社，2003 年。

第三章　科技时代的伦理建构

重点问题
- 科技与伦理的内在统一
- 科技实践中的伦理与道德重建
- 科技伦理学研究的转向和新向度

四百多年前，科学开始了建制化的历程。直到 20 世纪上半叶，科学建制的主要目标是扩展确证无误的知识，科学规范的核心精神是保证科学知识的客观性，这种规范实质上是一种准伦理规范。随着科学的社会功能日益凸显，科学成为一种重要的社会分工，科学建制的总体目标转向为人类及其生存环境谋取最大的福利，为此，科学界展开了科学职业伦理的新建构。这种新的建构兼顾科学的求知和社会功能，并以客观公正性和公众利益优先作为其伦理原则，形成了一种内在于科学活动的新型伦理规范。

一、科技与伦理的内在统一

现代技术的迅猛发展使技术成为一种前所未有的强大力量。面对技术所带来的日益难以克服的负面效应，技术中性论受到了普遍的质疑。技术是一种负载价值的实践过程，因此，伦理制约应该成为技术的一种内在维度，主体对技术责任的履行应贯穿于技术的全过程。在技术—伦理实践之中，实现技术与社会伦理价值体系的良性互动和整合。

1. 科学的社会规范与伦理考量

科学的社会建制化始于 17 世纪。1645 年，英国产生了"无形学院"，后来，在此基础上成立了皇家学会。学会成立时，著名科学家胡克为学会起草了章程。章程指出，皇家学会的任务是：靠实验来改进有关自然界诸事物的知识，以及一切有用的艺术、制造、机械实践、发动机和新发明。至此，科学成为一种有明确目标的社会建制。

胡克为科学建制所设立的目标，有两层含义。其一，科学应致力于扩展确证无误的知识；其二，科学应为生产实践服务。显然，前者是后者得以实现的前提，因此，科学建制的核心任务是扩展确证无误的知识。

随着科学建制化的发展，科学研究逐渐职业化和组织化，科学家和科学工作者也随之从其他社会角色中分化出来，成为一种特定的社会角色，集合为有形的或无形的科学共同体。这样，社会对科学建制的外部控制逐渐减弱，而科学建制内部的自治则逐渐加强，用以补偿外部控制的不足。

在科学建制内部形成的社会规范被称为科学的精神气质（ethos），是一种来自经验，又高于经验的理想类型（idea type），其合法性在于，它有利于实现（纯）科学活动所设定的求知目标。从功能上来讲，科学的社会规范具有内、外双重作用。一方面，它可以约束和调节科学共同体中科学工作者的行为；另一方面，它是科学共同体对外进行自我捍卫的原则。

当我们将科学建制放到社会环境中考察的时候，科学建制的职责不再仅是拓展确证无误的知识，其更为重要的目标是，为人类谋取更大的福利，且前者不得有悖后者之要求。因此，科学研究中的责任成为对科学进行全局性伦理考量的一个主要方面，而以社会责任为核心内容的科学工作者的职业伦理规范，也得以广泛地建构。

然而，具体的职业伦理准则往往局限于丰富而变动不居的科学实践活动的某一领域，因此，除了广泛深入地建构各种职业伦理准则，还需要在整体上，确立对科学进行伦理考量的基本原则。无疑，这一整体性的基本原则，既是科学的社会规范的拓展，又是科学职业伦理准则的基准，因此，成为一种兼顾科学建制与全社会的目标的开放的规范框架。

虽然科学的社会规范是一种理想类型，但由于它能有效地服务于科学活动的目标——扩展确证无误的知识，因而成为科学建制内合法的自律规范，同时也是科学建制对外捍卫其自主权的出发点。值得指出的是，如同所有的社会规范一样，科学的社会规范是一种"应然"对"实然"的统摄。在现实的科学活动实践中，科学的社会规范不可避免地遭遇到科学建制内外两个方面的冲击和挑战，也作出了有力的回应。

外界对科学建制的自治权的破坏是容易解释的，因为科学建制可能与其他社会建制的目标发生冲突。纳粹德国的"反相对论公司"、苏联的"李森科事件"、中国对"资产阶级遗传学"的批判等，都是政治目标与科学目标相冲突的产物。尽管人们已经日益认清科学的重要性，类似的荒唐事件发生的可能性不大，但在科学与政治、军事、经济、文化等社会建制的互动与整合中，科学的自治权仍将受到各种形态的挑战。

科学的社会规范是科学建制与整个社会的基本契约，可以帮助人们认清来自科学建制外的危害和侵蚀的不合理性，并据此进行合理的自卫和反击。除了宗教和政治势力对科学的不合理干预和压制受到了科学精神气质的抗争外，打着科学旗号招摇撞骗的伪科学活动，也逐渐引起了科学界的重视。在美国，尤里·盖勒超心理学实验等一系列伪科学事件的真相被披露之后，科学共同体认识到了应用科学的社会规范进行自我捍卫的必要性。1975 年《人文学家》杂志印发了一篇题为《反对占星术》的宣言，192 位有影响的科学家（其中有 19 位诺贝尔奖获得者）在上面签了名，这立刻成为轰动世界的新闻。[1] 在中国，"2 000 公里外改变水分子结构"、"预言澳星发射"和"邱氏鼠药案"等事件，使科学界发出了"维护科学尊严"的呼吁，政府则下发了《关于加强科学技术普及工作的若干意见》等文件。

在科学界，越轨行为大量存在，而且有上升趋势。在弄虚作假者中，无名的年轻学者有之，知名的学术权威有之，甚至还有诺贝尔奖获得者，他们的行为已危及整个科学事业的发展。例如，美国的物理学家密立根，由于测定电子电荷获 1923 年诺贝尔物理学奖。他去世后，研究者发现，他并未如他所保证的那样，公开了其全部数据，而是以某种理论为指导有选择地发表数据。虽然他依据的理论正确，并获成功。但是测量方法和结果都优于密立根的埃伦哈夫特，却由于一方面难以从理论上证明"存在非整数电荷"，另一方面，他全部发表的数据中的"坏"数据得不到密立根客观的旁证，而陷入精神崩溃。后来，科学家采用埃伦哈夫特的实验方法发现了存在分数电荷的证据。无疑，有选择的发表数据，是一种弄虚作假，对科学有潜在的巨大危害。

从主观上来讲，科学家作弊的动机主要是对名利的不当追求。科学发现的优先权之争、发表论文的数量的压力、科研经费的争取等因素都是导致弄虚作假行为的潜在诱因。而从客观上来讲，科学的社会规范的执行机制的乏力和名望、地位、权势等社会因素的干扰使科学界的弄虚作假行为屡屡得逞。

面对这种负面的上升趋势，应该认真思考有效的应对之策。科学的发展已进入大科学时代，科学研究的高投入、高风险和高回报，必然地使功利追求成为科学的重要目标。在坚持科学的基本的社会规范的同时，必须依据势态的变化改革科学的社会规范的实际运行机制。如果说在以求知为主要目标的时代，依靠科学的社会规范内化于科学家的意识中的"科学良心"和"超

---

① 参见［美］乔治·D·阿贝尔等：《科学与怪异》，206 页，上海，上海科技出版社，1989。

我",可以起到有效的规范作用,那么,在功利和求知双重目标并行的大科学时代,除了诉诸科学家个体的道德自律,还必须强调外在的有力的规范结构的建构。只有当科学的社会规范内在于调节科学工作者行为的评审体制和社会法规与政策制度之中,并通过这些运行机制获得强制性时,才能有效地吓阻违规行为,同时使遵守规则者获得心态上的平衡。

20 世纪 80 年代末,国际科学界对科研中的作伪问题十分关注,接连披露出一些科学家弄虚作假的案例,尤其是涉及世界著名科学家的"巴尔的摩案件"更是引起了科学界和整个社会的轰动。有鉴于此,1989 年初,美国成立了"科学求实办公室"(office of scientific Integrity)专门调查处理科学研究中的作假行为。1992 年,来自美国国家科学院,国家工程学院和国家医学研究院的 22 名专家,在曾任尼克松总统科学顾问的爱德华·E·戴维的主持下,进行了一次大规模调查,发表了题为《有辨别是非能力的科学:研究过程诚实性的保证》的报告,提出了建立非官方、非营利性的"科学诚实性顾问委员会"(SIAB)的建议。

科学界的这些主动的作为,为科学的社会规范内化于科技管理体制和社会法规制度,并形成有强制力的运行机制,开创了一个良好的开端。当然新的运行机制的建构,将是一项复杂而艰巨的工作,这不仅需要科学界改进同行评议、论文审查和重复实验等多项工作,还需要社会对科学界的有力支持。

2. 科学的职业伦理与科研的伦理原则

科学建制发展的过程也是科学走向专业化和职业化的过程。直到 19 世纪,许多著名的科学家原本是业余科学家。例如,拉瓦锡是一个财税官员,焦耳曾是一个啤酒商。20 世纪初,爱因斯坦在创立狭义相对论时,还是瑞士伯尔尼专利局的职员。但时至今日,每年诺贝尔科学类奖项的得主无一不是职业的科学家。

科学作为一种社会分工所形成的职业,自然有其不可推卸的社会职责。社会作为科学建制的"恩主",为其形成发展提供了财政保障和体制支持。教育体系的建立、科研机构的设置、奖励机制的构建、科技政策法规的确立等一系列的社会行为,使科学建制成为唯一有能力系统地从事知识创新、为社会发展提供知识储备的社会部门。鉴于此,科学建制的主要职责应是正确有效地行使继承、创造和传播实证科学知识,回馈社会的支持和信任。而这一职责的行使,不可避免地涉及职业伦理规范问题。

职业伦理规范是社会分工的产物,也是利益主体分立关系的表现。从社会分工来看，职业伦理规范是各种社会建制之间以及它们与整个社会之间的一种契约，其目的在于获得一种普遍性的相互信任。这种普遍性的相互信任无疑建立在普遍性的诚实和职业信用之上。从利益主体分立来看，职业伦理规范是各种利益关系的协调机制之一，它在利益纷争的主体之间，引入了以共生为诉求的均衡力量。

如果将科学的社会规范与科学的职业伦理规范进行比较，我们可以看到它们的区别和共同之处。科学的社会规范强调，科学的奋斗目标确定了科学的精神气质和科学工作的规范结构，科学的职业伦理规范则从分工和职责的行使这一角度引出科学的职业规范；前者对认知目标负责，后者对社会、雇主和公众负责。因此，如果说后者是伦理的，那么前者是准伦理的。由于科学的职业伦理规范已经将其认知目标分解到对各类利益主体的责任之中，便意味着科学建制的职责不再仅是拓展确证无误的知识，而是向着为人类社会及其生存环境谋取更大福利这一目标努力。在另一方面，我们可以看到，两者都是科学活动在不同发展阶段，因其活动性质而内生出的一种伦理诉求，这一诉求反映了社会化的科学实践活动的本质需求，体现了科学活动与伦理实践的内在统一。

在现代社会，科学工作者的职责是比较具体的。首先，科学工作者有责任不断地开展科学研究，搞好科学建制的管理和自治，向公众传播知识。其次，科学工作者有义务为其受雇单位（国家、大学、研究所、企业）进行有指向性的研究。从整个社会层面来讲，科学工作者应该高效率地利用社会为其配置的资源，多出研究成果，保持学术上的领先水平（至少要拥有理解和跟踪先进水平的认知能力）。显然，这些具体的职责都应服务于职业化的科学建制的总体目标——为人类及其生存环境谋取更大的福利。为此，科学界展开了科学职业伦理规范的构建。

1949 年 9 月，国际学会联合会第五次大会通过了《科学家宪章》，其中关于科学家义务的规定有以下 6 条：（1）要保持诚实、高尚、协作精神；（2）要严格检查自己所从事工作的意义和目的，受雇时须了解工作的目的，弄清有关道义的问题；（3）用最有益于全人类的方法促进科学的发展，要尽可能地发挥科学家的影响以防其误用；（4）要在科学研究的目的、方法和精神上协助国民和政府的教育，不要使它们拖累科学的发挥；（5）促进国际科学合作，为维护世界和平、为世界公民精神作出贡献；（6）重视和发展科学技术所具有的人性价值。

六十多年前制定的这些规范，是在反思原子武器、日本法西斯和纳粹的人体实验等科学的非人道运用的基础上产生的。在科学目的日趋功利的今天，其价值和意义更加彰显，它已成为制定各种具体的科学职业伦理准则和基础。

在具体的科学职业伦理准则的制定过程中，科学研究的过程和后果得到了更为深入的考量，许多专业学会都制定了十分详尽的职业伦理准则，对科学家与社会、雇主、接受科学试验的人、公众和同业的关系作出了极其具体的规定。这些规定所传达的一个重要信息是，科学研究的自由不是绝对的，科学活动须遵守一定的游戏规则。

但是，仅有这些由众多的专业联合会制定的各类职业伦理准则是不够的。科学研究作为一种拓展人类知识新疆域的活动，较其他任何职业活动更具有变动性。一套具体的静态准则，不可能总是有效地为新涌现的个案提供伦理立场。科学研究者需要一种"实践的明智"，需要一种分析科学活动的伦理冲突的实质的能力。这种能力来自科学工作者对科学活动中应坚守的伦理精神的理解，而这一伦理精神应该是科学的职业伦理准则所遵循的原则。唯有明确了这些原则，才可能使职业伦理准则具有动态的适用性，成为一种有效的规范。

科学活动的基本伦理原则是什么？它应该是对科学的社会规范的伦理拓展。我们知道，鉴于科学的社会规范的目标是拓展确证无误的知识，它强调科学研究的认知客观性和科学知识的公有性。科学活动的基本伦理原则的目标是增进人类的福利，拓展认知在符合这一目标的前提下，成为一个重要的子目标。这是一个从认知视角向伦理视角转换的过程，通过这一转换，认知客观性拓展为客观公正性，知识的公有性拓展为公众利益的优先性，由此产生了科学活动的两大基本伦理原则。

科学活动的客观公正性强调，科学活动应排除偏见，避免不公正，这既是认知进步的需要，也是人道主义的要求。从表面上来看，客观性与公正性有时候是矛盾的。例如，心理学家在研究智商（IQ）时发现，即使是在没有偏见的测试中，黑人也由于某种原因比白人的智商低。在这种情况下，研究者应该如实公布测试结果吗？显然，如果研究者不作任何背景说明，"客观"地公布研究结果，将会导致某种不公正。这是否意味着研究者应"修正"结果以规避不公正呢？答案是否定的，因为它明显违背了科学研究应坚持的客观性。

正确的解决办法应该是，将客观性与公正性统一起来。在上一个例子中，研究者一方面应该客观地公布测试数据，另一方面还必须对相关背景作出客观公正的分析，从而避免和尽可能减少公众对结果的误解和误用。

通过对客观性和公正性的整合的讨论，我们看到，客观公正性作为科学活动的基本原则，反映了科学和伦理的内在统一。如果说客观性所强调的是确保认知过程中信念的真实性，那么客观公正性则在此基础上，进一步凸显科学活动中涉及的人的行为的公正性。这一原则要求，在研究过程中，研究者要保持客观公正，使研究的风险得到公平合理的分担；在研究结果形成之后，要审慎地发布传播和推广运用，尽可能避免不公正的后果。总之，研究者不仅要对知识和信念的客观真实性负责，更要为这些知识和信念的正确传播和公正使用负责。

公众利益优先性原则是科学活动的另一项基本原则。这条原则的出发点是，科学应该是一项增进人类公共福利和生存环境的可持续性的事业。一切严重危害当代人和后代人的公共福利，有损环境的可持续性的科学活动都是不道德的。这一原则是对科学活动中的各种行为进行伦理甄别的最高原则。根据这一原则，可以对某项研究发出暂时或永久的"禁令"。反过来，也可以用这条原则反观设置某些"禁区"的合理性。

依据公众利益优先性原则，在科学研究中，科学家首先要对研究中的个人（如接受试验者）和研究成果的运用可能影响到的公众的利益负责。如果将科学工作者当做第一者，科学工作者的雇主（大学、企业、研究所等）作为第二者，那么这些个人和公众可称为第三者，而这些第三者的利益应该优先于前二者，至少不能为了前二者的利益而严重损害第三者的利益。

为此，首先科学工作者应向有关个人和公众客观公正和全面地传播有关知识，保障他们的知情权，使其具有实际参与决策（决定）的能力。其次，要对知识的垄断作出合乎公众利益的限制，避免企业等利益集团利用投资，控制科学研究，独享研究成果这一公共资源。最后，当第二者或其他研究者的目的将严重损害相关个人和公众利益的时候，科学研究者有义务向有关人群乃至全社会发出警示（whistle blowing）。

如果我们将科学视为一项为公众福利而创造、传播和运用确证知识的社会性事业，那么，客观公正性和公众利益的优先性这两项基本原则，应该是科学活动中的一种内在约束。对于以科学为职业的人来说，它们应该是各种科学职业伦理准则的真髓，体现了科学职业的精神实质。在科学工作者的职业训练之中，对这两条原则的领悟无疑是不可或缺的。而值得进一步指出的是，这一领悟过程应该伴随着科学工作者的研究经历不断地丰富和加深，通过与实践的结合，逐渐内化为他们的职业素养中重要的有机组分。这样一来，由客观公正性和公众利益优先性两条原则，构建了一种兼顾科学建制和全社会的目标的开放的规范框架。这种框架的构建意味深长地向人们昭示着科学和伦理的内在一致性。

3. 技术的价值负载与道德反省

技术是负载价值的。在现实的技术活动中，存在着复杂的社会利益和价值冲突，为了实现技术变迁与社会伦理价值体系之间的良性互动，一方面，技术主体要自觉地使其受到伦理价值体系的制约，另一方面，伦理价值体系也应该成为一种随着技术发展而调适和变更的开放体系。

（1）技术的价值负载。

在有关技术的哲学思考中，曾经流行一时的观念是雅斯贝尔斯对技术所作的工具性和人类学解释：（a）. 技术是实现目的的手段；（b）技术是人的行动。这种观念认为：技术仅是一种手段，它本身并无善恶。一切取决于人从中造出什么，它为什么目的而服务于人，人将其置于什么条件之下。

由于这种观念把技术与技术的运用后果割裂开来，从这种技术工具论或价值中立论的立场出发，需要规范的只是利用技术手段所要实现的目的和实际达到的后果；换言之，对于技术这种人类行为，一般的伦理准则即可对之加以规范，无须特殊的伦理考量。

然而，有关技术的哲学、历史、社会学等方面的进一步研究表明，技术与技术的运用和后果并非绝对分立，技术本身是负载价值的。有关技术非价值中立的讨论主要来自两个方面：技术决定论和社会建构论。

技术决定论认为，技术是一种自律的力量，即技术按自身的逻辑前进，"技术命令"支配着社会和文化的发展，技术是社会变迁的主导力量。培根和孔德的专家治国论、埃吕尔的"技术自主论"、丹尼尔·贝尔的"非意识形态化"、马尔库塞的"技术理性"和海德格尔的"座架"等都是技术决定论的具体表现。

技术决定论调强技术的价值独立性，甚至将现代技术视为一种自主地控制事物和人的抽象力量。埃吕尔指出：技术的特点在于它拒绝温情的道德判断。技术绝不接受在道德和非道德运用之间的区分。相反，它旨在创造一种完全独立的技术道德。

对此，乐观主义的技术决定论者认为，科学是对自然实体逐步逼真的描述，技术作为科学的应用，沿着与科学进步相类似的逻辑体现了效率和技术合理性的不断提升，因而由科技进步所带来的更多的可能性和更高的效率，反映了一种类似于生命进化的客观自然趋势。由此，技术进步应该是人性进化的标准，而一切由科技进步所导致的负面影响（包括各种形式的异化）将为新的科技进步所弥补，科技发展最终将促成道德伦理体系的新陈代谢。

悲观主义的技术决定论者则认为，现代技术在本质上有一种非人道的价值取向。海德格尔认为，现代技术的最大危险是人们仅用工具理性去展示事物和人，使世界未被技术方式展示的其他内在价值和意义受到遮蔽；如果现代技术仍作为世界的唯一展示方式存在下去，道德对技术的控制也只能治标而不能治本。悲观论者对技术进行了浪漫主义和意识形态式的批判，呼吁人们反思技术的本质，认清技术对人和事物的绝对控制，以寻找对现代技术的超越。因此，与乐观论者相反，悲观论者完全否定了现代技术具有的独特价值取向。

与技术决定论的立场相对应，技术的社会建构论认为，技术发展根植于特定的社会情境，技术的演替由群体利益、文化选择、价值取向和权力格局等社会因素决定，其所持立场为社会决定论，又称情境论（Contextualism）。技术的社会建构论强调了人在支配和控制技术方面的主体性地位和责任。显然，在现实的社会情境中，技术的行为主体是有具体的价值取向和利益诉求的具体人群。进一步的研究显示，技术行为主体的价值和利益的分立，一方面，可能使某项具体的技术成为相关社会群体价值妥协和利益平衡的结果；另一方面，也可能使某项技术成为处于优势的相关社会群体所追求的东西。从技术的整体和长远发展来看，各项技术的相关社会群体之间价值和利益的分立，使技术决策成为一种分立性的行为，因其往往不顾及整体和长远后果，加剧了由主体认知局限性和其他复杂性因素造成的技术后果的多向性、复杂性和难以预测性。

虽然技术决定论和社会建构论对于技术所负载的价值有不同的看法，但它们分别从两方面揭示了技术的价值负载：（a）技术具有其相对的价值独立性，这种相对独立性不仅表现为技术对客观自然规律的遵循，还表现在技术活动对可操作性、有效性、效率等特定价值取向的追求，而这些独特的价值取向对于社会文化价值具有动态的重构作用；（b）技术是包括科技文化传统在内的整体社会文化发展的产物，技术的发展速度、规模和方向，不仅取决于客观自然规律，还动态地体现了现实的社会利益格局和价值取向。如果对这两个互补的方面加以综合，我们将看到，所谓技术的价值负载，实质上是内在于技术的独特的价值取向与内化于技术中的社会文化价值取向和权力利益格局互动整合的结果。

（2）对技术的道德反思。

由于技术负载价值，而且它所负载的价值是社会因素与科技因素渗透融合的产物，技术不再只是一种抽象的工具、社会文化的一种表现形式或一种神秘的自主性力量。有鉴于此，我们应该对技术作进一步的道德反思。

下面，我们透过技术的价值负载来分析一下技术的客观基础、运行特征和核心理念的道德意蕴。

一般来讲，现代技术的客观基础来自科学理论对客观经验世界的摹写式描述，由此，所谓技术的内在逻辑和独特价值也取得了绝对自主的合法性。然而，问题的关键在于，科学理论所揭示的实在是科学共同体的科学活动所建构的实在，而非客观实在本身。这意味着：（a）科学理论是尝试性的建构活动的产物；（b）科学理论是科学共同体的主体际共识。由于主体及其所处情境（context）也必然地影响到技术的客观基础，所以并不存在一种所谓技术变迁的自然轨道（natural trajectories），而所谓技术独特的价值取向，不可能也不应该成为一种单独存在的自主性的"技术命令"，更不应该仅以技术进步作为人性进化的标准。

现代技术的客观基础的主体际建构性和技术活动的价值负载及其复杂性表明，技术从本质上来讲是一种伴随着风险的不确定性的活动。在现代技术运行过程中，技术人员与其说是把握了知识的应用者，不如说是处在人类知识限度的边缘的抉择者。因此，技术决不仅仅意味着科学的运用，面对技术固有的不确定性，科技工作者需要综合考量科技和社会文化因素，方能确定可接受的风险水平。其中，伦理因素的考虑无疑是一个重要的方面。可接受的风险水平怎样决定？用什么标准？谁来确定这个标准？都是技术实践中必须解答的难题。

站在一个相对中性的立场，可以认为，技术的核心理念是"设计"和"创新"。纵观现代科技发展的历程，不难看到，如果说近现代科学把世界带进了实验室，现代技术则反过来把实验室引进到世界之中，最后，世界成为总体的实验室，科学之"眼"和技术之"手"将世界建构为一个人工世界。

从积极的意义上来讲，设计是人类最为重要的创造性活动之一。设计行为贯穿于一切技术活动的始终，甚至已经深刻地影响到了人的心理（如行为控制技术）和生理（如基因工程）活动。由于设计是一种目的性的、有时间和资源限制的活动，完美的设计是不存在的。

在现实的设计活动中，所使用的主要方法是所谓模型方法。模型方法的主旨是通过简化抽取相关的影响因子，以有效地实现设计目的。值得注意的是，简化的主要目的往往是保证制造的便利，而非揭示事实的规律，并且简化模型在很多情况下就实现技术指标而言是卓然有效的。但很显然，基于模型方法与简化因子基础之上的技术指标，是技术的不确定性的重要根源之一；同时，在模型式设计中，社会价值伦理因素往往被视为无关宏旨的因子而略去。而更加意味深长的是，诸如世界是一座精确的时钟之类的机械隐喻，和人脑犹如电脑之类的信息隐喻，已经以一种时代性观念的形式渗透到了我们日常的思维方式之中。

创新是经济化和社会化的技术体系的主要发展动力。技术创新是一种广义的设计，涉及新产品、新生产方法、新市场、新原料、新的组织管理形式等诸方面。我们注意到，不论是传统的技术创新线性模型，还是流行的链环模型，所关注的主要是研究开发体制、经济环境、市场需求和组织形式等产业和经济因素，而社会伦理价值和社会文化倾向或受到忽视，或仅被看做一种不甚重要的外部因素。

在现代技术发展的很长一个阶段，占主导地位的指导思想是技术中性论和乐观主义的技术决定论。因此，技术设计和创新主体或者只关注技术的正面效应，或者仅将技术视为工具，只是等到技术的负面后果成为严峻事实的时候，才考虑对其加以伦理制约。许多具有政治、经济和军事目的的技术活动则往往只顾及其利益和目标，绝少顾及其伦理意涵。当技术的恶性负面效应迫使人们对其加以伦理制约时，结果常常近乎徒劳——旧的"坏"技术难以克服，新的"坏"技术层出不穷，伦理价值体系似乎始终在被动退让——好一幅技术发展的虚无主义图景。本世纪以来，核危机、全球问题等恶性现象，以及"先制造，后销毁"，"先污染，后治理"，"先破坏，后保护"之类的现实对策，都反映了这种思路的局限性。

著名思想家弗洛姆曾对现代技术发展的两个坏的指导原则提出质疑。这两个原则是：第一，"凡是技术上能够做的事情都应该做"；第二，"追求最大的效率与产出"。显然，第一个原则迫使人们在伦理价值上作无原则的退让，第二个原则可能使人沦为总体的社会效率机器的丧失个性的部件。由此可见，为了使技术服务于造福人类及生存环境这一最高的善，从根本上摆脱这两个坏的原则，必须从技术的设计和创新阶段开始，将伦理因素作为一种直接的重要影响因子加以考量，进而使道德伦理制约成为技术的内在维度之一。20世纪70年代以后兴起的环境工程、工业生态化、并行工程、学科际多因素技术评估等新的技术实践都反映了技术伦理制约内在化的趋势。

（3）走向技术与社会伦理体系的良性互动。

通过对技术价值负载及其过程的反思，我们看到，技术过程与伦理价值选择具有高度的关联性，而且，在有关价值的考量与选择中，与技术相关的主体，起着不可替代的作用。因此，从技术与伦理关系的角度，可以将技术活动视为技术相关主体的统一的技术—伦理实践过程。由于技术—伦理实践是由技术和伦理价值两种因素构成的异质性实践，两种因素的良性互动，对于实现其实践目标——造福人类及其生存环境，显得尤为重要。

在技术发展历程中，除了政治经济、军事等显见的社会因素外，还有许多隐含的社会伦理价值因素，例如，群体利益分配、文化选择、价值取向、权力格局和伦理冲突等，一直发挥着重要影响。但是与显见的社会因素相比较，科技工作者、科技管理决策者以及公众对其重要性的认识较为模糊，未达成明确的共识。这样一来，造成了多重危害：科技工作者和管理决策者较少直接主动考量伦理价值因素；科技工作者和管理决策者有意或无意地忽视伦理价值因素时，公众不能对其价值取向作出评判；某项技术中的价值选择的受益者乐于维持共识不明的现状……事实上，人们对技术的不了解，与其说是对技术因素的无知，不如说是技术所隐含的价值因素未得到公开明确揭示的结果。因此，为了促成技术与社会伦理价值体系之间的互动，首先必须充分地公开揭示和追问技术过程中所隐含的伦理价值因素。

其次，在技术—伦理这一异质性实践中，技术的相关社会群体不仅应充分考虑技术过程中的伦理价值因素，使技术内在地接受社会伦理价值体系的制约，而且还应该在深刻地领悟其中的伦理精神的基础上，主动地和创造性地构建新的社会伦理价值体系。这种新体系，既应秉承原有的普遍性的伦理精神，又应使伦理体系及其精神实质随技术—伦理实践领域的拓展而拓展，从而使它成为一种可随技术变迁而调适和变更的开放的框架。

技术主体在技术—伦理实践中的主动性和创造性，实质上体现了技术主体对技术的责任。技术是人的实践形式，而人是我们所在的世界上唯一为其行为承担责任的生物，所以，在技术—伦理实践中，核心的伦理精神不只是信念或良心，责任是更为重要的伦理精神。前者强调行为者的内在动机，后者则强调行为者应时刻关注行为可能的多方面效果，并及时采取恰当的行动。

由于现代科技具有高度分化又高度综合的特征，为了有效地履行责任，技术的相关主体必须诉诸文化际和学科际的努力。这种努力的一个重要表现是，使技术从构想和设计阶段开始就尽可能地考虑到更多的影响因子。舒马赫主张的"中间技术"运动和西方国家的技术评估活动，都是这种努力的现实体现。

最后，值得强调的是，技术的加速变迁与社会伦理价值体系的巨大惯性之间的矛盾，往往使技术与伦理价值体系之间的互动陷入一种两难困境。一方面，新技术——尤其是一些革命性的——可能对人类社会带来深远影响，常常会伴随伦理上的巨大恐慌；另一方面，如果绝对禁止这些新技术，我们又可能丧失许多为人类带来巨大福利的新机遇，甚至与新的发展趋势失之交臂。显然，除了某些极端违背人性的技术及其运用应受到禁止之外，对于大多数具有伦理震撼性的新技术，较为明智的方法是引入一种伦理"软着陆"机制。

所谓新技术的伦理"软着陆"机制，就是新技术与社会伦理价值体系之间的缓冲机制。这个机制主要包括两个方面：其一，社会公众对新的或可能出现的技术所涉及的伦理价值问题进行广泛、深入、具体的讨论，使支持方、反对方和持审慎态度者的立场及其前提充分地展现在公众面前，然后，通过层层深入的讨论和磋商，对新技术在伦理上可接受的条件形成一定程度的共识；其二，科技工作者和管理决策者，尽可能客观、公正、负责任地向公众揭示新技术的潜在风险，并且自觉地用伦理价值规范及其伦理精神制约其研究活动。

在现实的技术活动中，新技术的伦理"软着陆"机制已得到较为普遍的运用。各国相继成立了生命伦理审查委员会，在一些新技术领域，科技工作者还提出了暂停研究的原则。这些实践虽不能彻底解决新技术与社会伦理价值体系的冲突，但的确起到了良好的缓冲作用。例如，1974 年美国科学家曾建议，暂停重组 DNA 研究，直到国际会议制定出适当的安全措施为止。尽管重组 DNA 研究旋即得到了恢复，但这次暂停引起了科技共同体和公众对此问题的关注，进而对其利弊得失作了全面的权衡，并制定了研究准则，而这对重组 DNA 研究的长远发展是有利的。无疑，这是技术与社会伦理价值体系的良性互动的一个成功的案例，它对我们实现新技术（如克隆技术）的伦理"软着陆"实践具有重要的启发意义。

二、科技实践中的伦理与道德重建

1. 商谈伦理与伦理基础的反思性重建

伦理的发生与演进有两个基本前提，其一是人具有社会性，其二是人在不断地反思自己的行为。由于人具有社会性，人们就必须寻求使社会有效运行的普遍规范；而当原有规范方式失灵时，人们又会通过反思重建规范。在这两种前提的作用下，人类社会得以建立一种价值与伦理的回复机制。

面对物欲横流的现时代，价值与道德重建的可能性成为人们关注的焦点。恰如北宋李觏所言："孔子之言满天下，孔子之道未尝行。"从古到今，人的生存状态与道德状况一直都不理想，但人类社会仍然延续至今，这其中的重要原因是，的确存在着一种客观的伦理中道。伦理中道不会自身凸现出来，需要人在伦理实践中去体悟和发现。为了寻求伦理中道，我们要反对伦理独断主义与伦理相对主义两种倾向。传统伦理体系将伦理中道视为亘古不变的伦常规范，实质上是一种简单化的处置。古往今来太多以伦常信念之名行反伦理之实的情形告诉人们，这种简单化的处置，往往仅以维护社会既得利益为目的，不是对个体的真正关照。另一方面，虽然伦理规范的合法性与有效性和具体境遇相关联，但伦理相对主义的立场因其潜在的反社会态度而完全不可取。

伦理中道的基础应该是通过对话与反思所建立的原则，其作用在于，使社会成为每个人都有可能在其中实现自我的集合体。在通过对话建构伦理基础这一问题上，哈贝马斯的"商谈伦理学"（die Diskuisethik）作出了富有启发意义的探讨。哈贝马斯把商谈伦理学的基本原则称为"普遍化原则"：每个有效的规范，在不经强制地被普遍遵循的过程中，必须导致满足一切有关人的意趣和为一切有关人所接受的结果。他从伦理普遍主义的立场出发，指出每一个一般地参加论证的人，原则上都能在行动规范的可接受性上达到同样的判断。这就涉及了商谈伦理学的可操作性问题。为此，哈贝马斯又提出了"商谈伦理原则"：只要一切有关的人能参加一种实践的商谈，每个有效的规范就将会得到他们的赞成。

商谈伦理有助于人们合理地界定相关主体的权利与责任。主体的权利可分为消极权利（不为的权利）和积极权利（为的权利），两种权利的实现都会影响到其他主体的利益，商谈和妥协是十分必要的。例如，在公共卫生资源的分配方面，所依据的伦理原则应该是在商谈基础上为各方所接受的。商谈伦理的另一项目标是明确责任，它包括承诺与监督两个方面。不论将社会视为自由个体的联合，还是以社群（Community）作为社会的本位，每个利益主体都应该对社会有所承诺并接受相应的监督。商谈既是对承诺内容的合理性的探讨，也是对践履情况的核查。

商谈伦理所达成的普遍共识是最基本的伦理诉求，即底线伦理。尽管如此，这种努力仍然可以大大降低社会生活的不确定性。首先，商谈的范围可以不断扩大，全球性的商谈行为将促成全球普遍伦理的建构。其次，所谓最基本的伦理诉求也将随着商谈的深入得到扩充与完善。

由于参与商谈的主体有不同的价值与利益取向，商谈所达成的伦理底线往往难免有局限性。为此，还应该对伦理基础进行反思性重建。这种反思性重建发端于建设性的社会批判意识，尤其体现了知识分子的社会责任。所谓社会批判是对流行或将要来临的社会价值观念的局限性的批判，而建设性的社会批判则进一步通过针对性的主张来校正流行观念的局限性。伦理基础的反思性重建的关键是寻求观念上的互补与制衡，即当社会生活中流行某种伦理价值取向时，知识阶层有责任揭示其局限性并提出与之相抗衡的价值观。当前，从大而化之的角度来讲，存在两种互补的基本伦理（政治）立场：自由主义和社群主义（Communitarianism）。自由主义强调个人的权利，认为一旦每个人能够充分自由地实现其个人价值，个人所在的群体的价值和公共的利益会随之自动实现。社群主义是在批判以罗尔斯为代表的新自由主义过程中发展起来的，它强调普遍的善与公共利益，认为只有公共利益的实现才能使个人利益得到充分的实现。

显然，只有将商谈伦理与伦理基础的反思性重建相结合，才能形成价值与伦理的回复机制。所谓的价值与伦理回复机制包括两个层面，其一是我们在前面曾论述过的伦理缓冲机制，其二是价值与伦理立场的转向机制。伦理缓冲机制试图通过对技术负载的伦理价值的揭示和讨论使技术规范性地发展，价值与伦理立场的转向则发端于对伦理基础的反思性重建。从科技社会层出不穷的危机和生活的极端不确定性我们看到，价值与伦理立场的超越性转向是必需的，当然又是艰难的。值得指出的是，短期内实现彻底转向是不可能的，但从观念制衡的角度来看，更多的人能够意识到转向的必要性本身就是一种巨大的进步。

2. 开放性的伦理体系与伦理精神的创新

科技活动不仅是一种知识和物质创新活动，也是一种开拓性的伦理实践。鉴于科技的迅猛发展使传统静态伦理体系的弊端日益凸现，我们应该建构一种开放性的伦理体系以应对科技伦理实践中大量涌现出的伦理问题。在开放性的伦理体系的建构过程中，一个至关重要的方面是，我们不仅要在伦理实践中不断提高道德敏感性，揭示出新的伦理问题，还要善于从新的伦理境遇和问题中创造性地生发出新的伦理精神，为身处变动不居的科技时代的主体找到应变之道。

科技实践的发展使科技伦理不断展现出新的向度，科技伦理体系也因此出现了开放性的趋势。与传统的静态伦理体系相比较，开放性的科技伦理体系有三个新的特点。

其一，开放性的科技伦理体系是一种实践伦理体系。开放性的科技伦理体系所涉及的许多概念和范畴与具体的科技实践相关联，甚至关涉到某个具体的案例。我们可以将新的科技伦理体系的建构与科学哲学的发展作一个类比，目前的科技伦理研究中生命伦理、工程伦理和生态伦理的影响最大，类似于科学哲学中物理学范式的影响。我们可以看到不同的科技伦理领域的研究范式又是各有特色的，生命伦理侧重于普遍性规范的建构、规范的政策化、伦理审查与临床案例分析，工程伦理关注伦理法典的建设和规范的法规化，生态伦理则注重伦理对象的拓展和对人与自然关系的反思。正是这些领域的深入探讨和相互促进，使科技伦理研究的广度和深度随着科技实践的发展而得到了迅速的拓展。

其二，开放性的科技伦理体系十分注重规范的动态建构。开放性科技伦理体系的规范建构活动不谋求毕其功于一役，而是不断跟踪科技实践的发展态势，动态地修正有关规范体系。因而，开放性的科技伦理体系不仅关注规范，而且更关注建构规范的活动，并不断寻求合理的建构方法和程序。

其三，开放性的科技伦理体系具有较大的灵活性和较强的可行性。开放性的科技伦理体系，一方面，通过法规化、制度化等手段使伦理规范结构化，形成实际的制约效力；另一方面，在新的科技伦理实践中，又强调道德敏感性的培养和伦理精神的贯彻与拓新。此外，开放性的科技伦理体系不试图作宗教裁判式的判断，而是力求通过适当的知识与信息传播机制和商谈活动，缓解科技实践引起的伦理价值危机。

科技发展及其社会后果是人的物质创造力量对象化的产物，但是这种力量不一定符合人应然的本质需求，即并不必然是人的本质力量。所谓人应然的本质需求可以理解为广义的伦理需求，人的本质力量应该是满足广义伦理需求的力量。也就是说，人的物质创造力量要反映人的本质需求并成为人的本质力量，必须受到伦理的制约，伦理应该是科技实践的一个内在维度。

这种广义的伦理需求不是先验的信念框架，而是一个实践的范畴。由于伦理情境在实践过程中渐次凸现，伦理规范体系应该建立在对伦理实践的理解和把握之上。这种理解和把握实际上是一个能动的创造过程，其中最重要的方面是伦理精神的创造性发现，我们可称之为伦理精神的创新。正是科技进步在加速地拓展着伦理的新领域和向度，促使人们从急剧变迁的实践方式中创造性地发现新的伦理精神。

科技伦理精神的创新可分为四个方面。

其一是现实性考量，即从新的科技实践方式和科技进步所拓殖的新的生活形式中，寻求实现"善"和"正义"的新的精神内涵。从大的方面来讲，由于现代科技的主要目标已从求知拓展为生产应用，现代科技职业伦理所应坚持的伦理精神，也相应从"追求客观性"扩展为"坚持客观公正性"和"公众利益优先"。就具体的科技实践领域而言，人们可以通过实践体悟到伦理精神更精细的内涵。

其二是前瞻性考量。显然，这是为了适应科技加速和持续创新的发展态势。当前，特别是生命科学技术与信息科学技术的发展和知识经济的出现，将可能使人的生存方式发生巨大的变化，在这种情势下，对伦理精神不断作出前瞻性考量显得尤为必要。

其三是反思性考量。首先，我们应该对科技的工具理性作出反思，在寻求科学精神与人文精神的融合的基础上，明确科技伦理精神中所应体现的人与技术的关系。其次，科技伦理精神的创建应该建立在对人与自然的关系的深刻反思的基础上。

其四是可行性考量。伦理精神的创新的主要目的之一是，在复杂的科技伦理情势中，帮助人们更为确切和全面地作出伦理判断。因此，可行性是伦理精神创新所必须考量的问题。

值得指出的是，伦理精神的创新具有超越性，但并不是对原有伦理精神的简单否定。所谓超越性，是指伦理精神所规范的领域或层次随着科技实践的发展出现了根本性的变化，必须扬弃原有的伦理精神体系。在很多情况下，原有的伦理精神被归入新伦理精神。因此，伦理精神的创新既有对以往伦理精神的突破，也有对原有伦理精神的继承。

回顾科技伦理实践的发展，我们可以看到已经出现了许多伦理精神的创新。科技的高后果风险使责任的履行成为伦理精神的核心，导致了从信念伦理向责任伦理的转向；科技的发展导致了伦理距离的延伸，使人看到了人与技术和人与自然关系的误区，创造性地提出了克服工具理性的局限性、尊重自然的价值、建立"大地伦理"和"走出人类中心主义"等新的伦理价值观念。在这些伦理精神的创新过程中，人们是在反观科技所负载利益和价值的合理性，由于这些利益和价值是由人赋予的，所以，实际上又是人的自我反思。因此，科技伦理精神的创新，将使科技社会中的人找到体现人的本质力量的价值和伦理精神，进而使人们在物欲横流的现代科技社会中拥有安身立命之所。

3. 科技实践中伦理问题的延伸

科技时代涌现出了许多我们必须面对的新的伦理问题，其中，既有已有伦理问题的延伸，也有传统与现实的冲突。由此，现代科技可以视为正在进行之中的开拓性的社会伦理试验。

站在人类伦理实践发展史的角度，我们看到，现代科技活动所引发和遭遇的诸多伦理问题是人类伦理实践的必然延伸。从本质上来讲，伦理行为应该是人的自由意志选择的结果，而自由意志的有效行使，取决于主体对行为过程及其后果的知晓和控制能力；换言之，伦理行为应该是一种以自由意志为前提，由选择机制和责任能力共同决定的责任行为。然而，传统与近代社会的伦理实践尚未充分展示这一本质特性。在传统社会中，社会生活以静态的等级伦常为主要关系特征，主体的知识和技能限于相对不变的共识性常识和经验，传统伦理主要面对的是建立在（神圣的或世俗的）权威与信念基础上的道义性的纲常理念。近代以来，资本主义和市场经济的发展，西方社会在权利的实现、自由意志的表达、利益的公正分配等方面进行了开放性的伦理反思和实践，从不同的角度建构了道义论、目的论、德性论、自然律论等伦理标尺，形成了较为完整的伦理规范体系。但是，由于人类交往实践的复杂性和主体活动后果的深远性尚未充分显现，真正的自由意志基础上的责任意识没有得到应有的重视。

现代科技的发展使人类交往实践日渐复杂，同时也使主体活动后果的深远性愈益凸现，故而迫使人们放弃技术价值中立论和盲目的技术乐观主义，进而认识到日益增长的巨大科技力量所担负的巨大责任。唯有在认清科技行为的巨大责任之后，我们才能洞悉已有伦理向度在科技时代的延伸，正视传统与现实的冲突，实现科技共同体内、科技时代的社会中以及人与自然之间的各种关系的合理定位。

（1）从个人伦理向集团伦理和集体伦理的延伸。

我们生活的时代比以往更为复杂，其中的重要原因之一是科学技术以难以逆料的势态向前发展，并渗透于我们生活的各个层面。科技活动如同一场社会伦理试验，使人类伦理实践充分地显现了其所应具有的动态性和开放性。而在此人类伦理实践的新进程中，对科技行为的巨大责任的界定已成为既有伦理问题向前延伸的主要线索。

现代科技活动已经发展成为一种与产业化紧密相连的集团行为，集团中的个人的行为正当与否，已经很难简单地运用针对个人行为的伦理准则加以规范。无疑，集团伦理是由现代科技发展引发的社会分工的产物。在一定程度上，作为第一生产力的现代科技所具有的高度分化和高度综合的特征，决定了科技活动中分属不同利益集团的人的行为，必须兼顾个人、集团和社会的利益，必须突出个人与集团对社会的基本责任。利益集团中的个人，担当了较以往更多的社会角色，不同的角色应有的职责和责任往往会发生冲突。必须合理解决这些冲突，协调不同的职责和责任，使集团伦理成为个人伦理的必然延伸。

所谓集体伦理，意指科技发展使人类社会中的个体行为既高度独立又高度相关，为此必须建构一种与传统的集体伦理有别的新型集体伦理。传统社会中，由于个体行为的影响范围是有限的，传统集体伦理的指向往往只是局部利益。"国家兴亡，匹夫有责"之类的格言，常常是在危难之际激励人们履行对集体的义务，而平常的点滴行为中，传统集体伦理也只注重规范有直接当下影响的行为，因此，传统的集体伦理是一种局域性的集体伦理。然而，科技发展所带来的四海一家的情势，则促使人们进一步发展一种具有大同世界胸襟的新型集体伦理。这种新型的集体伦理有两个重要方面，其一是对公共物品（public goods）（环境、资源、知识等）的合理与有序的利用，克服所谓"公共牧场的悲哀"；其二是充分重视个体"微不足道"的不良行为（如私家车的尾气排放）可能导致的累积性恶果，真正地从整个人类及自然环境的角度规范每个人的行为。新型的集体伦理将更加强调人类普遍共识基础上的共同行动，只有这样，才可能实现整体的持续发展。

（2）从信念伦理向责任伦理的延伸。

在趋于静态的传统社会中，人们习惯上将伦理问题归结为某种信念体系。例如，"不应撒谎"、"对雇主要忠诚"等。这种信念化的伦理之所以在传统社会中有效，是由于在简单的传统社会生活中，人所需履行的责任十分有限。在古代中国，只要遵循所谓"五伦"，即可修身、齐家、治国、平天下。于是，传统伦理有一种将责任信念化，以简化道德教化程式的倾向。当然，伦理信念间的矛盾在传统伦理中也是存在的，如"忠孝不能两全"之类的慨叹即反映了此种冲突。但是，在科技推动下快速变迁的现代社会中，责任意识必须从后台走向前台，取代既不对前操作出反思，又不考量适用范围的伦理信念。也就是说，责任伦理不仅强调用主体的责任来论证伦理规范的合理性，而且还进一步从责任的恰当履行出发，界定具体情势中不同层面的责任的先后排序。从信念伦理向责任伦理的延伸，一方面，反映了科技时代伦理问题复杂化的趋势；另一方面，也标志人类伦理反思与实践的新进步。对信念伦理的扬弃与责任伦理的开创表明，人类不再天真地认为，只要在行为中贯彻某种绝对善的信念，就可以使行为符合道德。纷繁复杂的现代社会生活使人们认识到，信念伦理实际上是人们对其理论理性能力的高估，常常导致对实践理性的忽视，这种高估和忽视还进一步表现为，伦理仅成为伦理学家或哲人圣贤的伦理，具有自由意志的实践主体的选择与责任未得到应有的正视。

在科技活动的相关行为主体中，科技人员具有与难以逆料的巨大的科技力量相伴随的重大社会责任。对此，西方责任伦理学大师尤纳斯（Hans Jonas，1903—1993）认为应该强调"责任与谦逊"。他指出，由于科技行为对人和大自然的长远和整体影响很难为人全面了解和预见，存在一种"责任的绝对命令"（the imperative of responsibility），这种"责任的绝对命令"又呼唤一种新的谦逊。所谓新的谦逊，与以往人们因为力量弱小而需保持的谦逊不同，其原因在于，科技力量是如此的巨大，以至人类行为的力量远远超出了实践主体的预见和评判能力。有鉴于此，科技行为更需要一种责任意识。我们可以用责任意识去衡量相关人员的行为，这比以至善的信念作标准更为明确具体。

（3）从自律伦理向结构伦理的延伸。

传统社会的伦理秩序建设的最高目标是实现个体的自律，事实上这是一个难以单独实现的目标。在现代社会中，科技革命使社会分工日趋复杂，也使个人行为的影响层面多元化，后果更为深远。在此情形下，传统的以自律为目标的伦理规范体系必须进一步发展为一种有强制力的社会化结构体系。自律式的伦理规范对当下许多公司的管理层和老板是不起作用的，他们甚至还会利用已有的结构化规范体系的漏洞，为其行为辩护。由此可见，在以科技创新为先导的加速变迁的现代社会，伦理体系建构的结构化延伸的实质是，将一种负反馈机制引入伦理体系之中，迫使行为主体调整其行为，这实际上有助于行为主体的伦理自律。而且，这种结构化的体系无疑应该是一个动态与开放的体系，唯其如此方可适应情势的变化，保持其有效性。一些人文学者或许会对伦理结构化中的"控制"思想提出异议，但是我们可以看到，如果说伦理自律是个体的自我控制，那么结构伦理可以视为群体的自我调控，只要结构化的伦理反映的是基于该群体自由意志之上的责任和选择，从自律伦理向结构伦理的延伸就是一个自然而非异化的过程，它显然是人类活动的社会化进程不断深入的结果。

（4）从近距离伦理向远距离伦理的延伸。

在传统社会中，伦理准则规范体系主要以直接当下为适用范围，所涉及的大多是人与人之间的直接关系，故可称之为近距离伦理。在现代社会中，科技的发展已经使主体的交往方式发生了根本性的变革，传统的主体间直接的近距离伦理关系随之在时间和空间两个向度上出现了延伸。在时间上，未来世代的权利和当代人的责任已经成为人们反思科技与未来的重大命题；在空间上，为了克服全球问题，一方面，人们正在寻求全球文化价值观念的整合，希图构建一种普遍性伦理，另一方面，人们日渐意识到，人不仅仅对人自身有义务，而且对生活于其中的生物圈和大自然也有保护的义务。伦理关系在距离上新的延伸，带来了诸如可持续发展、动物的权利和环境的价值等许多观念上的革命，尽管有些观念尚待讨论，但它们确是科技时代主体行为能力不断拓展的必然产物。

（5）从被动性责任向主动性责任的延伸。

培根说，知识就是力量。"力量"一词，英文为"power"，又可译作"权力"。事实上，科技活动的行为主体的确掌握着一种巨大的权力，而且这种力量是一把双刃剑，影响到人类当前和未来的生存与发展。一个建立在理性之上的社会，必须对如此巨大的权力作出合理的限制，使相关群体和个人的权利得到保障。为此，科技人员必须履行其应尽的义务与责任。这样一来，在科技人员与其他群体的权利义务关系中，科技人员既居于主导地位，又处于被监督的境地，这也给科技伦理体系的建构提出了新的难题。值得指出的是，传统伦理体系中，义务与责任往往是被动的，如"不得偷盗"、"不得妨碍他人"之类；而科技人员的义务和责任则更多地涉及"应该造福人类与自然环境"之类主动性的要求。反过来，其他群体则有权要求科技为他们带来更多的福祉——更好的教育与保健、更安全与便捷的技术。以医疗技术的进步为例，每个人都有权利得到最先进技术的救治，在公共卫生资源有限的情况下，医务人员如何恰当行使权利、履行其责任，成为传统社会所未有的伦理问题。从某种角度来讲，这是科技发展对人权的促进而带来的新的伦理问题。

科技发展的一个关键性问题是安全。所谓安全，实质上意味着"可接受的风险"，因此如何确定这种可接受的风险成为问题的焦点。在理性的社会中，管理者（政府、组织）、执行者（科研机构、企业）和监督者（媒体、群众组织）应该形成一种良性互动，才能既规避科技可能造成的负面影响，又促使科技进一步为人类造福，换言之，使科技人员不仅能够履行其被动性责任，还能够履行其主动性责任。这种互动机制的建构显然应列入政策性的考量之中，在科技政策中，公众与监督者的知晓权，科技活动可接受的风险、成本与效益，科技成果的公正分配等都是需要合理界定的。

4. 传统与现实冲突的焦点

科技活动作为一种社会伦理试验不仅使已有的伦理问题得到了空前拓展，而且还引发了传统伦理与科技发展的现实之间的诸多冲突。近30年来，在西方社会中，一些新的科技进展——原子武器、生殖技术、基因技术、信息技术等——导致了尤为尖锐的伦理争执；同时，日益严重的全球问题——人口、资源、环境危机——全面地揭示了近现代科技活动的负面效应，进一步向人们展现了科技活动所负载的价值与传统伦理价值体系间的剧烈冲突。其中既有观念间的纠结，也有观念与现实利益的复杂矛盾，从中我们可以看到科技时代人类伦理实践的动态图景。

（1）科技活动与传统价值观念间的冲突。

这是一个十分复杂的问题，在此，我们主要分析两类冲突。其一是所谓科技活动对自然的操纵和对"自然秩序"的破坏。这是对科技活动的一种尤为强烈的否定性批评，但又有很多界定不明之处。持这一态度的人可称之为自然律论者，他们认为人只能顺应自然，不应为了人的目的有意识的改变自然的原初过程，任何对自然过程的干预都是在破坏"自然秩序"。这显然是一种宗教或准宗教理念，由于所谓"自然秩序"只有在神创论的语境中才有意义，而他们所应接受的现实情形是，早在人类的祖先直立行走之时，"自然秩序"即开始被打破，任何人都不可能完全遵循"自然秩序"，故其原教旨主义式的立场是难以贯彻到底的。如果说基因重组技术是对自然的操纵，那么拯救了亿万生命的抗生素技术是不是对自然的操纵，说得更远一点，烹调技术是否干预了人的自然生理过程呢？因此，这种评判本身是没有实证依据的，但是，这并非意味着它没有理论与现实意义。至少，它表达了人们普遍存在的对科技活动给社会生活所带来的不确定性的疑虑。如果说科技活动是在有意识地变更自然过程的话，科技工作者必须确保科技活动尽可能少地危害人类的生存和生态环境。要做到这一点，每一项对自然过程的重大改变工作都应该万分慎重，因而，自然律论者所持的评判立场是具有重要的监督意义的。

其二，科技的发展使一些绝对化的伦理原则之间的冲突更为彰显。以有关生命的伦理原则为例，我们时常会遇到两个原则，一个是"每个人都有不可剥夺之生存权"，另一个是"人应该有尊严地活着"。在传统社会中，它们似乎是两条绝对性原则，但是，随着医疗技术的进步，出现了有关安乐死的争论，其中一个重要的方面即是，医务人员与许多备受病痛折磨的垂危病人在这两条原则间难作抉择。此类新的冲突表明，在科技进步推动社会加速变迁的时代背景下，静态的和绝对化的传统观念体系的自洽性，正在受到前所未有的冲击；同时，道义论、目的论（功利主义）、自然律论等传统伦理学理论的分野已难以一以贯之地应对不断发展的伦理实践。

（2）传统的价值观念模式与科技时代复杂的伦理现实间的冲突。

对于科技发展与传统价值观念体系间的冲突来讲，由于事实总会随着情势的变化不断得到澄清，人们可以通过对观念前提的反思和对实际情况的深入讨论，在某种共识之上，使冲突实现一定程度的缓冲。而真正纠结不清的，是科技伦理实践中传统的价值观念模式与充满利益考量的复杂伦理现实之间的冲突。值得指出的是，冲突中所涉及的观念不仅有传统的价值观，还包括伴随着现代科技社会发展产生的新的价值观念。

1986年，美国一家收养代理处准备安置一个2个月大的女婴，由于她的母亲患有亨廷顿（Huntington）病（一种进行性的、不可逆转的神经疾患），收养者提出，如果她也将患此病，他们就不愿收养她。为此，代理处请基因专家检查女婴的基因，以判断她是否迟早会患此病。此时，基因专家处于两难的伦理困境之中：一方面，收养者的确有权知道实情，其要求似乎是公正的；另一方面，如果女婴确实患有此遗传病，从伦理的角度来讲，不应该在她无法自我决定是否揭示其基因之前，剥夺她的这种隐私权，她也许像许多严重遗传病患者一样，不愿在注定要患的病症出现之前知道这件事。

科技对世界的深入探索与揭示，扩大了主体行为的可能性空间，也加大主体间发生利益冲突的可能性。现代科技伦理现实的复杂性的一个重要表现是，不同利益主体可以找到为各自利益辩护的价值观念。在此情况下，不论是传统的价值观念，还是新的价值观念，如果它们是基于以抽象化、绝对化为特征的传统静态价值观念模式发展出来的观念体系，就有可能与某些相关主体的现实利益发生冲突。在这个案例中，所涉及的矛盾在很大程度上是由传统的价值观念模式造成的。在传统的价值观念模式中，养父母的知情权和女婴的隐私权往往被孤立起来考虑，正是由于价值观念的绝对化和孤立化，导致了反映部分相关主体的现实利益的价值观念与其他相关主体的现实利益间的矛盾。类似的情况还有很多，例如，保险公司是否应该要求投保人进行基因检查，以预测其寿命或患遗传性疾病的概率？这些问题往往会迫使人们在十分具体的利益情境中，考量价值观念的利益局限性和实现条件。如果我们抽象地想象一家公司是否应该要求雇员进行基因检查时，实际上是脱离实

99

际的空想。在现实中，我们遇到的情形将是十分具体的：航空公司应不应该检查飞行员的基因，以判断他（她）有无罹患精神疾病的可能？

科技文明的确给人类社会带来了许多新的价值观念，为更新价值观念体系创造了条件，但是，如果我们仍然将价值观念视为一种绝对化、静态化、孤立化乃至神圣化的抽象理念，而看不到任何价值理念都是相对的、有条件的，则所谓新的价值体系本质上还是传统的模式，难免因价值体系自身的不完善和界定不明与复杂的伦理现实产生冲突。一个典型的现象是，现代西方社会在其传统价值基础上发展出一种所谓的"主动性"权利的理念。以生命权为例，以往主要强调任何人都无权危害他人的生命，故称之为"被动性"权利；随着科技的发展，这种权利开始演变为一种"主动性"的权利，即每个人都有权享有最好的医疗并尽可能地延长其生命。此观念有时可能与现实的利益分配产生巨大矛盾，而难以实现。解决简单化的传统价值观念模式与复杂的负载利益的伦理现实间的矛盾的关键在于，我们必须走出传统模式，以动态的、开放的眼光去看待价值观念，在具体的情境中赋予它们可变化的意涵；换言之，在具体的利益格局中，为不同利益主体辩护的价值观念，不应是绝对不变的理念，而应该相互制约并达成妥协。

三、科技伦理学研究的转向和新向度

科技与伦理的内在统一表明，科技伦理实践是科技实践的有机组成部分。因此，一方面，科技伦理学致力于规范性研究，并使其成为科技实践的结构性要素，另一方面，既有的科技伦理准则，已经难以规范由新技术造成的社会价值伦理冲突，需通过向描述性研究的转向，分析和解决科技伦理实践中出现的特定性冲突。

现代科技可以视为正在进行之中的开拓性的社会伦理试验。随着现代科技的加速发展，科技伦理实践所涉及的层面已经从科技共同体的内外分野，拓展到了社会中、文化际和人与自然之间等各个新的向度。

1. 规范性研究及其结构化

科技伦理学有两个互补的研究方向：规范性研究和描述性研究。前者强调伦理准则的构建和应用，后者则注重伦理事实的描述和分析。

规范性研究的研究进路是应用规范伦理学的理论、原则和规范体系，建构一般性的科技伦理原则，以确证与科技活动相关的道德义务判断和道德价值判断。科技伦理原则的建构往往是十分具体的，而且已经成为各类科技活动的职业伦理的基础。

早期科技伦理学的研究大多属于规范性研究，因而被视为应用规范伦理学的一个重要分支。规范伦理学认为，应用伦理学应该建立在规范伦理学的道德原则、规范体系之上，道德判断的确证过程，是一个由伦理学理论推出伦理原则、由伦理原则推及伦理规范，再由伦理规范确证道德判断的演绎过程。在科技伦理学研究中，常用的伦理学理论有道义论、目的论（功利主义等）、德性论和自然律论。虽然它们的出发点有许多不可通约的差异，但由于这些理论从不同的道德生活观念中发展而来，分别把握了丰富多彩的道德生活的某些方面，因而，在具有可操作性的伦理原则、规范体系中，伦理的原则和规范往往来自不同的伦理学理论。

科技伦理学的规范性研究有三种常见的研究思路，其一是直接从道义论、目的论等伦理学理论的基本立场出发，判断科技行为的正当性和善恶；其二是仅将科技伦理作为一般性的应用伦理，其前提依据是普通规范伦理学；其三是研究者先针对具体的科技活动和相关问题进行伦理原则、规范体系的建构，再以此规范该领域的科技行为。

第一种思路多见于对新的科技行为的合伦理性的讨论。在缺乏相应的原则和规范的情况下，从道义论和目的论等立场，反思新的科技行为的潜在动机、预见其可能后果，显然是十分必要的。虽然这些立场具有不可通约性，但是唯有通过不同立场的论争，方可达至广为接受的妥协，使规范的标准具有普遍性，使规范活动成为一致的行动。另一方面，这种思路也有其固有的缺陷。首先是道义论、目的论、自然律论时常各执己见，有绝对化倾向。例如，在生命伦理问题上，自然律论者坚持不应操纵自然的观点，反对一切对生命物质基础的探究，认为应该禁止任何对自然生命过程的人为干预。其次，此思路有简单化和静止化的倾向。传统的伦理学理论往往试图通过一次性的伦理评判作出不可变更的结论，而实际上，具有极大不确定性的科技活动，不论就其动机或结果而言，都无法由这样简单和静止性的评判作出恰当道德义务判断和道德价值判断。

第二种思路较第一种思路的精致之处在于，其前提是一种系统化的原则、规范体系。在普通规范伦理学中，W. 弗兰克纳综合目的论和道义论的优长，提出了名为"混合义务论"的伦理原则、规范体系。该体系由两条原则和若干规范组成。两条原则分别是善行（beneficence）原则和公正（justice）原则。另一个有影响的伦理原则、规范体系是 J. P. 蒂洛提出的较完整的人道主义规范体系。该体系由生命价值原则、善良（或正确）原则、公正（或公平）原则、说实话（或诚实）原则和个人自由或平等原则等五条原则组成。我们可以看到，上述原则、规范体系的最大特点是，它们都是具有普遍性的伦理价值理念，而规范伦理学正是试图运用它们来回应现实社会生活中的伦理问题。实质上，尽管这项工作受到了各种形式的伦理相对主义的冲击，但因其最终目标是建构一种可应用的全球性普遍伦理，反映了人类伦理实践的发展趋势，其积极作用应予以肯定。从很大程度上来讲，正是近现代科学技术的发展加速了人类共同体的整合进程。作为第一生产力的科学技术，在创造出前所未有的物质和精神财富的同时，也引发了盘根错节的全球性问题。为了解决这些问题，必须诉诸以普遍伦理为价值基础、具有全球约束力的行为规范体系。所以，沿着这种思路有助于将科技伦理的义务判断和价值判断建立在人类共同体的基本道德共识之上。

在生命伦理学、环境伦理学、工程伦理学等科技伦理学领域，第三种思路更为常见。例如，在生命伦理学研究中，比彻姆和丘卓斯提出了四条现已为人们广泛运用的生命伦理学原则：自主（autonomy）、不伤害（non-maleficence）、善行（beneficence）和公正（justice）。在有关"克隆人"的讨论中，有学者从自然律论中推出"自我保存"和"自我发展"两条原则，从义务论（道义论）推出"自由意志"原则，从德行论（德性论）中导出"能力卓越化"和"关系和谐化"两条原则，由此共推出了五个"判准"来检讨"复制人"的伦理问题。显然，具体的科技活动领域中的伦理原则，较普通规范伦理学所建构的原则更具有针对性，或者说，前者是后者的拓展与深化。

由于科学技术日益影响到人类社会的发展和人类未来的命运，将伦理规范引入科技活动，具有十分重要的现实意义。首先，它不仅有助于科技工作者树立一种良好的社会形象，而且还促使科技人员在科技活动中时刻意识到其社会伦理职责。其次，有关科技伦理规范的讨论，一方面，能够引起社会公众对科技活动涉及的伦理问题的关注，另一方面，在广泛讨论的基础上，可能形成一种柔性的制约机制，作为与科技活动相关的法律和政策制约机制的必要补充。另外，值得指出的是，科技活动具有的普遍性科学基础和科技的全球化趋势，使科技伦理规范具有普遍伦理的意味；面对愈益严重的全球性问题，在人类主体对价值准则与行为规范所达成的共识中，科技伦理规范将成为全球性普遍伦理的重要方面，同时，它又可以作为一种有效的文化际整合工具，用以加速普遍伦理的建构。

为了使科技伦理原则切实起到规范和制约作用，规范性研究的进一步目标是使科技伦理成为科技活动的结构性要素，为此，一些应用伦理学家提出了"结构伦理"的观念。这种结构化的努力首先表现为大量的职业伦理法典（ethics codes）的制定，科技职业伦理法典的学习，已成为发达国家科技职业素质训练的重要组成部分。这些法典的目标和功能相近，都强调科技工作者应具有客观公正的职业态度，将公众的利益放在首位。例如，美国消费工程师协会（American Association of Cost Engineers）的伦理法典的导言指出，为了保持和提升工程师的职业荣誉与尊严，坚持高伦理水准，工程师应该：（a）诚实、公正，以奉献精神为雇主、顾客和公众服务；（b）为提高职业能力，树立职业声誉而奋斗；（c）应用知识和技能增进人类的幸福。层次和领域各异的伦理法典的一个重要特征是，越是小的或共同成分多的共同体，其伦理法典越具体而详尽；反过来，较大或共同成分少的共同体的伦理法典则较简单和宽泛，这使得科技伦理法典更兼具可操作性和灵活性。

　　科技伦理规范结构化的第二种表现是科技伦理审查委员会的成立。专业的科技伦理审查委员会的出现，使针对科技行为的伦理评判成为一项贯穿于科技活动全过程的有组织的常规性工作。伦理审查委员会的责任是，根据某项科技活动应该遵循的伦理原则和执行办法，对有关的科技行为进行独立的伦理审查和核准，并且对伦理原则的贯彻情况进行持续监督，以确保整个科技活动符合伦理原则的要求。可见，科技伦理审查委员会既是科技伦理原则的解释机构，又是实际执行伦理规范的功能性组织。值得指出的是，为了保证科技伦理审查委员会的解释和执行工作的客观公正性，各种专业科技伦理委员会的成员不仅有专业科技人员，还包括伦理学家、律师、宗教人士以及代表社区文化价值观的非专业人士；在许多情况下，还应注意合理的性别和种族比例；在具体的审查个案中，应考虑吸纳相关利益群体的代表作为成员；委员会的成员应定期轮换。目前，生命科技伦理审查委员会的发展尤为迅速，这显然与生命科学技术直接关系到人类的生命过程有关。在美国，大多数医院都成立了伦理审查委员会。1997年，克隆羊"多利"事件披露不久，美国总统克林顿即下令成立了一个国家生命伦理顾问委员会（NBAC），探讨有关克隆人类所引起的伦理及法律问题。在我国，有关生命伦理审查的机构也已经出现，如北京医科大学于1994年成立了"药物临床试验道德委员会"。

　　科技伦理规范结构化的另一个重要方面是使科技伦理原则内在于调节科技行为的政策、法规之中的努力。只有当科技伦理原则由此而获得强制性的地位之后，才能减少科技活动中不负责任的行为和只顾眼前与局部利益的决策，并从根本上避免遵守道德规范者受损，而不道德者渔利的不合理现象。

2. 特定冲突与描述性研究

科技伦理规范体系的广泛建构及其结构化,固然能使人们系统地对科技活动作出道德判断,以有效地规范科技行为。但是,现代科技的加速创新及其向人类社会生活的全方位渗透,提出了必须寻求一种动态的研究进路的要求。一方面,规范性研究固有的相对静止化的特征,使得规范性研究及其结构化体系显现出了时间滞后问题。由于科技伦理规范体系时常处于相对滞后状态,在相应的伦理原则、政策指南和法规诞生之前,新兴科技所造成的社会问题就可能成为难以改变的事实。这样一来,极易产生合乎已有伦理规范(法规)但不道德的情形,甚至会导致一些科技行为主体借过时的规范体系规避道义责任,形成一种有组织的不负责任的不良倾向。另一方面,科技活动的价值负载和利益纠结,已使得科技伦理冲突成为相对抽象和简单化的规范性研究难以解决的特定冲突。而所谓特定冲突,往往涉及诸多两难处境,根据已有的规范或同一原则体系的不同排序常会推出相互矛盾的判断,并且,难以通过一次性判断合理解决冲突。由此可见,为了适应飞速发展的现代科技,科技伦理研究必须寻求一种动态的研究进路。

这种动态的研究进路即是描述性的科技伦理研究。描述性伦理研究的出现,使科技伦理学发生了从应用规范伦理向实践伦理的转向。描述性伦理研究所运用的案例研究等微观经验分析方法,使科技伦理研究得以动态地关注由科技创新引发的伦理问题,进而使其成为与具体科技活动相关的实践活动。这一转向还意味着,规范和准则的建构是一项长期的工作,与其说这些规范和准则是伦理学家思辨的产物,不如说它们是科技实践中不断显现,并为科技活动的相关群体所领悟的共识。因此,科技伦理的规范结构及其精神实质将随着科技实践的发展不断地显现,并被揭示出新的内涵。

描述性伦理研究的传统可以追溯到亚里士多德的实践哲学。描述性伦理研究认为,社会生活经验及道德感受具有多向性,道德判断应建立在经验事实的基础之上。因此,其研究传统不倾向于将复杂的道德现象简单地归结为几种基本类型,并对规范性伦理研究过高的理论目标及其普适性准则持怀疑态度。与规范性研究的归纳—演绎思路不同,描述性研究致力于对现象的描述和分析,因而,描述性研究不以准则为导向,而是以现象和问题为导向的研究。

描述性的科技伦理研究,将伦理判断建立在对科技行为所涉及的科技和社会因素的综合分析、评估之上。这种综合性分析评估包括相互渗透的三个方面：技术风险－效益分析、社会利益格局分析、文化价值分析。前两方面侧重外在物质价值分析，后一方面侧重于内在精神价值分析。

技术风险－效益分析是对科技行为潜在的风险和效益的预测和评估，其目的在于确保所采用技术的安全性和受益性，并使其占有的公共资源趋于合理化。

社会利益格局分析主要研究由科技活动引起的不同利益主体的利益分配和再分配。这些利益主体既包括科技人员、投资者、消费者等与科技行为直接相关的个人和群体，也包括全社会中其他与该科技行为间接相关的利益主体，甚至还应包括未来世代可能出现的相关利益主体。社会利益格局分析的目的是，在技术风险－效益分析的基础上，确保科技活动所带来的福利得到合理公正的分配。

文化价值分析可分为价值观念冲突分析和价值观念传播分析。价值观念冲突分析主要研讨：（a）科技活动所揭示的事实和可能性对原有文化价值观念的影响，以及原有文化价值观念对科技新成果和科技发展带来的新的可能性的态度；（b）基于新发现和新的可能性而产生的新的价值观念与原有价值观念之间的互动；（c）具体的科技行为中，工具理性与人文价值理性之间的冲突和互补共存的可能性。价值观念传播分析探讨与公众对科技的理解相关的价值观念的传播机制，及其对伦理立场的影响。由于公众对科技知识、科学精神和科技对社会的影响的理解，直接影响到他们对科技行为的伦理判断，价值观念传播分析的目的是，通过剖析具体科技价值观念的现实传播模式，透视观念传播对公众的科技伦理判断的影响机制，进而寻求使公众较全面理解现实科技活动的科技观念传播机制，从根本上促使公众作出更具合理性的科技伦理判断。

描述性的科技伦理研究的主要研究方法是案例研究等微观经验分析方法。上述综合性分析中所涉及的科技的价值负载和科技与社会的互动对科技伦理价值观念的影响等基本立场，都在微观的科技行为分析中得到了具体的展开。正是微观经验分析方法的运用，使科技伦理学研究出现了从应用规范伦理学向实践伦理学的转向。显然，这一转向的主要诱因在于，人们逐渐认识到，无论是伦理学理论或是伦理学原则，都难以通过所谓的规范的应用，单独解决现实生活中的两难伦理问题。

实质上，这是一种研究范式的转换，通过这种转换，科技伦理研究干预现实科技行为的能力获得了极大的提高。由于微观经验分析既可以在不同层面上研究同一问题，又可将一个问题分解到不同层面进行研究，研究

105

An Introduction to Philosophy of Science and Technology

者可通过描述性研究立体地建构出对伦理事实的认识，从而，避免了总体性研究中通行的多数原则对"部分"和"少数"的忽视，这使得科技伦理研究能够密切地关注现实道德生活中由科技创新活动引发的新问题、新趋势，动态地透视科技社会加速变革中的人的价值取向、道德标准等方面的新需求、新变化。

描述性研究的兴起与科技伦理研究的实践转向，使科技伦理反思成为一种内化于科技实践的动态活动。这一新的转换，决不是对传统的规范性研究的彻底否定，相反，它不论对描述性研究还是规范性研究都提出了更高的要求。对于描述性研究来讲，其目标应调整为，在透视伦理现实的基础上，将伦理反思转化为一种结构化、常规性的动态实践。为此，描述性研究的首要任务是向全社会揭示科技活动中的伦理过程，使公众充分正视伦理因素内在于科技活动的现实，进而调动和培养其道德敏感性。然后，再通过不同利益主体间的讨论和对话，达成妥协和共识。对于规范性研究来说，需要复兴亚里士多德的"实践的明智"，强调规范体系的建构是一项经常性的工作。为此，应建立一种开放性的动态的伦理规范框架，突出伦理规范体系应有的不断创新的特征。此外，还应注意到，由于每一个具体的问题都有其独特性，伦理规范的应用包含着一系列创造性的要素和过程。

总之，科技伦理研究的实践转向的目标是，建构一种与具体问题相联系的伦理研究模式，以实现一种适时适地与特定条件相关的实践合理性。显然，对这种实践合理性的认识，是一个需要实践主体发挥主动性和创造性的实践过程。科技活动作为人类最富有创造性的物质实践，同时也是一个不断创造新的伦理价值和其他精神观念的过程，新的实践理性一般不会直白地凸现，而往往只是潜藏于各种形式的价值冲突的背后，这就需要相关的主体不断地去描述事实，去揭示实质，去发现合理的秩序，去创建有效的规范结构。有鉴于此，规范性研究与描述性研究应成为互补的两个方面，唯其如此，才能发挥规范性研究和描述性研究的优长，最终建构出既简单、明晰，又具体、灵活的科技伦理体系。

3. 不同层面的科技伦理问题

现代科技的发展已使科技成为人类社会及其环境中的一种无所不在的因素，科技伦理所涉及的层面也因此得到不断拓展：科技共同体内的伦理问题、科技社会中人际伦理问题、科技时代文化际伦理问题、科技背景下人与自然的伦理关系问题等，展现了科技伦理的新向度。

（1）科技共同体内的伦理问题。

科技共同体作为科技行为的主体，其行为对整个社会和环境具有直接和深远的影响。在传统社会中，科技共同体内的伦理关系，是依靠科学的精神气质和科学家的荣誉感来维系的。现代社会经济发展与科技进步之间的互动，已使得功利的因素从内外两个方面对科技共同体产生了巨大的压力，同时，政治与文化价值因素也不时影响到科技共同体内成员的行为。在此背景下，更加凸显了科技共同体内伦理自治的重要性。

科技共同体在科技时代中的特殊地位决定了其成员必须为其科技行为承担较传统社会更多的道德责任。这种道德责任要求，科技时代的科技共同体成员应该在科学的规范结构的基础上，进一步坚持客观公正性和公众利益优先的伦理原则：以人类及其环境的福祉作为他们的最高诉求；在任何势力面前都要坚持真理；不因任何的诱惑而作伪或滥用科技手段；认真地思考每一项科技活动的价值意涵与可能的社会后果；审慎地进行可能具有不明确的深远影响的科技活动。

科技共同体内成员的频繁违规现象，迫使科技共同体建构起制度化、法规化的结构化的伦理体系。学术规范的确立及其运行机制的完善是学术规范国际化和本土化的两个重要方面。不当的名利追求所导致的剽窃行为、作伪行为和社会化的伪科学活动应该是学术规范防范的重点。

此外，科技共同体内成员间的伦理问题还有许多以往受到忽视或重新受到关注的方面。例如，女性在科技共同体中应有的地位与作用，知识经济时代知识产权的再定位及其合理性等。这表明科技共同体内的伦理问题将随着科技伦理实践的深入不断向前发展。

（2）科技社会中的人际伦理问题。

科技给人类社会生活带来的便捷、舒适和全新的生活形式，使人们将现代社会称为科技社会。近代以来，科技活动主要以工业化的形式在世界各国渐次展开，观念、制度与技术的加速创新成为现代社会的基本特征，人类社会出现了世俗化、科学化和民主化的时代潮流。我们应该看到：（a）由于缺乏对科技加速物质生产效应的反思，人类社会被拖入了盲目扩大生产和高消费的恶性循环之中，这显然是全球性生态危机的主要诱因。（b）由于传统的价值判断受到科学实证思维模式的冲击，社会价值体系出现了世俗化的趋势，但是在打破了原有价值体系之后，现代社会尚未建构起能够取代传统伦理价值体系功能的新体系，因此出现了多层面的价值危机。其中，有许多问题是由科技发展提供的新的可能性导致的，如避孕手段的出现和生殖技术的发展在一定程度上引发了性关系、婚姻和家庭问题的复杂化与社会性危机。（c）工业化使现代社会成为一种高度技术化和组织化且为人难以控制的世界，究竟是技术、组织在为人服务，还是人已异化为它们的奴隶？这是现代人的最大困惑之一。此外，工业化现代社会生产标准化的思维模式已经渗透到人们物质乃至精神生活的所有方面，人的个性有被这种结构化、系统化的划一的形式吞噬的危险。（d）社会的知识化和专业分工趋势与社会生活民主化的潮流成为矛盾的两个方面，知识社会中知识的可共享性和知识垄断之间的矛盾日益加剧，知识分子的地位和作用成为一个敏感的话题。其中，知识分子的专业权威性在伦理判断中的决定性影响如何与社会应对他们采取的监督相互协调，是一个尤为复杂的问题。（e）随着现代信息技术的发展，人类的交往方式正在发生日新月异的变化，电视、电话、计算机网络的相继出现使地球成为一个小小的村落，人们尚未理清大众传媒操纵舆论的是非曲直，就开始面对电脑网络空间中的虚拟现实，全球网络化的前景迫使人们反思新的数字化生存方式下社会结构的嬗变和人际关系的演进，广域性、虚拟性、匿名性和随机性的网际交往中的行为规范，已成为科技伦理实践的新问题。

（3）科技时代文化际伦理问题。

科技时代的文化际伦理问题至少包括三个层面，其一是不同科技文化传统间的伦理冲突，其二是先进国家向后发国家的科技转移中的伦理困境，其三是科技文化体系与其他文化体系之间的伦理争执和协调。

所谓科技文化传统间的伦理冲突，是指在不同的社会文化环境中，原生性的科技文化传统，已经融入人们的日常生活方式与价值伦理观念之中，伴随着现代世界文化的互动和整合进程，伦理问题必然地成为科技文化际冲突的一个重要方面。具体来讲，导致不同科技文化传统间的伦理冲突的主要原因在于，现代科技文化的主流方向是发端于古希腊文明的西方科学文化，这使得非西方科学文化的价值定位成为一个敏感的话题。

在不同的科技文化传统中，不仅有不同的思维模式与宇宙图景，而且其社会成员对科技价值的认识也是不尽相同的。中国近代以来的"西学中体"之类的主张、中医地位的几番起落和思想先驱们的科玄论战都反映了这种冲突和矛盾，时至今日，群众性的气功活动、周易预测的神话说明这种冲突远未了结。这种冲突表面上似乎是有关思维方式孰优孰劣的争执，实质上是对科技价值的迥异认识。另一个值得关注的现象是，在东方社会逐渐西化的同时，西方对其科技文化传统和东方文化的态度，似乎发生了一种所谓后现代转向。其原因是西方科技文化的弊端日渐显现，生态危机等全球问题引起了人们对科技文化价值的怀疑，人们转而评判科技的异化，并希图借助非西方科技文化中的整体性思维方式、对人的关怀和与自然和谐相处等异质性文化养分，寻求文化的突破和创新。显然，我们不能由于西方的态度的某种转向而抱残守缺，应学习西方文化的批判和创新精神，找到适合我们发展现状的科技文化战略。

由于西方先进国家率先引入了科技与经济相结合的互动创新机制，其科技和生产水平成为后发国家的追赶目标，因此，出现了广泛的科技转移活动。如果说先进国家的科技经济发展是一个渐进的过程的话，那么，后发国家的科技经济发展则是在外部压力下的一种激变。在科技引进过程中，传统生活方式与伦理价值观念同输入的西方式工业文明往往会发生尖锐的对立，伊朗在接受西方工业文明之后又对其全盘否定的原因便在此。而事实上，在这种对立的背后还有更深层的经济和文化矛盾。由于西方工业文明建立在对个人和利益集团的利益追求之上，所以，大多数科技转移活动都伴随着经济支配行为和文化殖民动机。所谓全球经济一体化，在很大程度上是先进国家将低层次的产业移向后发国家以实现产业结构升级的过程。由于先进国家利用科技转移中的优势地位掠夺后发国家的自然资源和优秀人才，并将环境恶果转嫁给后发国家，常常使后发国家处于一种两难的境地。为了解决这种冲突，后发国家一方面应该有选择地引进和消化吸收先进国家的技术，并使先进科技中所蕴涵的文化价值与本国的文化价值实现开放的良性互动，最终形成国际化与本土化相结合的科技文化价值体系；另一方面，要为科技转移的公正性向先进国家提出呼吁，促成较为公正的科技转移环境的形成；此外，更重要的是，后发国家要以实际行动尽可能抵制先进国家在科技转移中的不正当要求，使科学技术真正成为本国物质和文化建设机制中的有机环节。

科技文化在整个文化价值体系中占据着重要的地位，它与其他子文化价值体系之间存在着许多冲突。科技作为一种物质和精神力量与政治和宗教发生了千丝万缕的联系。在科技与政治的交汇处，既有两者相互促进的美满姻缘，也有一厢情愿的强制包办。不管这种结合是什么形式，都必须考虑到人类的福祉与资源和环境的保护，都不能违背自然规律，都应该注意社会资源和科技成果的合理的、公正的分配，只有这样，才能走出科技统治论和片面政治化的误区。在科技与宗教的冲突处，科技的力量已经使宗教裁判所的时代一去不复返了，但是，科技并非万能，实证和分析方法对精神世界和价值判断几乎无能为力，物欲横流的现代社会不仅需要对自然真实过程的揭示，而且还需要对人的终极关怀。因此，现代社会需要一种新的"宗教"，它一方面应该摆脱原教旨主义的影响，成为一种与其他子文化价值体系兼容的价值体系；另一方面，它又应该是一种异常坚定的信念体系，指引人们的心灵在纷繁芜杂、变化万端的世界中处变不惊，成为人们永恒的安身立命之所。

总之，我们的世界对于不同的文化价值传统具有不同的意涵，科技发展的不平衡可能会加剧不同科技文化价值体系间的冲突，但是科技文化的普遍性因素决定了科技发展必须走全球化和本土化相结合的道路；科技文化与其他子文化体系分别阐释了世界的部分真理，任何绝对化或原教旨主义之类的做法都是不明智的，它们之间应该相协调而演进，所以，我们需要的是文化际的对话和协作，子文化体系间的互补与协调，学科际的合作、讨论与共识。

（4）科技背景下人与自然的伦理关系问题。

这实际上是对人与自然再定位的问题。回顾人与自然的关系，大致经历过三个阶段。第一个阶段是人类顺从和完全依附于自然的阶段，此时，人们惧怕和崇拜自然，受到自然的支配。第二个阶段是人类利用科技手段改造和利用自然的阶段，似乎实现了所谓从奴隶向主人转变，人有意成为自然的主宰。现在，人们正试图步入第三个阶段，以实现人与自然的可持续生存和可持续发展，至此，人与自然的伦理关系将升华到一个新境界。

从历史发展的角度来看，这三个阶段是一个合乎逻辑的发展过程。人们总的来说只能从其实践经验和教训中看到未来的发展方向，并且任何发展道路的选择都只能是一个摸索的过程，都要受到具体的人类生存境遇的制约。我们必须考虑的一个前提是，自人类出现以来，一直受到人口和资源的双重压力，如果不引入新的创新，人类将因收益递减律而陷入周期性的危机。因此，我们应该看到，从第一阶段向第二阶段的过渡具有某种必然性，任何关于人类可以停留在"田园牧歌式"的中世纪的假想都是不切实际的。

如果说从第一阶段到第二阶段是人与自然关系的一种进步，那么其主要方面是科技发展和经济制度创新所带来的物质生产方式的进步。而这种进步是以牺牲资源和环境为代价的，因而有很大的局限性。

从第二阶段向第三阶段的过渡，是人类社会迫于严峻的现实而不得不作出的抉择。也就是说，不论是在观念层面还是在对策和行动方面，人类社会都必须形成全面清醒的共识和共同行动的决心。为了真正走上人与自然相协调而可持续发展的道路，我们应该对人与自然的伦理关系进行明确的再定位。人与自然的伦理关系应该包括人在自然中的自我定位和人以自然为中介的社会关系两个方面。

由于全球生态环境的保护和人类社会的可持续生存与可持续发展，必然涉及对现实多元利益主体的规范与协调，人们在理智地确立了自身在自然中的位置，并拟定了全球普遍伦理的框架之后，必然要使这种共识体现于主体的行为原则与主体间的社会伦理准则之中。对此，欧共体委员会前主席雅克·德洛尔指出，为了确立人和自然的新型关系，我们要重新确定人对自然、对后代、对社会的责任。所谓对自然的责任，意味着我们应该学会尊重自然本身，而不是单纯地让自然满足我们的需要。对后代的责任意指，我们只是向子孙借土地，要考虑我们的行为可能对后代构成的威胁。对社会的责任是指，全球发展很不平衡，财富分配极不公正，其中的重要原因是资源分配的不合理，但是自然资源和环境是属于全球的，任何利益主体在谋求自身利益时要顾及对他人的责任。

为了实现人与自然关系的新的升华，最终需要全球性的共同行动。我们应该建立新的国际伦理关系准则，借助国际性和区域性的法规政策使新的伦理准则具有强制性。在全球参与为实现人与自然环境的可持续生存和可持续发展而努力的过程中，国际公正是一个难以回避的问题。

小结

随着科学的社会功能日益突出，需要在对科学的社会规范的伦理拓展上，建构新的科学职业伦理，以客观公正性和公众利益优先作为其伦理原则，形成一种内在于科学活动的新型伦理规范。

技术是一种负载价值的实践过程，技术决定论和社会建构论从两方面揭示了技术的价值负载，伦理制约应该成为技术的一种内在维度；应在技术—伦理实践中，实现技术与社会伦理价值体系的良性互动和整合。

在科技伦理实践中大量涌现出的伦理问题，既有已有伦理问题的延伸，也有传统与现实的冲突，科技伦理所涉及的层面不断扩展，并展现出新的向度。为使科技伦理起到切实的规范和制约作用，同时恰当应对由新技术造成的社会价值伦理冲突，应该一方面致力于科技伦理的规范性研究，另一方面建构一种与具体问题相联系的伦理研究模式。

思考题

1. 科学的社会规范的核心精神是什么？与科学的职业伦理有什么关系？
2. 对于技术非价值中立的讨论有哪些主要的观点？

3. 如何建立一种价值与伦理的回复机制？

4. 科技时代涌现出哪些新的伦理问题？

5. 简述科技伦理研究中规范性研究和描述性研究各自的特点和作用。

延伸阅读

1. 巴巴拉·沃德，雷内·杜博斯主编：《只有一个地球》，北京：石油化学工业出版社，1976年。

2. 汤因比，池田大作：《展望二十一世纪——汤因比与池田大作对话录》，北京：国际文化出版公司，1985年。

3. 理查·罗蒂：《哲学与自然之镜》，北京：三联书店，1987年。

4. 罗尔斯顿：《环境伦理学：大自然的价值以及人对大自然的义务》，北京：中国社会科学出版社，2000年。

5. 刘大椿等：《在真与善之间：科技时代的伦理问题与道德抉择》，北京：中国社会科学出版社，2000年。

6. 约瑟夫·劳斯：《知识与权力——走向科学的政治哲学》，北京：北京大学出版社，2004年。

第四章　科学发现与科学辩护

....

重点问题
- 科学研究中的问题
- 证明的逻辑与发现的逻辑
- 直觉、灵感与机遇
- 程式化的追求与随心所欲

　　人类在创造自身生存条件的生产活动中，为了能够反作用于自然界，首先必须发现自然的奥秘，认识自然界的规律性，并因此获得自由。对科学认识活动的分析表明：问题是科学研究的始点；科学认识具有不同的层次，需要厘清科学辩护（证明）与科学发现之间的关系；直觉、灵感与机遇在科学创造活动中具有特殊的作用；应当在程式化的追求与随心所欲之间寻求互补。

一、科学研究中的问题

1. 科学认识的经验层次与理论层次

　　科学的认识与其他领域的认识一样，是一系列由低级到高级、由简单到复杂、由个别到一般、由不知到知、由经验到理论的过程。在科学认识过程的各个阶段应用各种认识方法，以解决主体与客体、人与自然界的矛盾，这些方法统称为科学方法。

　　科学方法是从科学认识过程中总结出来的规则、规律，它们是具有普遍性的东西。按其普遍性的程度，可以把科学的认识和方法区分为三个阶次：第一个阶次是各门科学所特有的认识和方法，例如，物理学中对太阳的化学元素的研究使用光谱分析法、化学中对化学反应速度的研究使用催化剂以加速化学反应的催化方法、生物学中对细胞结构的研究使用显微分析方法等等。第二个阶次是整个自然科学的认识和方法，例如，认识自然界必须使用的实验方法、数学方法、系统方法等等，它们是整个自然科学的认识和方法中最普遍的。第三个阶次是自然科学、社会科学和思维科学普遍适用的方法，是着重从世界观、认识论和方法论上来论述的。我们这里主要是阐述属于第二阶次的方法，即整个自然科学普遍适用的方法。它一方面是对第一阶次上的科学方法的概括和总结，另一方面又是以第三阶次上的哲学观点和方法为基础，因而是后者的一个组成部分。

自然科学的认识论和方法论，是人类对自然界的认识活动的规则和规律的概括，并以一定的哲学作为它的理论基础和出发点。人们的认识活动是一种社会实践活动，在实践的基础上产生和发展的认识过程，包括感性认识和理性认识这两个既互相区别又互相联系的阶段。认识的真理性只能是通过实践来检验，由实践到认识，又由认识到实践，如此循环往复，这是认识前进运动的螺旋形式。对此，列宁曾作出深刻的概括，他说："从生动的直观到抽象的思维，并从抽象的思维到实践，这就是认识真理、认识客观实在的辩证的途径。"① 根据这个观点，在科学认识中存在着两个基本阶段，一个是感性认识阶段，属于经验层次；另一个是理性认识阶段，属于理论层次。相应地，在科学方法中也区分为两种基本方法，一种是经验认识的方法，另一种是理论认识的方法。

当科学认识处在经验认识层次时，研究者直接同被研究的自然现象或自然过程相联系，同所使用的研究工具、仪器、设备等相联系。这是科学认识的源泉和基础，因为，只有通过认识主体和认识客体的相互联系和相互作用，才能获得关于客体的第一手的事实材料。这时候，研究者使用科学的观察、实验和模拟等方法，然后对所获得的结果进行描述和初步的分类。这些取得事实材料的方法和对事实材料进行初步加工和整理的方法，都属于经验层次的认识方法。

当科学认识处在理论认识层次时，研究者并不直接同被研究的自然现象或自然过程相联系，也不直接使用仪器和设备等物质手段，而是对经验认识提供的、经过初步加工和整理的事实材料，进一步地加以分析、综合和概括。这是科学抽象，是经验认识和理论认识过渡的中间环节。然后在科学抽象的基础上，把经验材料进一步加工提炼为系统的理论。最后，提出检验理论的实验思想，制定检验理论的实验设计，这些从经验材料建立科学理论的方法都属于理论层次的认识方法。

需要指出，科学认识中的经验层次和理论层次之间的对立和区别并没有

---

① 列宁：《哲学笔记》，181 页，北京，人民出版社，1960。

固定的和绝对的意义，它们只具有相对意义。随着科学认识的发展，科学理论越来越抽象，离日常的经验越来越远，经验认识和理论认识之间便越来越互相渗透、互相依赖、互相转换。一方面，任何一种经验，如果没有与之相关的概念、定律和理论，就不可能认识它的本质，把它上升为科学理论，这就是说，在人们的经验中往往渗透着理论；另一方面，任何一个理论，无论它多么抽象，归根结底，来源于实践，并和客观的自然事物、现象或过程相联系，因而是有经验内容的。所以，经验认识和理论认识之间的区别总是相对于认识的历史发展过程的阶段性而言的。同一个认识，对于较低的层次来说是理论认识，而对于较高的层次来说则是经验认识。例如，医生对于 X 光照片的认识，对于日常的观察来说，是理论认识，因为其中要以原子物理学、人体解剖学和病理学的理论认识为前提、为依据；但是，对于已经学习过上述科学理论的医生来说，他观察 X 光照片后作出的结论，则是经验的判断。

在一个十分复杂的科学认识过程中，经验认识和理论认识之间的关系是错综复杂的；在科学认识的感性阶段中，一般说来，以经验认识方法为主，但是，也往往使用理论的认识方法。例如，进行一项实验时，在实验课题的选择，实验程序的设计、操作，对实验结果的分析等一系列过程中，要同时用到比较、分析、综合、归纳和演绎等方法。在科学知识的理性阶段中，一般说来，以理论认识方法为主，但是，在建立一个理论时，也需要随时用观察和实验的方法来检验、修正理论。

最后，需要强调指出，科学研究是一种生产知识的社会活动，尤其在现代科学研究中，科学家已不再是个人单独研究，而是以集体协作的方式进行研究。科学家的思想、观点不仅受已有的科学理论的影响，而且受社会上的哲学思潮等意识形态方面的影响。同时，由于科学在社会中的地位和作用越来越突出，它已经成为社会进步的一个异常重要的因素。因此，完全有必要从整个社会的角度来探讨科学认识，更深刻地认清科学的本质。

2. 科学研究始于问题

科学研究是从问题开始的。

科学问题一经提出，科学家就会通过猜测去寻求解答，或是发现新的事实，或是引入新的解释性理论，或是引入新的概念。科学问题的解答没有机械的、固定的、普遍有效的规则，它是主动、活跃、丰富多彩的探索，甚至对同一个问题可能有不同的提法，多种不同的答案可能同时存在而相互竞赛。科学认识的过程就是一个不断地提出问题、解决问题的永续过程。旧的问题解决了，新的问题又会被提出，通过不断地提出问题和解决问题，科学家对世界的解释越来越具有合理性和完备性。

科学问题是指一定时代的科学家在特定的知识背景下提出的关于科学认识和科学实践中需要解决而又尚未解决的问题。它包括一定的求解目标和应答域，但尚无确定的答案。

科学问题是特定时代的产物。时代所提供的知识背景决定着科学问题的内涵深度和解答途径。同一问题，在不同的事实和经验背景下，其内涵深度是不同的。如针对遗传的奥妙这一个古老的科学问题，19世纪末魏斯曼思考的是"种质"问题，20世纪初摩尔根讨论出的是"基因"问题，20世纪50年代沃森和克里克则提出生物大分子DNA的结构问题。

科学问题蕴涵着问题的指向、研究目标和求解的应答域。科学问题从形式上可以分解为以下三种主要类型：

（1）"是什么"的问题。这类问题要求对研究对象识别或判定，一般具有"x是什么"的语句形式，例如："原子是什么？""遗传基因是什么？""在显微镜下所观察到的某个斑驳陆离的图案是什么？"……

（2）"为什么"的问题。这类问题要求回答现象的原因或行为的目的，是一种寻求解释性的问题，例如："为什么牛有四个胃？""苹果为什么会落地？"……

（3）"怎么样"的问题。这类问题要求描述所研究的对象或对象系统的状态或过程，是一种描述性的问题，例如："太阳系的结构是怎样的？""铁元素的原子量有多大？"……

一般把问题所指向的研究对象，称为"问题的指向"。第一类问题的指向是自然界的某种可观察的实体或现象，第二类问题指向现象的原因，第三类问题指向对象或对象系统的状态或过程。

问题通常以疑问句的形式来表述。逻辑学家对疑问句的研究发现，疑问句在逻辑特征上不同于一般的陈述句。首先，任何疑问句都有一个或多个预设，即知识或经验背景。其次，不同的疑问句的答案有不同的类型。对于"是什么"的问题，回答是一个存在语句，即存在什么或不存在什么。对于"怎么样"的问题，回答是一个或取语句，即一个事态或另一个事态。对于"为什么"的问题的答案类型，逻辑学家之间还有不少争论，但一般来说对这类问题的回答要包括一种对因果关系的机制的描述。因此，并不是任何表面上的疑问句都构成问题，要区分真实问题与虚假问题。如果问题的预设是真实的，则问题的提法是正确的；如果问题的预设是虚假的，那么问题的提法是错误的。永动机问题即"如何制造一部永动机"的问题就是一个虚假问题，因为能量守恒定律表明制造永动机的预设是假的。

科学问题不仅包含了问题的指向和与特定的疑问词相联系的义项，而且还包含了问题的"求解应答域"。应答域指在问题的论述中所确定的限域，并假定所提出问题的解必定在这个领域中。尽管这种预设是一种猜测，是可错的，但在实际的科学探索过程中，它却能起到定向和指导作用。预设的应答域可以排除许多因素，能对解决问题提供明确的方向。若问题只有求解目标而没有一定的应答域，其求解范围可能是一个无所限定的全域，这样的问题就不能构成科学的问题。维纳在 1948 年提出的关于信息论如何发展的问题就是如此。他明确指出：我们必须发展一个关于信息量的统计理论。在这个理论中，单位信息量就是对于具有相等概念的二中择一的事物作单一选择时，所传递出去的信息。维纳在这里提出了一个需要探索的科学问题，问题的目标是发展一个关于信息量的统计理论。问题的应答域是应用统计理论和单位信息量的基本概念。

必须看到的是，若一个问题的应答域是错误的，即问题的解不在所设定的应答域之内，这将会使科学家劳而无功。两千多年来，许多数学家为直接证明欧氏几何中的第五公设耗尽心血，但一无所获。直到 19 世纪初，俄国数学家罗巴切夫斯基等提出反问题，即第五公设不可证明，改变了应答域和问题的目标，采用反证法，创立了非欧几何，这一科学问题才取得突破性的进展。科学问题的应答域的设立是否合理，直接决定问题是否有解。

科学研究活动是创造性地探索活动，科学研究要从观察和搜集经验材料和科学事实开始，但科学家真正富有创造性地研究活动却是从提出问题开始的。证伪主义的科学哲学家波普尔曾经明确指出：科学研究开始于问题而不是开始于观察。尽管通过科学观察可以引出问题，但科学观察必定是在问题和预期的理论目标指导下进行的，漫无目标的观察是不存在的。

严格地说，"科学研究活动始于问题"中的"问题"应该是"科学问题"，因为没有明确指向、没有确定应答域的问题无从立即下手研究，但这类问题对科学技术研究的开展并非毫无意义。如果坚持对它思考，在一定条件下它是有可能转化为科学问题的。据爱因斯坦回忆，他在 16 岁时就思考过"假如一个人跟随光一起跑会看到什么"的问题。但最初这一问题只能算简单问题，只有当他把这一问题与伽利略变换、麦克斯韦电磁理论联系起来思考时，这个问题才具有了科学问题的意义，并最终导致了狭义相对论的创立。

需要指出的是，"科学研究活动始于问题"与"认识以实践为基础"并不矛盾。前者着眼于科学技术研究的程序，是从方法论提出的命题；后者着眼于认识的来源，是从认识论提出的命题。二者层次不同，实质是统一的。作为认识的一般过程，实践是认识的基础，科学理论归根结底产生于科学实践和生产实践，但作为认识的局部或个人的研究过程，情况就复杂多了。认识过程的每一步既是终点又是起点，科学问题既包含先前实践的认识的成果，又预示着进一步实践和认识的方向。"科学研究活动始于问题"并未否定"认识以实践为基础"，而是把一般的认识论原则在科学研究过程中具体化了。

3. 科学问题的提出

爱因斯坦指出："提出一个问题往往比解决一个问题更重要。因为解决问题也许仅仅是一个数学上或实验上的技能而已，而提出新的问题，新的可能性，从新的角度去看待旧的问题，却需要有创造性的想象力，而且标志着科学的真正进步。"① 发现、提出和形成一个有重要价值的问题，本身就是一个了不起的科学成就。善于提出科学问题是科学家最重要的素质。牛顿曾在他的《光学》中提出了 31 个尚需研究的问题，德国数学家希尔伯特 1900 年提出了 23 个对 20 世纪数学发展产生了巨大的影响的数学问题。爱因斯坦在几乎无人注意的惯性质量等于引力质量这一事实中发现了深刻的问题，创立了广义相对论。

当代美国科学哲学家劳丹曾把科学问题划分为经验问题和概念问题两大类。人们对所考察的自然事物感到新奇或企图进行解释就构成经验问题。经验问题可分为：（1）未解决的问题，即未被任何理论恰当解决的问题；（2）已解决的问题，即被同一领域中所有理论都认为解决了的问题；（3）反常问题，即未被某一理论解决，但被同一领域中其他理论解决了的问题。一般说来，未解决的问题只能算是潜在的问题，当存在适当的理论和足够的实验条件来判定这个问题时，它才转化为实际问题。反常问题对某些理论的威胁最大，更容易引起一些卓越科学家的关注。概念问题分内部概念问题和外部概念问题两种：内部概念问题是由理论内部的逻辑矛盾产生的问题；外部概念问题是指同一领域中不同理论的矛盾或理论与外部的哲学、文化观念等的不一致产生的问题，如科学家关于"时空"、"因果性"、"实在"等概念的争论就属外部概念问题。

首先，从逻辑上讲，任何真正的问题都是在一定的背景知识之下提出的。

---

① ［美］爱因斯坦、［美］英费尔德：《物理学的进化》，66 页，上海，上海科学出版社，1962。

背景知识是科学家解释所观测到的现象和形成对未来的预期的依据。所有作为背景的科学理论都是假说，是试探性地对经验现象的解释和预言。当原有的理论不能解释新的现象、新的事实时，就产生了需要探讨的问题。电子的发现与传统的原子不可分的理论之间的矛盾，水星近日点运动与牛顿理论之间的矛盾等皆属此类。

其次，寻求经验事实之间的联系并给出统一解释，既是科学活动的基本目标，也是科学问题产生的最基本的途径，也是建立科学理论或假说的最基本的出发点。科学理论或假说的最基本、最直接的目的就是要寻求一定范围内的经验事实的联系和统一的解释。例如，各种化学元素以前曾经被一个个地孤立地发现和研究。但进入 19 世纪以后，当时所发现的化学元素已 60 多种，并且还在不断地增长。这时科学家就提出问题，各种化学元素之间是否存在某种内在联系？如何揭示各种化学元素之间的内在联系呢？普劳特、段柏莱、尚古都、纽兰兹、门捷列夫等科学家相继围绕着这个重大课题进行研究，最终提出元素周期律。

再者，理论内部的存在的逻辑悖论或佯谬可能引出重大的科学问题。任何一个科学知识体系应当在逻辑上是无矛盾的，这是对科学知识的基本要求。科学知识体系的逻辑问题或者表现为逻辑上的跳跃或推理上的不严密，表面上的"逻辑结论"实际上并不能真正从前提中导出；或者表现为一种理论在逻辑上不能自洽，从同一组前提出发，却导出了相互矛盾的命题，从而造成科学中的所谓"佯谬"或"悖论"。一种理论或一个概念，如果从中推出逻辑矛盾，那就表明其中存在需要进一步探讨的问题。数学中的无穷小悖论、罗素悖论，物理学、天文学中的双生子佯谬、引力佯谬等都是如此。悖论或佯谬往往蕴涵着重要的科学问题，它们的解决常引起科学理论的突破性进展。狭义相对论出现的背景是经典物理学在以太问题上陷入困境，其实质在于爱因斯坦发现电磁学方程在伽利略变换中不具有协变性，从而暴露出电磁理论与经典时空观的矛盾。爱因斯坦追问：我们以真空中的光速 c 追随一条光线运动，会有什么样的情况出现呢？根据牛顿力学，以光速随光线运动的人会看到停滞不前的电磁场，但是根据麦克斯韦理论，不可能有停滞不前的电磁场存在。按照爱因斯坦的说法，这个悖论已经包含着狭义相对论的萌芽。

不仅如此，根据科学知识体系的逻辑一致性的要求，科学家甚至要在不同学科的理论体系之间寻求逻辑统一性，并进而发现不同学科的理论体系之间存在的矛盾和冲突，提出更具有普遍性的科学问题。19 世纪确立起来的生物进化论和热力学在各自的学科范围内都能够揭示相当广泛的现象，是相对

119

An Introduction to Philosophy of Science and Technology

严密的理论体系，但科学家们进一步研究发现，这两种理论的基本原理很难在逻辑上统一起来。热力学第二定律表明，任何孤立系统的熵都将趋向于极大，而系统的熵与系统的组织状态密切相关，熵增加意味着系统的无序化程度加剧和系统组织程度的减弱，无疑，热力学理论提供的世界，时间箭头是一个不断衰退的时间箭头。然而进化论所揭示的世界，时间箭头却是一个不断进化的时间箭头。这两者如何统一？热力学第二定律和进化论如何统一？甚至物理世界和生命世界的途径如何统一等等，就成了科学家必须加以解决的理论问题。20 世纪 70 年代，普利高津针对这些科学问题提出了著名的耗散结构理论，并因此在 1979 年荣获了诺贝尔化学奖。

一般而言，科学问题产生于对无知的憎恨。无知是精神的一种状态，是相对于背景知识而言的。对无知的认识也是一种知识，苏格拉底说，"我知道我一无所知"，而孔子则说："知之为知之，不知为不知。是知也。"如果一个问题是科学上目前根本无法解决的，它就属于无知问题。例如，宇宙学中的"奥尔伯斯佯谬"，又叫夜黑问题，即"夜晚的天空为什么是黑的？"夜空暗淡无光，这大概是最古老的原始人就知道的简单事实。但夜空为什么暗淡无光？奥尔伯斯认识到事实上我们对这一问题是无知的，因为根据当时的背景知识，可以假定恒星是或多或少地均匀地分布于宇宙空间的。这样，如果以地球为中心、以足够大的 R 为半径，设想一个大的空间球体，那么，位于这个空间球体中的恒星数目应当与 R^3 成正比。而按照光学理论，每个恒星射来的光亮的强度都服从平方反比定律，因而地球上所得到的每个恒星的光亮强度的平均效果与 $1/R^2$ 成正比。如此说来，来自这个球形空间内的恒星光的总强度应与 R 成正比。而如果宇宙是无限的，而且按照一个合理的假定，星际空间对光的吸收微不足道，那夜空应当被照耀得比 1 000 个太阳还要明亮。[①] 这就是"奥尔伯斯佯谬"，至今无法解释。

4. 解决科学问题的基本途径

一般来说，大多数科学问题是复杂的，要有效地解决科学问题，首先必须对科学问题进行分解。剑桥大学的爱尔兰生理学家巴克罗夫特认为，在研究工作中，最重要的就是要把问题化为最简单的要素，然后用直接的方法找出答案。牛顿在他的名著《光学》和《自然哲学的数学原理》中，分别提出了几十个"问题"，这些问题实际上是对光学和力学中许多重大问题的进一步

---

① 参见胡志强、肖显静：《科学理性方法》，62～63 页，北京，科学出版社，2002。

分解，在很长时间内是后代科学家们的研究指南。

对科学问题的分解，常常会发现其中所蕴涵的深层次问题。当代美国的著名物理学家伽莫夫，曾经这样评论过伽利略关于单摆的研究和他对于问题深入分解的能力：伽利略在教堂做弥撒的时候，受蜡架摆动的启发，进一步的实验终于使他发现了单摆的周期与振幅无关，与摆垂挂的重物的重量无关。然而"为什么单摆的周期与振幅无关，即与摆动的大小无关？""为什么重的石头和轻的石头系在同一绳子的一端时，是以同样的周期摆动呢？"伽利略一直没有解决第一个问题。因为这需要微积分的知识，而这几乎在一个世纪之后才由牛顿发明出来。他也没有解决第二问题，这个问题要等到爱因斯坦关于广义相对论的工作问世才能解决。但是，他对这两个问题的提出无疑是有很大贡献的，虽然他没有足够的能力和知识解答这两个问题。

对科学问题的解决，可以总结出三条基本途径：

（1）通过进一步获取事实来问答问题。

获取事实并不是要求我们漫无边际地收罗材料，而是要求从背景知识出发，根据问题的指向和预期的应答域，利用已知的普遍原理、定律去设计合适的实验和观察，从而取得我们所需要的解答。例如，针对 17 世纪和 18 世纪物理学界争论不休的光波动说和微粒说孰是孰非的问题，19 世纪的物理学家将其引申为一个事实问题，即"光在空气中传播的速度大还是在水中的传播速度大？"这样，只要能够制作出有效的仪器，确定出实际观测的方法，就能通过对事实的认定来解决这个理论问题。

科学家共同体的常规工作就是扩大对事实的认识范围，提高对事实精确性的认识，并为此制造出一个又一个复杂的仪器，设计了一个又一个精巧的实验。

（2）通过引入新的假说来解答问题。

在整个中世纪，关于血液运动流行的理论是盖仑学说。盖仑认为，血液在肝脏中形成，然后由静脉将一部分输送到全身，另一部分流入右心室，通过左右心室之间的孔道流到左心室，再经动脉流到全身。16 世纪英国医生哈维通过放血实验，知道一头牛或猪的全身血液不过 10 公斤左右，他估计人体内的血液也不会太多。少量的血液在人体内如何不断地运行的呢？他猜想人的每一个心室大约能容纳 2 英两血液，在每次心跳中心室排出的血液大约也为 2 英两，若每分钟心跳 72 次，则在一小时内每一个心室将排出 8 640 英两的血液，合 245 公斤，相当于 4 个普通人的体重。这样一系列问题产生了：这么多血液流到哪儿去了？为什么没有把人体胀破？这么多的血液又来自何

An Introduction to Philosophy of Science and Technology

处？人能在一小时内制造这么多的血液吗？……盖仑的学说是无法回答这些问题的。哈维通过进一步的实验，并在总结塞尔维的肺循环理论的基础上，依据老师法布里奇的静脉瓣膜的发现提出假说：血液在人体内是循环流动的，其流动的道路是：静脉——右心房——右心室——肺动脉——左心房——左心室——主动脉——静脉。这个假说中虽然仍有一些问题解释不清，如血液是如何从动脉流到静脉去的，后来列文虎克等人在显微镜下发现了毛细血管才解决了这个问题，但血液循环假说的提出的确使当时医学界面对的大多数问题得到了解决。

（3）通过引入新的概念解决问题。

不管以何种形式提出来的反常问题，都是针对已有的理论和原则，特别是针对其中的基本概念的。因此，当反常问题久久得不到解决，对原有的主导理论中基本概念产生怀疑时，往往需要引入新的概念。狭义相对论与广义相对论事实上就是通过引入相对于经典物理学的新的概念来消解困扰经典物理学的理论难题而建立起来的。这些概念虽然与牛顿物理学的概念使用了同样的名词，但它们的含义却是不同的。后者所说的能量和质量两者互不相干，而前者所说的能量和质量则可以相互对应；后者所说的时空是绝对的，而前者所说的时空则是相对的，即时空的特性既依赖于物体运动相对速度（狭义相对论），也依赖于物体质量的大小与分布状况（广义相对论）。这些新的概念的引入，揭示了更具有普遍性的解释性规律，从而超越原有理论的局限性，很好地找到经典物理学难题的解决办法。

二、证明的逻辑与发现的逻辑

当代关于科学方法的主要争议是：究竟着眼于对科学的结果（知识）作静态分析，还是着眼于对科学的过程（发现）作动态把握。用科学哲学的专门术语来说，这就是所谓辩护和发现的问题。

1. 证明的逻辑基础

差不多直到20世纪50年代末，西方大多数科学哲学家还认为，科学哲学或科学方法论的任务，应当是分析和证明业已形成的科学知识；至于这种知识的起源和科学发现的过程，则应当是心理学家、社会学家所研究的问题，因为科学发现是跟科学家的个人心理特征以及相应的社会环境因素联系在一起的。

122

科学哲学家赖欣巴哈在《科学哲学的兴起》中明确地表示："对于发现的行为是无法进行逻辑分析的；可以根据其建造一架'发现机器'，并能使这架机器取天才的创造功能而代之的逻辑规则是没有的。但是，解释科学发现也并非逻辑家的任务；他所能做的只是分析所遇事实与显示给他的理论（据说这理论可以解释这些事实）之间的关系。换言之，逻辑所涉及的只是证明的前后关系。"①

经验论的科学哲学家比较强调归纳推论的作用，一般认为，归纳推论是一套根据事实、由猜测引导到发现上去的发现逻辑。但逻辑经验主义者仍然坚持，归纳推论是在一种证明的要求中被完成的，因此它也是证明的逻辑。通过猜测而发现其理论的科学家，要到他看见他的猜测为事实所证明之后，才把他的发现呈示给别人，因此，他的着眼点不只是事实可从他的理论中推导出来，而且还是事实使他的理论有可能成立并促使他的理论预言以后的观察事实。归纳推论并非用来发现理论，而是通过观察事实来证明理论的正确性。

持这种立场的科学哲学家，显然认为发现的逻辑及产生新观念的逻辑方法是不存在的，每个发现都含有一种非理性的因素、一种创造性的知觉。爱因斯坦在谈到探索那些高度普遍的定律时说，从这些定律可通过演绎获得世界的图景，但通向这些定律的逻辑通路是不存在的，只能凭借那种建立在对经验对象的理性偏爱基础上的直觉才能达到。

因此，正统的科学哲学是对某种科学陈述的辩护。这种陈述可称为假定，一个假定是一个我们虽然不知道是否为真但作为是真的来对待的陈述。当然，选定这个假定而不是那个，标准是什么，在辩护过程中如何贯彻这个标准，就形成了不同的科学哲学观点和流派。

逻辑实证主义的中心问题——知识的经验论证问题——就是为完成辩护的任务而设立的。经验证实是它的原则，为了贯彻这个原则，必须寻找一条从理论还原为经验的通道，于是求助于对陈述的逻辑分析，利用数理逻辑的成果对所有的知识命题进行逻辑分析，以揭示这些命题的经验基础。命题的意义是通过逻辑分析澄清的。具体说有下面三个主要观点：

（1）所有有意义的认识陈述或者是分析的（不然就是自相矛盾的），或者是经验的。逻辑和数学命题是分析的，实证科学的命题大多数是经验的。前者实际上是以某种方式使用语言的决定，提供用以判断对或错的法则。后者

① ［美］赖欣巴哈：《科学哲学的兴起》，178～179 页，北京，商务印书馆，1983。

才真正是有意义的，可以为人们提供有关经验世界的知识。

（2）所有有意义的经验陈述，原则上可以用经验来证实，也只能用经验来证实。换言之，经验命题不可能单独由某些分析前提演绎出来，必定要诉诸某种直接经验的手段。

（3）所有有意义的经验陈述都能归结为中立的直接观察语句。观察语句最重要的哲学用途就在于能够以它来证明经验陈述的真或伪，从而讨论知识基础的结构问题。

经验原则、证实理论和还原分析方法，这些都是逻辑实证主义的真髓，是现代经验论的核心。其中的根本点，是把直接观察和观察语言作为互相竞争的理论的取舍标准。辩护就是看理论的确证度有多大，看它在多大程度上能够接受直接观察的检验，看它的命题能否通过逻辑分析归结为观察语句。

当然，证明的逻辑并不止一种，辩护可以是多种多样的。例如波普尔认为辩护并不是以证实性而是以证伪性为标准，相应地，证明的逻辑就不是归纳推理而是演绎推理。所有以辩护为宗旨的科学哲学的共同之处在于，它们都认为发现过程是不能做逻辑分析的。

2. 对发现逻辑的关注

关于科学发现的逻辑，即科学发现的逻辑是可能的吗？一直是科学家和科学哲学家争论的焦点。这其中隐含着对科学发现逻辑的不同理解。一般认为，研究科学发现逻辑的任务是亚里士多德在《后分析篇》中提出来的，即研究概念最初是怎样形成的和理论最初是如何生成的。以研究科学知识的创造方式为核心，这就是科学发现逻辑最初的明确观念。事实上，在近代科学发展的过程中，有许多重要的哲学家和科学家，如培根、笛卡儿、波义耳、洛克、莱布尼兹和牛顿都相信可以确定某些导致科学发现的规则。其中，强调经验归纳的一派认为，科学发现的逻辑就是归纳逻辑，而主张理论推演的一派则认为是演绎逻辑。

19世纪中叶及其之后的一段时间里，科学哲学家们开始将科学理论的发现与证明严格地区分开来，并将科学哲学的研究任务限制于仅对已形成的科学理论、概念或语言做逻辑分析。此后科学哲学家们相当普遍地把逻辑属性狭隘地理解为符号系统的可演算性。维特根斯坦认为逻辑就是关于形式和推理的学说，罗素则强调科学哲学化的最高目标就是寻找可能代替相应实体的那种逻辑结构，总之，多数的科学哲学家迷恋于命题之间的形式可推演性，而把科学发现问题视为非理性化的问题置于视野之外。

从 20 世纪 60 年代开始，人们对科学发现逻辑的兴趣开始缓慢而稳步地增长，研究科学发现问题的论著迅速增加。一些哲学家、心理学家、人工智能专家和神经生物学家从各自不同的研究领域出发着手对科学发现问题进行有益的探索。

1958 年，美籍英国科学哲学家 N. 汉森在《发现的模式》一书中着重对科学发现逻辑进行了研究。他对假说—演绎（H-D）法和归纳法同时提出尖锐的批评。"物理学家很少是通过枚举和概括可观察事物而发现定律的。然而，H-D 法也是有问题的。倘若认为 H-D 法是对物理实践的描述，那么它就使人走入歧途。物理学家不是从假说开始，而是从资料出发的。当定律纳入H-D 系统的时候，真正独创的物理学思维就结束了。从假说推衍出来观察陈述的这一平淡的过程，只是在物理学家看到假说至少能解释要求解释的初始资料后才出现的。仅当讨论一个已完成的研究报告的论据时，或者为了理解实验者或工程师是怎样发展理论物理学家的假说，H-D 法才是有用的。……归纳的观点正确地提出定律是从资料推论而来的，但他却错误地提出定律不过是这些资料的概括，而不是它必须是的东西，即对资料的解释。"①

汉森确信存在发现逻辑，并且寻找科学家构思和产生新思想时所遵从的逻辑方法。他说："假说的最初提出常常是一件理性的工作。它不像传记作家或科学家们说的那样如此经常地受直觉、洞察力、预感或其他无法估量的作用的影响。H-D 法的信奉者常常认为假说的开端只具有心理学意义而不屑一顾，要不然就宣称它只有天才的领域而不是逻辑的领域。他们错了，倘若通过假说的预言而确定假说具有逻辑，那么假说的构想也同样具有逻辑。要形成加速度或万有引力的概念，的确需要天才。……但是，这并不意味着导致这些概念的思考是不合理的或非理性的。"②

在此基础上，汉森对逻辑实证主义只限于考察科学研究的结果而不注意借以提出假说、定律和理论的推理方法提出了批评。他认为，科学哲学不应只限于研究科学认识业已取得的成果，它可以也应当对认识过程的一切阶段，因而也包括对新的科学思想、科学假说和科学理论的产生阶段加以研究。美国哲学家、逻辑学家皮尔斯曾用"逆推"这一术语来表示导致发现的系统过程，汉森重新使用这一术语，并细致地解释了引导开普勒发现行星的椭圆新轨道的逆推道路。他指出，科学理论并不是通过对经验材料直接归纳概括建

---

① ［美］N. 汉森：《发现的模式》，76～77 页，北京，中国国际广播出版社，1988。
② 同上书，77～78 页。

立起来的，恰当地说，这些材料只是被用于提出一些可能在某种程度上具有真实性的假说。在具体的科学发现过程中，科学家寻找的是一套恰当的概念体系——概念的模式，并依此使各种经验材料都可能得到明白的理解。但同时，汉森并不排斥发现受理性支配的观点，相反，他强调要对科学研究初始阶段所运用的那些前提、方式和方法作理性分析。科学家在研究之初，必定要跟现有理论概念所容纳不了的事实打交道，而这些事实又正是他们力求解释清楚的。假说或新提出来的理论就是这种解释的一种初步尝试。

汉森写道："物理学理论提供了一些使经验材料在其框架内成为易于理解的模式，这些模式乃是概念的格式塔。理论不是由所观察到的有关现象的各个片断堆砌而成的，它还使人们有可能去进一步察觉一些现象……理论把现象安排成有条理的体系。这些体系是按反向程序，即以逆推方式排列起来的。理论是作为显露前提所必然会得出的结论总和出现的。物理学家从所观察到的现象属性，力图找出一种能获得基本理论概念的合理方法，借助这些概念，那些现象属性就可以得到切实可靠的解释。"① 他认为，假说或理论的最初提出往往是合理的，并不经常受到直觉、顿悟、预感或其他无法估量因素的影响。如果通过预言的实现而确立的假说有逻辑的话，则在构想假说之时这种逻辑也存在。

汉森曾具体地提出溯因推理的形成：

（1）一些意外的令人吃惊的现象 P1，P2，P3……被遇到；

（2）找到一个假说 H，它能对 P1，P2，P3……的原因做出解释；

（3）因此有理由提出假说 H。

许多学者对汉森所阐明的发现逻辑——逆推——做了发挥，并试图把具有某种明确目的的科学探索活动看做逆推过程，建立有关逆推程序的一般理论。

以"复活发现逻辑"为己任的美国科学哲学家拉里·劳丹从概念分析入手，认为赖欣巴哈的"发现的前后关系"和"证明的前后关系"这一传统的两分法并不科学，因为它不仅无法从时序上恰当地表述出一个概念从产生到接受的真实过程，而且它也使发现的性质不明确以及证明包含的内容过宽。为此，他从"发现的前后关系"中独立出理论的初步评价、检验和修正这一部分内容，即所谓"追求的前后关系"，将传统的两分法变为三分法，即发现的前后关系、追求的前后关系和证明的前后关系，进而将发现的前后关系看做"理论最初如何被发明"这一"尤里卡（Euveka）时刻"。他说："我将把

---

① 转引自刘大椿：《科学技术哲学导论》，104 页，北京，中国人民大学出版社，2000。

发现狭义地解释为'尤里卡时刻',即一个新思想或概念最初萌生的时刻。并且我将把发现逻辑看做一套规则或原则,根据这些规则或原则可以产生新的发现。"[1] 他认为,发现的逻辑应当能够用以发现深刻理论(概念),它是与证明逻辑相独立的,这种逻辑应是一种算法或一套可行的规则,而不仅是其中包含个别的逻辑因素。

著名美国科学家、经济学家、哲学家 H. 西蒙曾着眼于探索科学发现的逻辑机制问题,他在《科学发现有逻辑吗?》一文中具体阐述了所谓的"科学发现规范理论"。他指出,发现的逻辑是判断发现过程的一组规范标准。使用"逻辑"这一术语,意指这些规范可从科学活动的目标中导出。具体说,规范依赖于下述条件命题:"如果过程 X 对达到目标 Y 是有效的,那么,它就应具有性质 A、B、C。"[2] 例如当我们谈论弈棋制胜的逻辑时,其意义就是:下棋者为了达到将死对方的王的目标,必须运用策略去发现并评价指向这目标的步骤。棋书中就有关于这些发现和评价过程的规范的陈述。其中之一是:在棋手的机动性大于对手的情况下,他应当考虑直接攻击对方王的位置的步骤。这种规范陈述的有效性依赖于下述前提:当一个棋手具有较大机动性时,直接攻击对方王的位置通常是将死对方的最好方法。

发现过程是从特殊事实到以某种方式从中归纳出来的一般定律,检验发现的过程则是从定律到从中演绎出来的特殊事实的预测。因此得出结论:普遍的演绎逻辑提供了有关定律检验(尤其是定律证伪)的规范理论的形式基础;而有关定律发现的规范理论则被认为需要归纳逻辑作为其基础。有人担心,如果情况是这样的话,发现过程就是归纳过程,发现的规范理论因而会遇到归纳逻辑所具有的困难——结论的不确定性和归纳本身的逻辑悖论。但是,情况并非如此,发现过程中并没有所谓归纳问题,因为只有当人试图把发现的模式外推时,才会引起归纳问题的困难。定律的发现仅仅意味着在已被观察的数据中找出模式,至于模式能否继续适合于被观察的新数据,这将在检验定律的过程中判定,而不是在发现它的过程中判定。所以,发现过程中并没有归纳问题,倒是证明(检验)过程中会遇到归纳问题。

3. 由问题激发的创造过程及其突破

科学发现是科学创造力的同义词,而创造力意味着创造性思维,因此可

---

① 转引自严湘桃、石义斌、韦振仕:《科学发现观的演进》,255~256 页,杭州,浙江科学技术出版社,1998.

② [美]西蒙:《科学发现有逻辑吗?》,载《自然科学哲学问题丛刊》,1984(3)。

以说纯粹经验的发现是不存在的，只可能有包含着先于经验事实的假定成分在内的发现过程。科学发现是由这些假定构成的。首先是通过创造性思维过程形成假定，当然，所有这些假定随后都要经受经验的检验或反驳。假定的形成是科学发现的关键，对假定形成过程的分析，将揭示出创造过程的要素。

每一个发现都是由客观存在的问题这一情况引起的，问题是发现的第一要素。发现从正在探索和解决的问题的成果中得到；有时，从一个问题又发现另外一个全新的问题，由此而可能导致全新的发现。发现是从问题开始的，重要的是你所要关心的问题，你应对问题入迷，走进问题，好像和问题不能分离。

当问题萦绕于心的时候，就开始了一个可称之为"主观模拟"的过程，科学家主观地模拟他周围的事物——现实的或想象的。他把自己的注意力集中在一种给定的现象情境中，尝试主观模拟这一情况来获取一种内部的表达形式，首先是现象本身，而后是现象来源等等。例如，物理学家在思考一个他所关心的现象时，时常或多或少把自己与一个电子或一个粒子画上等号，追问如果他就是粒子或电子该怎么办。这一模拟过程可以变成某种词语来表达，但通常不需要这样做，实际上是由非词语的表达形式开始的。简言之，创造过程首先由问题激发，问题调动了全部内在的思维活力，意识和下意识都被召唤来解决这一问题，科学家自身也被主观地投射到某种现象情境中，这种主观的模拟过程有可能获得一种内在的表达形式，从而找到问题解决的关键。因此，成功的主观模拟是科学创造的又一基本要素。由问题激发的创造过程，其突破是通过打开想象的大门发掘下意识而获取的。把这个复杂的包含下意识创造性活动的过程叫做主观模拟过程，是颇为恰当的。下一步就是把这一模拟文字化，确切地说是符号化，即用科学的语言把已经蕴涵于心中的发现描述出来，从而得到真正的科学假定。它是对问题的一个可能解决，并且具有科学家共同可以理解的形式。符号化也是创造过程不可或缺的要素，它使创造确立下来。

发现过程不是平缓的、渐进的，它采取跳跃的形式，其中有一个突变，这个突变就叫创造。创造行为从思维突然被转变的角度来看是一种方向的改变，往往开初是不完善的，带有这样或那样的缺点。不过，人们不应当对最初的跳跃提出苛求，而应当感谢它给我们指出了新的方向。没有人说世界上第一架飞机是最好的飞机，但最好的飞机设计师决不会嘲笑而只会感激莱特兄弟的创造。

在科学发现的过程中，勇气是最可宝贵的。不但在产生新设想时需要大

胆，在把设想应用到各种新情况、特别是与设想对立的情况中时，更需要大
胆。创造性不仅仅是要维护自己的假定，而且要无情地反驳自己的假定。这
样它才可能成为问题的一个真正的解答。

发现是奇特的，是意料之外的事情。对发现者而言，发现驳倒了他曾经
接受或推测过的某些东西。一个人在着手创造以前，需要一种解放。1928 年，
爱因斯坦在柏林曾说，如果他没有读过休谟的著作，他或许不敢推翻牛顿的
基本假设。休谟的著作提倡一种怀疑精神，怀疑精神有助于使爱因斯坦离开
教条主义的轨道。创造者常常需要从习惯性思维的框框中解放出来。人们都
有创造性的潜在能力，但也有一种保守倾向。有人考察动物行为时发现，动
物既会对新事物表示畏惧，也会被新事物吸引，可以把这两种行为分别叫做
憎新趋向和趋新趋向。创造性强的人，趋新趋向似乎特别强烈。

不过，人们总是在有了一个更好的概念以后才放弃现有概念的，否则就
不叫创造，只能叫紊乱。在生物进化过程中，不仅有突变，而且有雷同的复
制，复制多次后偶然才出现突变。如果生物总在突变，任何有利的东西转瞬
就会得而复失。一个开创新风格的作曲家，多处重复的是前人的风格，只是
在个别但很关键的地方做了改变。任何时候都和别人不一样的人是不可能有
创造性的，最有创造性的一定是在复制和突破之间达到最有利平衡的人。

4. 收敛性思维与发散性思维、传统与创新的互补

无论对于科学的活动还是对于科学的反思，创造性都是一个极其重要而
又十分敏感的问题。创造性对于科学工作者的思维素质提出了复杂的要求，
这种要求可以简单概括为：在收敛性思维与发散性思维之间形成必要的张力，
即达到某种适当的平衡。

发散性思维是指科学思维中具有高度思想活跃和思想开放的性格的思维。
科学中大多数新理论和新发现并不仅仅是对现有知识的量的增添，而更主要
是在不同层次上质的改变。为了得到新理论和新发现，科学家必须经常调整
他过去的思维模式和行为习惯，放弃从前坚持的信念，重新估价科学实践中
的许多因素。如果没有发散性思维，没有高度思想活跃和思想开放的性格，
就不可能有科学的突破，也很少可能有科学的进步。

收敛性思维是指科学思维中建立在传统一致基础上、受到一系列规范约
束的思维。仅有发散性思维也谈不到真正的科学发现，科学思维还需要一种
与之互补的素质：收敛性思维。科学家为了完成自己的工作，必然受到一系
列思想上和操作上的约束，科学活动的基础牢固地建立在从科学传统中继承

下来的一致意见上。如果没有收敛思维的严格训练，常规的研究或解题活动就不可能进行，在这种情况下，当然也谈不上任何创新。

美国科学哲学家库恩强调，全部科学工作具有某种发散性特征，在科学发展最重大事件的核心中都有很大的发散性；同时他又认为，某种收敛式思维也同发散式思维一样，是科学进步所必不可少的。这两种思维形式既然不可避免地处于矛盾之中，那么，在它们之间保持一种必要的张力，正是成功地从事科学研究所必要的首要条件之一。

收敛思维与发散思维的统一，在某种意义上可转化为科学研究中传统与创新的统一。科学研究必须牢固地扎根于当代科学的传统中，这种传统是由严格的科学教育所给定的。自然科学教育不同于其他领域，它完全是通过教科书进行的，各个专业的大学生从专门为他们写的教科书中获得该学科的主旨和概念结构，并按一定的程序学习该学科特有的技巧。通过教科书，向未来的专业工作者提供一个解题的规范，然后要求学生自己用理论推导或实验操作进行解题练习，这些问题无论在方法上还是在实质上都十分接近于教科书上相应章节给以引导的题目。这是在科学中维持一种传统的有效方法，再也没有其他办法能更好地产生这样的"精神定向"作用了。

但是，几乎所有人都同意，虽然学生必须从学习大量已知的东西开始，但教育应当给予他们比单纯掌握已有知识更多得多的东西，这就是一种面向未来的态度，一种做好准备探求未知领域的创新精神。他们必须学会提出、识别和评价尚未给出明确答案的问题，必须获得一些方法作为武器，必须具有一种怀疑的审慎眼光，不抱偏见，对新事物、新现象极其敏感，大胆地提出前人未曾设想过的意见。

传统和创新是科学发现的两个相互补充的方面。常规研究是一种遵循传统的、高度收敛的思维活动，这种研究总是在科学传统的范围内进行，试图调整现有理论或现有观察，使之越来越趋于一致。常规研究的魅力在于阐述的困难，而不在于工作中的意外性。常规研究的关键是释疑，而不是革新，人们所集中注意的疑点，恰恰是在现有科学传统范围中能够表达和解决的。只有到已有的规范——传统已容纳不下新的研究成果，出现了反常或危机的时候，传统的方法与信念才开始动摇，最后终于被抛弃，由新的规范取而代之。但是，科学传统的革命转换，相对来说是比较罕见的。而且，收敛式研究的持续阶段，正是实现革命转换必不可少的准备。科学研究只有牢固地扎根于当代科学传统之中，才能打破旧传统而获得创新。在一个明确规定的根深蒂固的传统范围内进行研究，比那种没有收敛标准的研究更能打破传统，因为任何其他的研究都不可能像这样通过长期集中注意而找到困难所在。识别和估价反常的深度，是以能否深刻地了解已有科学传统为转移的。

当托马斯·扬在 19 世纪初向光的微粒说提出挑战的时候，牛顿的光学研究仍是这方面根深蒂固的传统，托马斯·扬对此是熟悉的。但光的干涉和衍射等现象在依赖传统的研究中遇到了困难，正是传统不可克服的困难，才使托马斯·扬转而提出波动说。即使波动说，也不能说是绝对反传统的，因为早在牛顿同时代，以惠更斯为代表，就有波动说的传统了。可以说，托马斯·扬恢复和发展了一个更早的传统而代替了延续到他那个时代的占据统治地位的现实传统。从这个角度来看，他的创新工作同样具有收敛性。

简言之，科学发现过程中富有创造性的科学家，一般都是从遵循传统开始的，他把现有理论传统作为一种暂时接受的试探性假说，如无不恰当就可用做研究的起点。如果碰到麻烦、出现问题，他就得依靠自己的创造力去克服疑点。科学家需要彻底依附于一种传统，但突破性的成功又在于与之决裂。现有的传统给所遇到的难题以意义，难题的解决反过来却可能提示出新传统，并且最后导致对旧传统的否定。

5. 言传知识与意会知识、知道如何与知道是何

发现的逻辑和证明的逻辑，在某种意义上就是罗素所说的熟而知之者和述而知之者。人们曾长期认为，发现是心理学研究的对象，只是辩护才是科学哲学——方法论应该关注的。这是一种偏见。英国科学哲学家 M. 波兰尼认为，人类的知识分为两类。通常被说成知识的东西，即用书面语言、图表或数学公式表达的东西，只是其中的一种，即言传知识；而非系统阐述的知识，例如我们对正在做的某事所具有的知识，是另一种形式的知识，叫做意会知识。波兰尼认为，意会知识实际上是一切知识的主要源泉，但意会知识像是我们个人的行为，缺少言传知识所具有的公共性和客观性。所以，言传知识和意会知识分别表现为概念化的活动和体验性的活动。

言传知识显然重要的原因是，只要大脑在不借助于语言的情况下工作，即使成年人也看不出比动物高明多少。言传知识具有清晰的逻辑特征，它使我们可以对之进行批判性思考。但是，在知识的获得过程中，起决定性作用的不是可言喻的逻辑操作的功能，而是头脑的意会能力。所谓意会，就是理解。精神的意会作用是理解的过程，对词语和其他符号的理解又是意会过程。词能传递信息，一系列代数符号能构成数学演绎，一张地图能表示出一个地区的地形；但是无论词、符号还是地图，都不能说是传达对它们本身的理解。

131

An Introduction to Philosophy of Science and Technology

虽然可以用最易使人理解其信息的形式来表达，但对信息载体所传递的信息的理解，总还有赖于接受者的智慧。只能说，向接收人提供的是陈述，而接收人是借助于理解行为，是借助于本身的意会作用，才获得知识的。

意会知识的最大特点在于它不脱离认识主体，人的身心是达到意会的工具，因此又可以把它称为个体知识。从总的看，意会知识比言传知识更为基本，人们能够知道的比他所能说出来的东西多得多。言传知识，也只有通过意会才能被深刻理解。意会知识既是诀窍，也是认识的中心动作，因为理解包含并最终依赖通过成功地实践而获得的领悟。我们认识一副面孔，却不能确切地说出我们是依据什么特征认出它的。了解一个人的内心也是这样：一个人的内心只能全面地、通过专注于外在表现的不能详细说明的细节来认识。广而言之，发现的逻辑虽然不能用语言充分表达出来，但发现的过程作为一种意会过程，常常迸发出极大的创造性，因此，方法论研究应当把发现纳入自己的视野，这是一个困难而有意义的任务。

1949 年，英国哲学家赖尔在《心的概念》一书中，提出了区别两类知识范畴的一种有用的分法：知道如何（knowing how）与知道是何（knowing that），这种分法可以很好地说明发现和辩护的关系。

知道是何，是一种可以明确表述的知识，证明的逻辑就属于这种知识，常以劝告、程序和常识规则的形式出现，目的是对科学活动过程作出明白无误的解释。正如一个建筑师，必须具备住宅建筑在材料、结构、设计规范、施工程序诸方面的有关要求一样。

知道如何，则是一种无法明确表述的知识，认知者心里明白，但讲不出来。发现的逻辑属于这种知识。尽管说不确切，却肯定存在，它是在科学活动中体验到的。正如建筑师的诀窍来自规划、设计和建筑许许多多房屋的经验，来自对规则的巧妙领悟以及实践中的偶然激发。

知道是何与知道如何的区别，也相当于文艺评论家与作家、表演艺术家的区别。文艺评论家懂得创作的规律、规则，能够引经据典，对应当怎样刻画人物形象、布局作品结构有他们自己的一番想法。他们的知识能够明确地表达出来。显然，没有这些知识，是无法进行文学、艺术创造的，它们是文艺创作和文艺欣赏共通的东西。但是，文艺评论毕竟与创作不一样，作家、艺术家的实际创造活动还须某种无法表达的诀窍，否则，他们不能有震撼人心的力量，只能称其为艺匠。作家、艺术家知道如何去创作，他的创作诀窍渗透在他的作品的形成过程中，他自己也说不清他是怎样创造的。这种知识不能通过言语来传递，它们是只能意会、不可言传的东西，又是实实在在起作用的东西。

证明的逻辑经过长期研究已经比较成熟了，虽然从方法论的角度来看，众说纷纭，并没有完全统一的结论。研究和了解证明的逻辑，可以帮助人们宏观地把握科学活动，特别是对其过程和真理给出明确的解释。但是，人们切不可忘记，在实际科学活动中，更为重要的是发现的逻辑，从某种意义上来说，辩护之所以有价值，就在于它能帮助人们把握发现。

应当清醒地看到，知道是何终究依赖于知道如何，尽管后者说不太清楚，人们感知、估计和评述大千世界的能力，取决于起码的诀窍。创造性越强，作出的发现越多，科学活动越有成效，才可能由自己或别人从中得出可以言传的知识。因此，知道如何要先于知道是何。

还应清醒地看到，知道是何并非在任何情况下必不可少。人们并不是非学语法、词法就不能说话、写文章。相反，若想真正熟练地进行操作，就得把规则、劝告及指导加以内化和“遗忘”。按诀窍行事即使不是不假思索的，也是不自觉的。从事科学活动，不能把主要精力集中在规则和明确的步骤上。没有一个伟大的科学发现是按现成的方法或程序作出的。因此，轻视辩护或拘泥于辩护都是不恰当的，既不要天马行空，也不要按图索骥。

6. 发现与辩护间的真正区别

随着研究的深入，人们懂得，发现和辩护间的区别是含混不清的，并不像乍一看那么分明。从原则上说，发现涉及科学理论和假说的起源、创造、发生和发明。它是主观的，与文化因素、心理构成、社会背景有关，属于心理学和社会学的课题，只适合于描述性研究。辩护则涉及科学理论和假说的评价、检验、维护、成功及确认。它是客观的、规范的，它决定什么应该被接受，属于科学哲学（认识论和方法论）的课题。但在实际研究中，发现并不仅仅是心理事件，至少部分还是辩护，因为只有已经被辩护了的东西才是发现，所以发现应当包含在辩护中。

真正的区别在于猜测、假设的或然性与理论可接受性之间。

猜测表示最初的思索，这可以不要理由，逻辑对于猜测不是必要的。德国化学家凯库勒关于苯环结构的梦并没有什么明确的理由。最初的思索先于或然性和可接受性，往往既无或然性更无可接受性。发现来自猜测，猜测不一定是发现，甚至多数猜测根本不成其为发现。因此，猜测或最初的思索在逻辑上是与或然性推理、与辩护有别的。猜测不属于科学哲学，是典型的个人思维心理学的课题。

假设的或然性是指有好的理由支持一个假设，但它尚未被检验。这是值得进一步考察的猜测，虽然并不一定能被接受。考察这个假设而不是另一个假设往往是合乎情理的，因为它在检验之前就有几分合理性了。有关这种或然性推理的规律应当是可寻的，它们就构成所谓"发现的逻辑"。今天，许多学者也把它们归入科学哲学（方法论）研究的范围。

理论的可接受性或理论的确认，这就是辩护。科学家们相信，假设通过经验检验，被确认是真的，是经验的证实使假设具有可接受性。当然，支持假设可接受的还有逻辑的丰富性、可扩展性、多重关联、简单性和因果性等等。这些原则都以经验确证作基础，但不归结为经验确证，它们具有相对独立性。

或然性先于可接受性。好的理由支持或然性，肯定将有利于可接受性。但给或然性以根据的东西可能不足以给可接受性以根据，可接受性更为严格，要求的东西更多。或然性的一个强的甚至结论性的理由，对于接受而言，可能既不足够强，也不具有结论性。当然，这种差别只是程度上的，或然性的理由和可接受性的理由之间不存在基本的区别。

发现和辩护之间没有一道鸿沟，而且它们正在逐渐接近。除了最初的思索——猜测——尚游离于科学逻辑之外，或然性和可接受性都是可分析的。支持或然性发现的东西，也是支持或然性的辩护，因此，一切真正的发现是辩护。当前科学哲学发展的一个重要趋势是，既探讨证明的逻辑，也探讨发现的逻辑；确切地说，是把或然性的发现纳入辩护的轨道，或扩展传统的辩护的范围，让证明的逻辑也浸入发现的逻辑的地盘。发现和辩护可以看做同一件事，它们之间只有程度的差别。至于最初的思索——猜测，暂时被看做主要与心理学、社会学有关的，它只是发现的肇始。

三、直觉、灵感与机遇

在科学发现或者一般地说在科学创造活动中，直觉思维和灵感状态起着特殊重要的作用。人们应当注意，怎样恰当地处理逻辑与直觉的关系、自觉地激发灵感、让头脑做好充分的准备以便随时抓住机遇。

1. 直觉思维

科学认识过程仅仅从逻辑认识的角度是无法充分说明的。发现表现为思维的飞跃，这种特有的创造性认识形式，不同于用逻辑形式固定下来的那种习惯的思维方式，在心理学中称之为无意识认识或下意识认识。

　　所谓无意识或下意识，彭加勒曾把它的构成要素比拟为某种"原子"，它们在脑力工作开始之前处于静止状态，仿佛固着在"墙上"；当最初的有意识的工作驱使注意力集中于所研究的问题时，这些"原子"便从"墙上"下来，开始运动。即使意识休息了，无意识的思维过程也不休息。"下意识的原子"不停地工作，直到得出某种解决办法。

　　有意识的努力和下意识的作用，相互之间有如下关系：在科学发现的过程中，有意识的努力给下意识一个寻找问题答案的参考范围；下意识则从知识积累的材料中、从个人以往和现在的经验中，选择某种可用概念的结合；然后，把下意识的想法交给有意识的见解去鉴定，如果证明它们是有用的就保留下来，要不然就自行消失。下意识活动的主要特点是联想，它是不受控制的，因而有可能提出完全出乎意料的思想。

　　在科学发现中，下意识活动的主要形式是直觉，创造过程达到高潮时产生的特殊体验是灵感。直觉这种思维形式和灵感这种情绪体验常常相伴随而出现。可以把直觉理解为思维推论的缩减性，就是说，人们在直觉中，思维采用了逻辑推论进程的缩减性，忽略了推论的全过程，但把握住了个别的、最重要的环节，特别是最终结论。

　　在科学活动中，逻辑思维是基本的。然而，一旦原有的理论无法解释新发现的事实时，光凭逻辑推论就不够了。这时，直觉思维便成为科学活动舞台上的主角。爱因斯坦对直觉一直给予极高的评价，他认为科学发现的道路首先是直觉的而不是逻辑的。"要通向这些定律，并没有逻辑的道路；只有通过那种以对经验的共鸣的理解为依据的直觉，才能得到这些定律。"[①] 事实上，绝大多数科学发现，都来源于直觉的猜测。

　　直觉思维区别于逻辑思维的重要特征，在于它那种直接把握的思维方式。在直觉思维过程中，跳过了许多中间步骤，作出了许多省略，它是从总体上进行识别和猜想，一下子得出结论。看上去，直觉思维很自由，没有任何逻辑的"格"约束它，反倒表现为逻辑的中断。逻辑思维则更多地表现为渐进的发展。从量变到质变的普遍发展规律来看，直觉的顿悟就是在长期沉思的基础上，经过量的积累，在某个关节点上引起了质的飞跃。

　　德国化学家凯库勒长期研究结构化学，试图揭开有机物中碳原子之间是如何结合的谜底，可惜，久而不得其解。后来，据说是在梦中，看见蛇咬住

------

　　① 许良英等编译：《爱因斯坦文集》（第一卷），102 页，北京，商务印书馆，1976。

自己的尾巴，突然达到创造的高潮，才终于发现苯环结构。这个发现彻底革新了有机化学。根据凯库勒本人的叙述："事情进行得不顺时，我的心想着别的事了！我把坐椅转向炉边，进入半睡眠状态。原子在我眼前飞动：长长的队伍，变化多姿，靠近了。连结起来了，一个个扭动着回转着，像蛇一样。看，那是什么？一条蛇咬住了自己的尾巴，在我眼前轻蔑地旋转。我如从电掣中惊醒。那晚我为这个假说的结果工作了整夜。"凯库勒没有对发现过程的实质作出分析，但是对发现时的心理状态进行了细致的描述。科学发现既要经过长时间的准备和严密的逻辑思考，也有一时的顿悟和戏剧性的突破。

概言之，直觉思维是人脑对客观世界及其关系的一种非常迅速的识别和猜想。它不是分析性的、按部就班的逻辑推理，而是从整体上作出的直接把握。所谓顿悟，很好地概括了它的特点。在直觉思维的情况下，人们不仅利用概念，而且利用模型和形象。大脑中长期储存的各种"潜知"都被调动出来，它们不一定按逻辑的通道进行组合，而是用一种出乎意料的形式造就新的联系，用以补充事实和逻辑链条中的不足。由于提供了缺少的环节，往往导致创造性的结论。

虽然直觉是难以预期的，但直觉思维需要一定的主客观条件。这些条件是：有一个能解决的问题，问题的解决已经具备了相当的客观条件，研究者顽强地探求问题的答案，并且经历了一段紧张的思考。机遇常常在此基础上起着触媒的作用，使人们在探索中产生新的联想，打开新的思路，从而实现某种顿悟。由于直觉以凝缩的形式包含了以往社会的和人的认识发展成果，因此，它归根结底是实践的产物，是持久探索的结果。以凯库勒发现苯环结构为例，产生灵感，实现顿悟，并不像表面显示的那样，完全是不可理解的梦境。我们可以约略分析当时的主客观条件。那是一个有机化学理论已经兴起且正处于大发展的阶段，凯库勒本人思考苯的结构也有 12 年之久。还有两件事值得注意：一是他在大学学习过建筑，建筑艺术中空间结构美的熏陶，不会不给他对分子结构的研究带来影响；二是他年轻时当过法庭陪审员，曾经对某一刑事案件中出现的首尾相接的蛇形手镯产生过深刻印象。当时，这些蛇形手镯是作为有关炼金术案件的物证提出来的。可见多年来积淀下来的所有这些"潜知"，最终统统被调动出来，才形成梦中那个环形的蛇，与苯的结构联系起来，达到顿悟式的突破。

还需注意，尽管直觉思维不同于逻辑思维，但在科学理论的创造和发展中，两者之间存在着一种互为补充的关系。在直觉的创造以前，人们总是在前人铺就的逻辑大道上行走。一旦逻辑通道阻塞了，产生了已有知识难以解释的矛盾，在逻辑的中断处才会出现直觉的识别和猜测。

由直觉得到的知识，还要进行逻辑的加工和整理。直觉的结果本身，只是某种揣测，它们的正确性应当通过尔后的研究来验证。验证包含两个方面，首先是从揣测引至逻辑结果，进一步还要把这些逻辑结果跟科学事实相对照，将其纳入一个完整的理论体系。直觉的毛坯不能作为科学成品。如果不进行逻辑处理，原封不动地把直觉思维产生的思想火花呈现于世，即使这是可能的，也不会有说服力。严密的科学要求人们把他的成果用准确的语言、文字、公式、图形表示出来，构成系统知识。凯库勒在他梦醒后的那天晚上，余下的时间全用在逻辑的加工和整理上了。他报告于世的是苯的结构式，而不是梦中飞舞的咬住自己尾巴的蛇。

2. 自觉地激发灵感

既然肯定了直觉的作用，接下来的问题是如何利用和产生直觉思维。由于直觉的非逻辑性，人们常常分析直觉的孪生兄弟——灵感，通过了解灵感，在科学活动中自觉地激发灵感，产生直觉，获取创造性科学成果。

多数人并不否认灵感的存在，因为灵感是一种心理状态，是人们能够体验到的。但对于灵感是怎样产生的，有不同的看法。说灵感纯粹产自天才，这是不正确的。长期的艰苦劳动和执拗探索，是产生灵感、获得成功的基础。伟大的美国发明家爱迪生说，发明是百分之一的灵感加上百分之九十九的血汗。甚至可以进一步说，若没有百分之九十九的血汗，就根本不可能产生百分之一的灵感。作出科学发现，不能不对问题的解决怀抱强烈的愿望。他要翻来覆去地考虑问题的各个方面，掌握与该问题有关的各种资料。唯其如此，才可能不失时机地抓住那些富有启发的东西，产生灵感，成为匠心独具的发现者。

应当强调，灵感产生的前提条件，就是科学家执著于创造性地解决问题。对要解决的问题，他已经做了非常充分的准备，强烈地期望有所突破。由于对该问题挥之不去，驱之不散，长期思索的结果，大脑建立了许多暂时联系，一旦受到某种刺激，就如同打开电钮一样，豁然贯通。所以，灵感是长期艰巨劳动的结果，正如俗话所说：积之于平日，得之于顷刻。或者如词中所写：众里寻他千百度，蓦然回首，那人却在，灯火阑珊处。

俄国画家列宾说得好，灵感是对艰苦劳动的奖赏。凯库勒发现苯环结构，不但应归功于炉边的灵感，而且应归功于那之前的长期思索。事情一直进行得不顺利，也就是创造的过程非常曲折、艰苦。不进行艰苦的探索而把成功

137

的希望寄托在心血来潮、灵机一动上面，那无异于缘木求鱼、守株待兔。19世纪著名的俄国民主主义者赫尔岑说：在科学上除了汗流满面，是没有其他获得知识的方法的；热情也罢，幻想也罢，渴望也罢，却不能代替劳动。

灵感产生时，注意力处于高度集中状态。这时，人们的所有活动都集中在自己的创造对象上，仿佛要汇聚起全身心所有的精神力量去解决所提出的任务。由于注意力高度集中，其余的东西，几乎都忘记了，甚至可以达到忘我的程度。难怪当牛顿专心致志研究问题时，竟把怀表当做鸡蛋放进锅里。这与作家的情况很相似，据说陀思妥耶夫斯基创作的时候，无论吃饭、睡觉以及和别人谈话，都在考虑作品，除了构思，另外干了些什么，自己全然没有知觉似的。

容易想见，摆脱分散注意力的各种干扰，尤其是不为私生活的烦恼所困，对于灵感的产生是非常必要的。焦虑不安、悲观失望、情绪波动，都会降低智力活动的水平。心胸开阔、乐观开朗，则可以促使人们浮想联翩、创造精神旺盛、高效率地思考问题，灵感在这种心理状态中最可能出现。

琴弦不能绷得太紧，否则就会声音发木。在紧张工作一段时间之后，悠游闲适，暂时放下工作，或者把精力主动转移到其他活动上去，善于这样调剂是有助于灵感产生的。注意力集中不等于死碰硬拼。文武之道，一张一弛，有弛方能有张。荷兰出生的化学家范特霍夫是首届诺贝尔化学奖获得者。他不但能专心致志地搞科学研究，而且酷爱自然，喜欢旅行、登山等各种运动。他在柏林居住期间，一直亲自经营郊外牧场，与科学研究并行不悖，以此作为科学研究的有益调节。获得诺贝尔奖以后，他仍然每天清晨驾着马车挨家挨户为居民送鲜奶。心理学的研究表明，灵感属于无意识活动范畴，它的进行和转化为意识活动，需借助一定的心理条件。如果长期循着一条单调的思路，精神特别容易疲劳，大脑这部机器就会运转失灵，难以找到问题的症结。拉普拉斯曾经介绍下述屡试不爽的经验：对于非常复杂的问题，搁置几天不去想它，一旦重新拣起来，你就会发现它突然变容易了。

灵感是突发的、飞跃式的。灵感出现在大脑高度激发状态，高潮为时很短暂，瞬息即过。科学家对问题长期进行探索，智力活动在出其不意的一刹那——在散步中、在看电影时、在闲谈中——产生飞跃，于是智慧从蕴蓄中骤然爆发，问题便迎刃而解。灵感出现之前，智力活动处于高度的受激状态，此时，或因外界的某一刺激，或因某种联想，突然间科学家的各种能力得以充分发挥，智力水平超出平时一大截，记忆储存的材料立即重新组合，思路畅通了，科学认识便提高到一个崭新阶段。

对于瞬息即逝的灵感，必须设法及时抓住，牢记在心，不要让思想的火花白白浪费了。许多科学家都养成了随时携带纸笔的好习惯，记下闪过脑际的每一个有独到见解的念头。爱迪生习惯于记下他所想到的每一个新意念，不管它当时似乎多么卑微。他一生获得专利发明有 1 328 项，这与他善于抓住灵感是分不开的。爱因斯坦有一次在朋友家里吃饭，与主人讨论问题，忽然来了灵感，他拿起钢笔，在口袋里找纸，而没有找到，就在主人家的新桌布上展开了公式。美国著名生理学家坎农也是如此，当他准备演讲的时候就先写一个粗略的提纲，在此后的几夜中，他常常会骤然醒来，涌入脑海的是与提纲有关的鲜明的例子、恰当的词句和新鲜的思想。他把纸墨放在手边，便于捕捉这些倏然即逝的思想火花，以免被淡忘。

3. 机遇及其利用

大自然具有神奇的力量，它常常干出些令最深谋远虑的头脑出乎意料的事情。大自然提供的活生生的经验永远是科学发现的最生动的源泉。

大自然又是一本奇异的书，并非每个人都能从中看到同样的东西。它所隐含的奥秘只向那些懂得怎样追求它的人打开。

绝大部分划时代的发现，或多或少都是意外作出的。这很容易理解，因为那些确实开辟了新天地的发现，人们很难作出预见。这些发现常常违背当时流行的看法。它们在旧的知识框架中、在原有的科学范式中找不到相应的位置。人们在科学认识过程中，在进行观测和实验的时候，虽然自始至终受理论思维的指导，虽然从选题、实验设计、构思，一直到对获得的经验材料加工整理，都有明确的目的性和计划性，但是，这一切都不是绝对的，一旦出现与已有范式不相容的事实，就构成科学活动中的"偶然"：本来研究此一现象，却意外地发现了彼一现象；为某个问题所困扰、百思不得其解，却因为另一个意外的事件提供了有希望的线索而豁然开朗，开辟了发现的坦途。人们把观测和实验中导致发现的出乎意料的现象或事件，称为机遇。

机遇，按语义学上的解释，就是偶然的遭遇。但机遇是蕴涵着转化为必然条件的偶然。它们是客观的、不以人们的意志为转移的。科学认识本来要达到必然性，为什么客观上倒常常由偶然性起作用呢？原因有二：其一在于科学认识过程本身的复杂性，人们不可能完全循着一条预定的路线达到预期的目的。科学认识的目的性和意外性交织在一起，体现了主客观之间的相互作用和辩证统一。其二在于客观事物发展的必然性，总是通过偶然性来实现的。必然性通过偶然性为自己开辟道路，偶然性是必然性的表现形式，一旦条件具备，偶然的东西就转化为必然的东西了。

巴斯德曾经说："在观察的领域中，机遇只偏爱那种有准备的头脑。"科学发现有赖于机遇，却不能靠侥幸，不能凭运气去瞎碰。应当培养敏锐的洞察力，掌握丰富的准备知识，简单地说，就是要让你的头脑做好准备，对客观事件的进程和事件丰富多彩的现象时刻保持警觉，一俟机遇出现，就认出它，从中找到解决问题的线索。

认识了机遇在作出新发现中的重要作用，就应当正视它，辩证地看待它，并且认真研究机遇与发现之间的关系。理论预见或用理性指导观测和实验固然非常重要，但对大自然通过机遇偶然透露的信息，却不能等闲视之。在任何情况下，事件进程本身对于认识的增长都是决定性的。

当人们回溯那些导致伟大而深刻发现的机遇时，事实上已经阐明了机遇所具有的意义。但在发现之初，能认出机遇并把它抓住，却是很不容易的。在做前瞻性的研究时，应当做好准备，有意识地利用机遇。

——主动增加机遇的出现率。机遇固然是偶然的、意外的，但是，积极、勤勉、经常尝试新步骤的研究人员遇到这种偶然机会的次数要多得多。即使在机遇的领域，科学家也不是纯粹被动地起作用的。既然机遇是在观测实验中出现意外现象或事件，人们就有可能做一些事情，以便更频繁地碰到机遇。首先要尽可能多地从事实际观测和实验，让客观进程本身有透露意外信息的充足条件；其次，不要把自己的研究活动局限于传统的步骤，应当有出其不意的精神准备，主动去尝试新奇的步骤，这样，遭逢幸运"事故"的可能就最大。

——注意线索，保持对意外事物的警觉性。新发现常常是通过对细小线索的注意而取得的。要有敏锐的观察能力，在注意预期事物的同时，要保持对意外事物的警觉。从事科学发现，切忌把全副心思都放在自己的预想上，以致忽略或错过了与之无直接联系的别的东西。没有发现才能的人，往往不去注意或考虑那些意外之事，因而在不知不觉中放过了可能导致重大成果的偶然"事故"——他们很少有机遇，只会遇到莫名其妙的怪事。反之，对机遇所提供的线索十分敏感、非常注意，并对那些看来有希望的线索深入研究，这才是富有创造力的表现。达尔文具有一种捕捉例外情况的特殊天性。很多人在遇到表面上微不足道又与当前的研究没有关系的事情时，几乎不自觉地以一种未经认真考虑的解释将它忽略过去。达尔文却能抓住这些事情，并以此作为起点。保持对意外事物的警觉性，就有可能走上科学发现的道路。

——善于解释线索。观测实验中的机遇，严格地说，只能提供线索，并不能真正解决问题。成功的科学家善于抓住有希望的线索不放，追根究底，弄清真相，作出科学解释，这才是真正的科学发现，也是发现的更重要、最困难的方面。有时，机遇提供的线索，重要性十分明显；有时，只是微不足道的小事，只有造诣很深的人，他的头脑已装满了各种准备材料，才能看到这些小事的意义所在。大部分机遇是属于后一种情况，因而解释线索是特别重要的。这是从偶然性上升到必然性的过程。1928 年，英国细菌学家弗莱明正在进行葡萄球菌器皿培养，实验过程中需要多次开启器皿，以致培养物受到污染。弗莱明和许多同行都注意到霉菌抑制葡萄球菌菌落的现象，但是，许多人认为这并没有什么了不起。弗莱明过人之处在于，他认为这种现象可能具有重大意义，其后，他发现了杀死细菌的真菌——青霉菌。后来，英国生物化学家弗洛里发明了大规模生产青霉素的方法，使人类的医疗水平提高到一个新阶段。弗莱明的发现不仅得力于机遇，而且得力于具有敏锐的判断力，善于解释线索，能够抓住别人放过的机会。

——具有坚持的胆识。利用机遇作出新发现，还有最后、最难的一关，这就是人们对新观念的抵制心理和社会上的落后势力的阻挠。要认识一件新事物的真实意义是非常困难的。英国医生詹纳发明牛痘接种法预防天花，起因也是机遇：他注意到挤牛奶的女工一般都不受天花感染，即感染过牛痘的人可以对天花免疫。这是当时许多医生熟视无睹的现象，但他们不愿意也不敢认真对待这一事实，当然更不能设想用牛痘接种法来预防天花。但是詹纳暗自努力，他 30 岁结婚，生下儿子后，给儿子接种牛痘，并证明了这个孩子后来对天花免疫。他试着就这个题目写了一篇论文，但被退了回来。直到 47 岁时（1796 年），才第一次成功地为许多人接种了牛痘。1798 年，他出版著名的《探究》，其中报告了约 23 个或因牛痘接种、或因自然感染牛痘而对天花免疫的病例。在这以后，牛痘接种法才得到普遍的采用并在全世界推广。詹纳成功的秘诀主要是凭借胆识来接受一个免疫的革命设想，并凭借想象来认识其潜在的重要意义。

四、程式化的追求与随心所欲

1. 两个互相矛盾的基本目标

科学是合理的吗？它怎样成为合理的？这是亟待解决的最重要的科学基础问题，它决定着科学方法论研究的方向。当代的研究进展告诉我们，在这个问题上的答案是一个两难的悖论。最大的困难在于，人们对科学及其方法的追求有两个互斥的基本目标，一个是基础性和程式化方面的追求，另一个是摆脱任何先验预设和固定方法程式束缚的倾向。把这两方面的考虑结合起来，也就是说，要做到随心所欲，又不逾矩。

科学的巨大进步和威力在当今世界形成了科学是理性事业的信念。但是，几十年来，在科学与方法的基本问题即科学的合理性问题上，形成了两条明显对立的路线，一条是预设主义，一条是相对主义。目前，人们只能期望通过它们之间的某种互补作用而找到出路。

（1）预设主义。

经验主义的预设主义是对科学合理性问题的传统解决办法，它的宗旨是预设两个前提来为科学辩护，其一是以经验为合理性的最终目标，其二是以逻辑为合理性的基本形式。

首先，预设主义相信所有的科学理论必定依据于经验，正因为与经验相联系，科学词汇才可能有意义，科学命题才具有可接受性。为了清楚地表明这一点，他们将"理论词汇"和"观察词汇"区分开来，把"观察词汇"当做其意义毫无疑问地加以使用，并想方设法在"观察词汇"的基础上对"理论词汇"予以解释。

预设主义的另一个基本特点是逻辑主义。在他们看来，科学方法论给出了一切理论都应具备的、永久不变的公理结构。具体的理论会产生或消亡，它的内容会变化，但科学方法论所把握的是科学中不变的本性——任何可能理论的结构或形式。

预设主义的上述两个特征叠加起来，就构成了那种在科学界家喻户晓、影响深远的科学合理性标准：科学真理的最终标准、科学命题的意义所在，非经验莫属；同时，应当用一种合乎逻辑的形式或结构体系，把科学中所有的陈述组织起来。这条预设主义的解决科学合理性问题的路线，用可证实性预设了意义的标准，用逻辑规律预设了科学陈述的形式。

当然，在历史上，预设主义有各种各样的表现形式。预设可以是关于世界的断言，这些断言作为经验研究的前提是必须被接受的；也可以是某种科学方法，一旦这种方法被发现，就所向披靡，必定能获得关于世界的知识；或者是某种推理规则，如演绎规则或归纳规则，它们决定推理的程序而不为任何推理结果所改变；或者是某些"元概念"，它们运用于科学中，但独立于实际科学内容，如"观察"、"证据"、"理论"、"解释"等等。但不管已知的预设是什么，不管它们之间有多大的不同，预设主义的实质是，认为正是它们构成了人们称之为科学的东西，它们为科学合理性建构了作为进步标准的内核。

（2）相对主义。

预设主义把视角投向科学中既成的方面和相对稳定的方面，给人们造成了一个科学大厦至少已经落成了框架的印象。但科学并不总安于谦谦君子的形象，它常常有出人意料的表现。科学的现代发展，对科学史的深入研究，为人们揭开了科学的另一极。在这一极，预设主义没有立锥之地，科学在本质上变动不居，以往的科学合理性标准都成为建立在沙滩上被海涛一冲就可能坍塌的小屋。与预设主义唱反调的，主要是 20 世纪五六十年代兴起的、以科学历史主义为代表的相对主义。

相对主义在分析近代、现代科学革命时发现，事实往往与预设主义断言的相反。例如，并不是"观察词汇"决定"理论词汇"的意义，反而没有理论就不可能有观察；再者，科学理论在一定程度上总是要受先验的世界观、形而上学支配的。他们认为，科学中从来没有一个单一的、包罗万象的表征科学特征的方法，科学的发展和变化不仅导致对世界的新的理解，而且也导致方法、推理规则、科学概念以至元科学概念的改变。对一个理论而言，证实或检验并不是那么重要的，唯有在一个理论消耗尽了它的潜能以后，它才会被取代。因此，科学的发展，并非已被证实的东西的逐渐积累，而是以一个科学共同体的世界观的根本变革为核心的科学革命。

相对主义还发现，任何形式的东西都不是绝对的、不可改变的，包括科学陈述的逻辑特征、科学理论的逻辑结构，概莫能外。他们认为，在科学中真正重要的不是形式而是内容。研究的重点应当放在科学理论本身是怎样产生、发展、变化上面，放在它们是在什么社会文化条件下产生、发展、变化上面。逻辑的静态分析应该让位给历史的动态分析，预设主义应该为某种相对性范畴所取代。

相对主义对预设主义倾向的讨伐有时候也是对科学合理性本身的否定。美国科学哲学家费耶阿本德曾经用非常极端的形式试图表明，并不存在什么简单而可靠的规则和标准可以作为科学合理性的本质部分。任何规则，不管多么抽象和美妙，在事实上都经常被违反，并且不可能不被违反。费耶阿本德认为，促进科学发展与捍卫规则和标准，二者不可兼得。为了说明这个论点，他详尽分析了哥白尼革命中伽利略的研究方法和宣传策略，以此为案例考查理性成果与非理性手段之间的交织关系。他强调：一方面，并无理由脱离开特定的问题去事先规定什么适用于一切场合的规则和标准；任何以不变应万变的规则，在无限多样的科学活动中，都必定显得苍白和空洞；事实上，为了获得成功，科学家可以任意选择规则。另一方面，科学中划时代的发现必然自觉或不自觉地打破看似显然的方法论规则，因此，违反规则是科学进步所必需的；在任何场合都要把具体的境况和条件摆在第一位，一旦脱离了这种境况和条件，规则不但将失去意义，而且会成为新的科学研究的绊脚石。

作为彻底的相对主义者，费耶阿本德不仅试图从内部打破科学的僵化和教条，而且决心从外部打破科学的沙文主义。他不认为科学是某种鹤立鸡群的理性事业，相反，他认为科学不过是人类诸多传统中的一个传统，它与其他的传统（包括神话）从地位上来说是平等的。科学凌驾一切的优越性不是靠论证而是靠假定提供的。科学至上也许可以看做科学作为历史上一种解放力量胜利的结果，然而一旦造成科学至上的局面，则科学将不再至上，反会变成某种新的教条而退化。如果人们想理解自然，就必须使用所有的观念、所有的方法，而不管它们是否是科学的。不仅在科学内部不存在合理性的规则，而且在科学和非科学之间也根本不可能画一条可以区分合理与不合理的界线。于是，相对主义把科学方法论的研究带到了另一个极端：反对方法。

（3）互斥两极的互补性。

由预设主义为一端，先验地确立科学合理性及其标准，由相对主义为另一端，先验地排除科学合理性及其标准，它们反映了在合理性问题上截然不同的立场。这两极间的争辩，使情况暴露得非常清楚，从而在当前科学哲学研究领域造成了动荡和重组。

在科学合理性问题上，有两个基本情况是不容忽视的。第一，科学的变化和创新是无所不在的，它们比单纯发现新事实、比简单更替有关世界的信念要深刻得多。很难确定一个作为普适的仲裁者的科学合理性或科学进步标准，标准本身如同科学事业也是变化的。第二，在人类的实践中，科学确实在进步，现代科学的主张确实比过去的要好，这是一个给人印象深刻的事实；尽管科学并非万能，但科学在大多数人心目中毕竟更具合理性、更有资格被称为理性事业，这也是无可否认的。

上述两个共存的基本情况明显地具有互斥性。它们各自为对方设定了界限和障碍，以至如果任何人固守某个确定的预设的标准，他必定行之不远；而如果任何人放弃科学是进步事业的信念、否定科学合理性，他又必定与人类的实践相左。看来，出路应当从这互斥两极的互补性中去寻找。例如，"可观察性"一向是科学的基本原则，但它也不是绝对的。例如，在微观粒子世界中，人们一旦进入夸克理论领域，在理论上就需要假定"夸克"在原则上是不可观察的。显然，在这里就只好舍弃与之矛盾的"可观察性"基本原则，唯有这样才能保留夸克理论。然而，如果人们在整个科学活动中完全不再顾及"可观察性"原则，不设计与夸克理论有关的各种可观察实验，那也无法把夸克理论坚持和发展下去。这就是说，在微观领域的深入探究中，作为传统科学方法论基本原则之一的"可观察性"，与夸克理论关于"夸克"原则上不可观察的基本假设是互补的。[①]

一般而言，尽管在科学发展的某个阶段，被当做合理的科学理论、方法、问题、解释、考虑等等，与另一阶段被当做合理的科学理论、方法、问题、解释、考虑等等极不相同，但常常有联结两套不同标准的发展链条，通过这些链条可以找出这两者之间的合理演化。只要有这种起联结作用的链条，我们就可以谈论科学方法的合理根据以及科学发展的合理性和进步。当然，这并不意味着有不变的科学合理性标准，它只是把科学及其方法的研究推到一个更高的层次。总之，人们有可能在预设主义和相对主义之间，不但正视其互斥性，而且发现其互补性。

2. 程式化追求的里程碑

方法论研究的基本目标之一，是为科学认识活动建立相对稳定的工具系统。从思维方式的角度而言，则要求形成某种行之有效的、有约束力的定式或框架。为了顺利地到达彼岸，人们应当有所遵循、有所依赖、有所借鉴。在这个意义上，方法愈是程式化，愈易于掌握，愈能够发挥作用。这个目标，用培根的表述得比较极端的话说就是："我给科学发现所提供的途径并不为聪明才智留下多少活动余地，而是把一切机智和理智差不多摆在平等的位置上。因为正像画一条直线和一个正圆形一样，如果只是用手来画，那就很要依靠手的稳健和训练，但是如果是用直尺和圆规来画，那就很少依靠这个，或者根本就不依靠它了。对我们的方法来说，也恰好是这样。"[②]

用圆规必然可以画出真正的圆，任何人只要会用圆规都能办到这件事。这个简单的道理类比用于方法论研究，就是企图找到某种如圆规一样的思维工具，以及某种如作图步骤一样的思维程序。假定这样的企图能够实现，方法论的遗留问题就所剩无几了。

[①] 夸克：现代物理学假定，构成原子的基本粒子，又是由更为基本的元素形成的，它们叫做夸克。

[②] 转引自北京大学哲学系外国哲学史教研室编译：《十六—十八世纪西欧各国哲学》，22页，北京，商务印书馆，1975。

当然，在科学研究的实践中，这种一劳永逸地适用于每一个人、每一个课题的方法是不存在的。但这不等于说，程式化的努力在方法论中毫无意义。事实上，人类一直在成功地把越来越多的东西纳入程式化处理轨道，以便让自己的思维从中摆脱出来，解决那些至少在现在尚不能程式化的任务。

回顾历史，我们可以看到在方法论研究领域几个像里程碑那样屹立着的成就。

（1）亚里士多德的科学方法论。

亚里士多德对科学程序、科学解释和科学结构提供了一套完整的论述。关于科学程序，他认为是从观察上升到一般原理，然后再返回到观察。即科学研究应该从被解释的现象中归纳出解释性原理，然后再从这些原理演绎出关于事件、性质和现象的陈述。关于科学解释，他认为是从表面现象的知识过渡到原因性的知识，其完成以现象陈述能从解释性原理中演绎出来为标志。为了避免解释中的无穷倒退或恶性循环，前提必须真实，比结论更为人所知，并且无须演绎地证明。关于科学结构，他把科学看做通过演绎组织起来的一组陈述，逻辑原理处于一切证明的最高层次。因此知识体系是一个宝塔型有序结构，从作为公理的第一原理和方法（逻辑原理）开始，然后是普遍程度愈来愈小的定理。作为亚里士多德科学方法论关键的显然是演绎逻辑，他的主要逻辑著作《工具论》对三段论法和一些重要的逻辑规律作了比较透彻的研究，为建立一种程式化的思维和推理准则——形式逻辑——奠定了基础。

（2）归纳逻辑的深入研究。

公元1600年前后，弗·培根在科学方法论领域一反亚里士多德的正统地位，把程式化的方向转向科学发现的程序，导致了归纳逻辑的深入研究。培根主张逐渐上升的科学程序。他说："寻求和发展公理的道路只有两条，也只能有两条，一条是从感觉和特殊事物飞到最普遍的公理，把这些原理看成固定和不变的真理。这条道路是现在流行的。另一条道路是从感觉和特殊事物把公理引申出来，然后不断地逐渐上升，最后才能达到最普遍的公理。这是真正的道路，但是还没有试过。"① 两条道路的差别在于，前者是从感觉和特殊事物"飞到"普遍原理，后者则是"逐渐上升"；前者对于归纳的机制不甚了了，后者试图提出一种真正的科学归纳法。所以培根说："我们只有根据一种正当的上升阶梯和连续不断的步骤，从特殊的事例上升到较低的公理，然

———————
① 转引自北京大学哲学系外国哲学史教研室编译：《十六—十八世纪西欧各国哲学》，10页，北京，商务印书馆，1975。

后上升到一个比一个高的中间公理，最后上升到最普遍的公理，我们才可能对科学抱着好的希望。"① 培根本人向后人推荐的归纳程式不同于枚举归纳法与例证表，它试图通过查阅存在表、缺乏表和程度表，利用排除归纳程序，逐步排除外在的、偶然的联系，提取事物之间内在的、本质的联系。由培根开创的归纳逻辑研究，在 19 世纪由英国逻辑学家约翰·穆勒完成，穆勒提出了称之为"穆勒五法"的归纳格，认为科学理论是依赖这些归纳格（特定程式）才得以发现和证明的。

（3）现代归纳主义。

20 世纪正统的科学方法论思想是一种现代归纳主义观点，认为只有经验才能给我们提供关于世界的可靠知识，只有通过数学与逻辑寻求到的知识才可能精确。他们广泛运用符号逻辑作为推理和表达的工具，其中包括数理逻辑、归纳逻辑、概率逻辑。建立一种现代程式方法的努力成为科学哲学不可分割的部分。

正如赖欣巴哈所强调的，归纳逻辑虽不能直接作为发现的方法，却对科学发现有辩护作用。所以归纳逻辑是一种证明方法，归纳推理应当被理解为一种概率演算，用确证度来衡量命题的真实程度。这样，方法论问题就被程式化为一种概率逻辑。

但是，这种正统的现代归纳主义的程式化努力遇到的困难超过了当初的想象，首先是实际可行性问题，也就是理论上有关确证度的计算方法如何运用于实际理论求解的问题；其次是归纳逻辑的前提——可证实性原则——是否成立、发现与证明是否截然可分等等理论问题。上述困难导致了这种努力的衰落。

由现代逻辑学发展带来的物化成果，即由程式化努力和电子学进展结合的产物——电子计算机，在另一种意义上提供了思维程式化的可能。人类在思维领域程式化的努力，其最初成果表现为古典逻辑，后来表现为所谓科学逻辑，这些都是与方法论直接联系着的。与此同时，符号逻辑不仅逐渐成为一门真正的数学分支，而且成为机器思维的前提和形式。以数理逻辑为代表的现代逻辑不但运用于理论研究和科学方法论研究，而且运用于智能机器人——它不是我们人类的大脑，却能帮助我们思维。因而，人工智能可以看做方法论领域中程式化努力的崭新阶段。

---

① 转引自北京大学哲学系外国哲学史教研室编译：《十六—十八世纪西欧各国哲学》，10 页，北京，商务印书馆，1975。

（4）智能机器人的成功与困惑。

随着电子计算机的发展，人类思维程式化的努力已经获得了惊人的成果。例如，把专家的知识分成事实和规则，以适当的形式存入计算机，可建立起知识库，形成专家系统。这种专家系统应用于科学检验、医疗诊断和军事等方面，效果十分显著。

程式化已经取得的成果固然给人深刻的印象，但它的可能前景却使人困惑。作为人类思维工具的机器思维是否能超越作为工具的职能而达到人的智能的水平？如果答案是肯定的，那么，从正面来说，人类通过某种程式化的努力，终于可找到一种具有自主性的方法——智能机器人，它具有类似人的创造性，人类可以借助它达到自己的目的。从反面来说，人类这种程式化的巨大努力，不仅可能给自己提供一种有效的帮助思维的方法，而且可能成为人类的对手，反过来和人类激烈竞争，一改人类把它作为自己工具的初衷。

尽管对于智能机器人的前景现在仍然众说纷纭，尽管在方法论研究中程式化努力的意义不可低估（因为人类自身的思维活动也依照一定的程序，我们称之为思维模式），但与人类主体分离的程式是否可能真正具有自主性，自古至今，多数人是抱怀疑态度的。思维模式在特定的实践方式和文化背景下形成，形成后相对稳定，其变化需要相当长的时间和相应的条件；但人类的思维模式与人类思维的某种程式化产物有所不同，因为人类能够学习，在丰富的社会生活中，实践方式和文化背景又是必然变化的，人类将调整和改变自己的思维模式。

可以把人工智能看做方法问题上程式化努力的顶峰。这种努力一直是方法论研究中的主流，尽管多数人对它的限度都持有清醒的保留。

3. 摆脱固定方法程式的束缚

然而，有关方法的程式化努力，不应当限制人类认识的无限可能性；换句话说，为了创造性地提出和完成新的认识任务，要求人们能够自觉地摆脱某种固定方法程式的束缚，这是方法论研究的另一个基本目标。

（1）方法论中的"机会主义"。

一位法国哲学家说过，真正聪明的人，是能在头脑中同时容纳两种不同观点的人。对于方法，也必须破除那种封建式的从一而终的迂腐观念。善于解决问题的人，总是能在不同的方法间为自己保留必要的选择余地，时刻重建自己的思路。许多今天还被认为是错误的观念、行不通的方法，明天就可能变成正确的思路、有效的工具。在此一场合不适用的方法，换到彼一场合也许恰好派用场。因此，决不要轻易对自己说：什么是绝对正确的，什么是完全错误的；决不要成为某种方法程式的俘虏，作茧自缚。方法不过是达到目的手段，它是为一定的认识任务服务的。在我们的思想中，应当允许互补的观点、方法、程式同时并存，重要的是善于比较和作具体的取舍。

20 世纪的科学巨人爱因斯坦把这种不受制于固定思想和方法程式的态度戏称为"机会主义"，他自己一生的思想和工作恰恰具有这种特点：敢于正视矛盾的、互斥的两个极端，善于在它们之间保持必要的张力，由此而获益匪浅。关于这个特点，爱因斯坦有一段精彩的论述："寻求一个明确体系的认识论者，一旦他要力求贯彻这样的体系，他就会倾向于按照他的体系的意义来解释科学的思想内容，同时排斥那些不适合于他的体系的东西。然而，科学家对认识论体系的追求却没有可能走得那么远。他感激地接受认识论的概念分析；但是，经验事实给他规定的外部条件，不允许他在构造他的概念世界时过分拘泥于一种认识论体系。因而，从一个有体系的认识论者看来，他必定像一个肆无忌惮的机会主义者：就他力求描述一个独立于知觉作用以外的世界而论，他像一个实在论者；就他把概念和理论看成是人的精神的自由发明（不能从经验所给的东西中逻辑地推导出来）而论，他像一个唯心论者；就他认为他的概念和理论只有在它们对感觉经验之间的关系提供出逻辑表示的限度内才能站得住脚而论，他像一个实证论者；就他认为逻辑简单性的观点是他的研究工作所不可缺少的一个有效工具而论，他甚至还可以像一个柏拉图主义者或毕达哥拉斯主义者。"①

研究表明，具有创造个性的人在思维过程中和常人有所不同，例如爱因斯坦，在思想和行动中往往表现各种相互对立的特征。正如美国科学史家霍耳顿所说：物理学（乃至一般科学）在表面上看来像铁板一块，但是在平静的水面下，却是两股对立的潮流在激荡。平庸的科学家只置身于其中的一股潮流中，解决日常任务。卓越的科学家就不是这样，他像一个弄潮儿，同两股潮流互相撞击激起的波涛相搏击，从而作出惊人的壮举。

科学发现并无一定之规，常常要另辟蹊径。众所周知，数学史上，一代又一代的数学家曾经花费毕生的精力，试图证明欧几里德平行公理，结果都失败了。俄国数学家罗巴切夫斯基和匈牙利数学家波耶没有在这条路上继续走下去。他们设想平行公理根本就是不能证明的，改变欧氏平行公理，构造出新的自洽的几何体系，从而取得了远非证明一个命题所能比拟的成就。卓

---

① 许良英等编译：《爱因斯坦文集》，480 页，北京，商务印书馆，1976。

越的德国数学家希尔伯特也是因为突破已有的方法程式，解决了果尔丹问题。所谓果尔丹问题，是有关代数不变量的问题，它试图弄清楚对于各种多元奇次多项式来说，是否存在一组个数有限的不变量（叫做"基"），能把其他所有不变量表示成它们之间的简单关系。被人们誉为"不变量之王"的数学家果尔丹曾经证明，对于最简单的齐次多项式——二次型——这样一组基确实存在，他的证明方式就是用计算机把这组基构造出来。构造性证明程式在数学证明中是相当普遍的。但是，二次型的结果若要用构造性证明程式推广到较复杂的代数形式上去，问题就变得出奇的困难了，以至于数学家们苦苦思索了 20 年也未奏效。希尔伯特从这种窘境中脱颖而出，敏锐地看到一个一般性方法问题：难道非要遵循构造性证明程式把组基找出来，才算证明它们的存在吗？他换了另一种方式，先假定这组基不存在，然后推演下去得到矛盾，结果从反面证明了它们的存在性。这种方式用不着构造什么东西，只依靠逻辑的必然性。希尔伯特此举，不但证明了果尔丹问题，而且开创了现代数学中十分重要的纯粹存在性证明程式，对数学发展产生了巨大影响。

科学发明也常常是由于自觉采用与传统方法悖逆的方法来获得成功的。美国通用电气公司发明家库利奇，在发明钨丝灯泡时，关键就是成功地运用了悖逆方法。在他之前，一般认为钨是脆弱金属，不可能拉制成丝。库利奇偏偏悖逆定见，致力于拉制钨丝的研究，不到一年，就将别人认为不可思议的脆弱金属拉制成丝，随即发明了钨丝灯泡，并一度垄断世界钨丝灯泡业。如果他拘泥于已有理论而放弃研究，怎么可能有这个发明呢？

（2）随心所欲的反规则。

科学的发现和发明有如某种竞赛，为着竞赛的顺利进行，制定某些规则是必要的。但是，"犯规"的事情也是屡见不鲜的。美国科学哲学界的怪才 P. 费耶阿本德认为，不阻碍科学进步的唯一原理是：怎么都行。他说，我们要探究的世界主要是一个未知的实体，因此，我们必须使我们的选择保持开放。费耶阿本德提倡一种多元的方法论，反对把任何确定的方法、规则作为固定不变的和有绝对约束力的原理，用以指导科学事业。因为没有一种方法、一条规则能避免有朝一日在某个场合遭到破坏的厄运。固守某种方法程式，不但不能自然而然地得到满意的科学结论，而且迟早会阻碍人们有效地作出科学新发现。从这个意义上讲，反对方法——反对固守某种方法程式，正是科学方法论的一条重要原则。事实上，古代原子论的提出、近代哥白尼革命的发生、现代原子论的兴起以及量子观念的诞生，等等，都有这样一个前提：或者是那些思想家决定不再受某些"显而易见"的方法论规则的约束，或者是他们不知不觉地打破了这些规则。

费耶阿本德建议用反归纳来代替归纳。批判习以为常的概念和习惯的反映，第一步就要跳出这个圈子，或者发明一种新的概念系统。构筑这种系统，常常依赖于从科学外部，从宗教、神话以及从外行里汲取的想法。科学需要这种"非理性"支持方法。没有"混乱"，就没有知识。不经常"排除"理智，就没有进步。即使在科学内部，理智也不可能和不应被允许包罗一切，相反，经常应当有意识地压制和消除已有的理智，以便出现其他的动因。没有任何一条规则适用于所有的条件，没有任何一种动因可以诉诸一切场合。费耶阿本德认为，意见的多样性是客观知识所必要的，鼓励多样性的方法也是与人道主义相容的唯一方法。

费耶阿本德强调，科学是一种自由的实践，理论上的无政府主义比主张按规律和秩序办事更为人道，更容易鼓励进步。一律性损害了科学的批判力，也危及个人的自由发展。他说，认为科学能够并且应该按照固定的普遍规则进行，这种想法是不现实的、有害的、对科学不利的。首先是不现实的，因为它对人的才能及其发展条件持一种过分简单的观点；其次是有害的，因为坚持规则的努力只能提高我们的专业资格，却必定以牺牲人性为代价；最后是对科学不利的，因为它忽视了影响科学变革的复杂的外部和内部条件，使科学更不适应、更为教条。在费耶阿本德看来，所有的方法论都有它们的局限性，因此，留下唯一规则是：怎么都行！

费耶阿本德曾把他的上述原理称为"反规则"。对于方法论，他反对一切普遍性标准，以及作为普遍性标准的规则。他的意思是，一切方法和规则都有一定的适用范围，都不是普遍性标准。他的目的不是用另一套一般规则来代替一套这种规则。他的目的倒是让读者相信，一切方法论，甚至最明显不过的方法论都有其局限性。

费耶阿本德的非正统观点，提醒人们以更大的比例去关心科学发现的各个非理性方法论因素。他注意到，科学史上，证明标准常常禁止心理的、社会的、经济的、政治的和其他外部条件所引起的运动，而科学所以流传下来，却仅仅因为允许这些运动常在。科学是理性的事业，而所谓非理性的因素，如成见、激情、奇想、谬误、冥顽，却常常反对当时所谓的理性观点。但正是部分因为它们的为所欲为，却使科学之树得以长青、不断壮大。在这个意义上，费耶阿本德下面这句话是非常深刻的："理性观点所以今天存在，只是因为理性过去曾被一度废弃。"

程式化的努力一直是方法论研究中的主流，但这种努力往往情不自禁地把某一阶段性的结果绝对化。需要一个有力的声音在维护程式化和突破程式之间保持必要的张力。人们可以责备费耶阿本德只是一个批判者，因为他没有太多的正面建树。这也许是正确的。不过，他的观点有助于我们形成一种互补的观念，领会到互相对立、互相排斥的理论和方法在一定条件下具有同一性。

科学方法与科学活动本身一样，是历史的，永远不会停留在某一水平上。恰当的态度是：善于学习已有的科学方法和方法论思想，但决不要把任何一种方法和方法论思想绝对化。任何方法和方法论思想都有一定的作用，又有一定的适用范围和局限性，它们之间可以取长补短。

小 结

在科学认识过程中，经验认识和理论认识之间的关系错综复杂。证明的逻辑主要分析科学理论与经验事实的逻辑关系，发现的逻辑则侧重于建立科学发现过程的规范标准。发现和辩护之间没有一道天然的鸿沟，反而正在逐渐接近，支持或然性发现的东西也支持或然性的辩护。

科学研究是从问题开始的，科学问题的提出具有重要的科学认识功能。科学问题蕴涵着问题的指向、研究目标和求解的应答域。科学问题的解决有多种途径，可通过发现新的事实、提出新的科学假说以及引入新的概念等来实现。

直觉是一种下意识的从整体上直接把握事物的活动，在科学创造活动中有特殊重要的作用，与逻辑思维存在一种互补关系。直觉与灵感常常相伴随而出现，应自觉地激发灵感，产生直觉；并让头脑做好准备，有意识地利用机遇，以获得创造性的科学成果。

人们对科学及其方法的追求存在着程式化和摆脱固定方法束缚这两个互斥的基本目标，在科学合理性的问题上，也形成了预设主义和相对主义两条明显对立的路线。从古典科学方法论到现代人工智能，人类在对程式化的追求上取得了卓越的成就，但程式化的努力不应当限制人类认识的无限可能。

思考题

1. 科学认识的经验层次与理论层次各有什么特点？
2. 为什么说科学研究是从问题开始的？
3. 科学发现与辩护之间的真正区别是什么？
4. 简述直觉、灵感和机遇在科学创造活动中的作用。

5. 对科学及其方法的追求中有哪两个互斥的基本目标？各有什么特点？

延伸阅读

1. 卡尔·波普尔：《猜想与反驳》，傅季重等译，上海：上海译文出版社，1986 年。

2. 汤川秀树：《创造力和直觉——一个物理学家对于东西方的考察》，上海：复旦大学出版社，1987 年。

3. 汉森：《发现的模式》，邢新力，周沛译，北京：中国国际广播出版社，1988 年。

4. 刘大椿：《互补方法论》，北京：世界知识出版社，1994 年。

5. 大卫·布鲁尔：《知识和社会意象》，北京：东方出版社，2002 年。

6. 费耶阿本德：《反对方法》，上海：上海译文出版社，2007 年。

7. 苏珊·哈克：《理性地捍卫科学：在科学主义与犬儒主义之间》，北京：中国人民大学出版社，2008 年。

第五章　科学认识的经验基础

重点问题
- 科学实验的意义、功能和结构
- 科学实验的认识论反思
- 科学事实与科学规律

在科学认识中，最基本的认识方法是科学实验，即观察和实验，这是科学获得直接的、第一手材料的重要途径。当然，科学实验不仅使认识者具有实践的品格，而且使科学认识带有鲜明的辩证色彩。对经验认识层次的探讨还必须涉及对事实问题、归纳问题以及各种科学概括方法的认识论分析。

一、科学实验的意义、功能和结构

1. 科学实验的意义

科学实验具有一定的结构，对它的认识论分析有助于弄清实验中主体与客体的关系。而对科学实验在行为和功能方面的分析，将有助于弄清科学实验的特点，从而揭示实验之所以在科学认识中起决定作用的原因和机制。

科学认识的基础是什么？一般说来，社会实践是人类认识活动的基础，而生产活动是最基本的实践活动。所以，科学认识首先建立在生产实践的基础上。然而，人类的社会实践并不限于生产活动这种形式。随着近代资本主义生产方式的出现，科学实验逐渐从生产实践中分离出来，成为一种独立的社会实践形式。在现代科学认识中，科学实验具有愈来愈重大的作用，是科学认识活动的直接的、重要的基础。弄清楚科学实验在科学认识中的地位和作用，揭示它的基本特点，阐明它与理论思维的联系，对于自觉掌握科学认识方法有十分重要的意义。

实验是近现代科学最伟大的传统。离开实验传统，科学之树就丧失了壮大成长的肥沃土壤。当然，我们也强调理论思维，反对狭隘的经验主义。但重视理论思维有个必要前提，就是首先重视科学的观察和实验。作为科学家个人可以在研究工作中偏重理论或实验，一个什么都在行的全才是很罕见的。但无论从事哪方面的科学工作，如果不树立把自己的全部科学研究建立在实验结果基础上的思想，那是不可能有所发现的。

在资本主义社会以前，虽然也有零星的、局部的实验，但真正有系统的科学实验是从 16 世纪开始的。英国近代唯物主义的始祖弗兰西斯·培根首先把实验当做认识的一种方法，并使之理论化。随着资本主义生产方式的发展，实验从生产实践中分化出来，成为一项具有相对独立性的社会实践活动，从此，科学研究才有了最重要的手段，科学发展才奠定了直接的基础。

生产的发展和科学技术的进步，使科学实验的深度、广度以及手段、规模发生了深刻的变化。从培根设计定性实验到伽利略从事定量实验，说明科学家们已经把学者传统同工匠传统结合起来，在进行理论概括的同时，亲自动手实验。但实验的规模，在 17 世纪、18 世纪还比较小。一直到 19 世纪初，当时最卓越的化学家柏齐里乌斯的实验室是他的厨房，在那里，化学和烹调一起进行。1817 年，英国格拉斯哥大学建立第一个供教学用的化学实验室，1824 年，李比希在德国吉森大学建立了另一个更出名的化学实验室，实验才成为科学家训练的必要组成部分。19 世纪 70 年代，英国在剑桥大学建立了卡文迪许物理实验室，爱迪生在美国芝加哥主持建立了"发明工厂"（实验室），科学实验的规模有了突变。20 世纪以来，科学实验进一步社会化，由小集团到国家甚至国际的规模。例如美国为研究原子能所实行的曼哈顿计划，耗资 42 亿美元；西欧的核子研究中心实验室，集合了欧洲 12 个国家的人力和资金。今天的科学实验，已经成为千百万人参加的认识自然、改造自然的主要的社会实践活动形式之一。没有实验，就没有现代科学技术，更谈不上科学认识和科学发展。

理论不断改进要靠人们的想象力和创造力，但它基本的原动力是来自实验及其结果。原因很简单，要取得进展，总得扬弃一些旧的观念，产生一些新的思想。科学实验之所以重要，主要是因为它直接指向研究对象，对现象做经验的研究乃是我们获得有关外部世界一切知识的基础。认识世界归根结底要求我们用不同方式直接变革所感兴趣的对象。科学实验正是科学认识中特有的作用于研究对象的活动。它使人们积极干预事物和现象的进程，以便详细而精确地把握它们。一般人往往很难跳出传统观念的牢笼，也不可能凭空获得卓有成效的思想。实验所显示的发展道路是很新鲜的，在旧的思想方法和传统中是不可思议的，这样，它们就常常能提示更深刻、更奥妙的观点，促进科学认识的发展。不奇怪，人们常把近代以来成熟的自然科学叫做实验科学。

科学实验之所以是科学认识的基础，一方面在于实验方法是证明和发展科学知识的有效手段，另一方面在于理论不断改进的原动力来自实验及其结果。

实验把感性认识和理性思维的特点在自身中有机地结合起来，因而具有直接现实性的品格，成为证明和发展科学知识的有效手段。也就是说，实验方法既是业已获得的知识真理性的标准，又是产生理论原理的基础。按照实践论的原则，科学认识的根本条件，首先必须是变革现实获取事实材料，然后才是对事实材料进行科学概括，最后再把带有经验性质的概括上升为理论。科学认识活动按这个顺序展开，表明科学认识是一个逐渐深化的过程，并且以科学实验为基础。

实验是科学认识活动的基础，这在科学认识中不但是个理论问题，而且是个实践问题。过去三百年间，科学特别是物理学和生物学的伟大成就，是实验和理论密切结合的丰硕成果。这种成功，也为科学研究工作立下了一条极其严格的标准，就是：理论应当解释已知的实验结果，还应当预言今后可能得出的实验事实。在解释和预言中，一般都是拿理论导出的数字与实验中测定的数据相比较。如果解释或预言失败，理论就需要修正或被别的更能满足要求的理论取而代之。哪怕是有一个数字与实验不一致，尽管相差可能只是在小数点后第十几位，理论也需要改进。当然，对实验的要求也越来越精密，以启发和考验更深一层的理论。

2. 科学观察与科学实验

一般说来，人们通过感觉器官感受外部的各种刺激，形成对周围事物的印象，就是观察。或者说，把外界的自然信息通过感官输入到大脑，经过大脑的处理，形成对外界的感知，就是观察。然而，盲目的、被动的感受过程还不能称为科学的观察。后者是在一定的思想或理论指导下，有目的的、主动的观察。同时，科学的观察往往不是单纯地靠眼耳鼻舌身五官去感受自然界所给予的刺激，而要借助一定的科学仪器去考察、描述和确认某些自然现象的自然发生。总之，科学的观察方法（简称观察）是获得有关研究对象的感性材料的重要手段之一。在科学研究中，如果没有有关研究对象的第一手材料，就无法认识事物的本质和规律。观察的直接任务，正是为科学认识提供第一手资料。

　　观察的重要特点是在自然发生的条件下对自然现象进行研究，研究者一般是直接从感觉中获得被研究对象的信息。所谓自然发生的条件，就是说人们在观察时不干预自然现象，即使运用仪器，也可保证仪器不改变自然现象的基本形态和运动的原有进程。简言之，人们在自然观察中是直接地达到对自然现象的有目的的知觉。

　　尽管观察是在人们不能支配的自然条件下进行的，观察者不能改变对象，不能任意改变观察对象存在于其中的自然过程和条件，只能在大自然给他提供的那种形式下进行研究。但是，否认主体在观察中的能动作用，则是非常错误的。科学观察要求提出任务、作出假设并且导出能与观察结果相比较的各种推论；还要组织观察的实施，选择和充实仪器装置，记录观察结果等等。不能认为观察者在自然现象面前纯粹是被动的。

　　观察方法在科学认识活动中具有重要的作用。当对象的性质使人们一时难以达到实际作用于对象时，观察就比实验成为更加主要的方法。在天文学研究中，情况就是这样。此外，如果研究对象的特点要求避免外界干扰，观察也将作为主要的方法。例如，在许多心理学的研究中，为了取得对象对某种刺激所作反应的准确材料，需要诉诸各种技术手段以便不干扰对象，通过观察取得比较真实、比较客观的报道。爱因斯坦说："理论所以能够成立，其根据就在于它同大量的单个观察关联着，而理论的'真理性'也正在此。"①

　　在科学研究中怎样正确地使用观察方法呢？观察的目的既然是提供第一手的资料，以便根据这些资料作出正确的科学结论，那么，科学观察最基本的原则就是列宁所说的"观察的客观性"。坚持观察的客观性，就是要采取实事求是的态度，对事物进行周密的、系统的、全面的观察和分析。

　　同观察的客观性相对立的是观察的主观性、片面性。主观片面的观察常常被称做误观察和未观察。所谓误观察，就是在观察中，人不知不觉地把他固有经验和认识掺入到他的观察中去，把个人主观的东西当做客观存在的东西。此外，观测中的疏忽，也可能产生误差。所谓未观察，就是在观察中，只注意对象的某一方面或一部分，只看到与自己固有看法相吻合的东西，而对与自己固有看法相背离的东西视而不见，因而产生观察的片面性。

　　有这样一个例子，在德国哥廷根的一次心理学会议上，突然从门外冲进一人，后面有另一个人紧追着，手里还拿着枪，两个人在会场里混战一场，最后响了一枪，又一起冲了出去。从进来到出去总共 20 秒钟。主席立即下发

---

　　① 许良英等编译：《爱因斯坦文集》（第一卷），115 页，北京，商务印书馆，1976。

调查表，请所有与会者填写他们目击的经过。这件事是预先安排、经过排演并全部录了像的，当然与会者并不知道这是一次测验。在交上来的 40 篇观察报告中，只有一篇的错误少于 20%，有 14 篇错误在 20%～40% 之间，有 15 篇错误超过 40%，特别值得一提的：在半数以上的报告中，10% 或更多的细节纯属臆造。

这个例子生动地说明，误观察和未观察，也就是通常所说的错觉，或者观察的主观性、片面性，在观察中是很普遍的，当然，可以采取一系列措施，减少错觉的发生。例如，利用科学仪器可以延长我们的感官，提高分辨率，排除某些由于感官和头脑造成的错觉，使观察客观化。但是，任何科学仪器，都是由人制造和使用的，都只有一定适用范围和灵敏度，因此，利用仪器也不可能完全排除主观因素的影响。

在充分肯定观察作用的时候，要看到它的局限性。单凭观察所得的经验，是决不能充分证明必然性的。由于观察者在观察中原则上不能支配和控制对象，也就是说，他在观察范围内不能改变对象，他无法控制对象的发展进程，在有的情况下，他不可能无限制地重复观察，所以，观察这种科学认识的活动形式，在一定的意义上来说，局限性是难以避免的。恩格斯指出："必然性的证明是在人类活动中，在实验中，在劳动中"[①]。观察的不足将由实验来克服。依靠实验方法，并借助理论思维，才能达到"必然性的证明"。

实验是人们根据一定的研究目的，利用科学仪器设备，人为地控制或模拟自然现象，使自然过程或生产过程以纯粹、典型的形式表现出来，以便在有利的条件下进行观察、研究的一种方法。在科学实验时，研究者是在有意识地变革自然中去接受自然信息的。科学实验常常更有利于发挥人的主观能动性，以便揭示隐藏的自然奥秘。

实验与观察一样，都是科学认识的基本方法。它们相互依存，观察是实验的前提，实验是观察的发展。在现代科学认识中，实验往往与观察密不可分，表现出观察和实验相结合的整体化的趋势。这一点，在对微观客体的研究中特别明显。

但是，一般说来，实验方法比单纯的观察方法有明显的优点，它克服了单纯观察的局限性。观察只能在自然发生的条件下进行，而实验是人为地去干预、控制所研究的对象。著名生理学家巴甫洛夫比较了实验同观察的各个特点，写道："实验好像是把各种现象拿在自己的手中，并时而把这一现象、

---

① 恩格斯：《自然辩证法》，207 页，北京，人民出版社，1971。

时而把那一现象纳入实验的进程并在人为的组合中确定现象间的真实联系。换句话说，观察是搜集自然现象所提供的东西，而实验则是从自然现象中提取它所愿望的东西。"① 例如，人们对"基本"粒子的研究，原则上可以采用两种方法。一种是通过观察来自宇宙空间的高能粒子流进行的。1931 年，美国物理学家安德森研究了宇宙射线簇射中高能电子在云室中产生的径迹。当他为了测量这些电子的速度而把云室放在强磁场中时，照片显示有一半电子向一个方向偏转，另一半电子向相反方向偏转，因此他发现了正电子，并获得 1936 年诺贝尔物理学奖。但是，由于大气层的屏蔽，许多种粒子被阻挡在外层空间，无法在地面观察，进一步的研究主要应靠另一种方法，即实验方法。这就是用高能加速器把带电粒子如电子、质子加速到很高速度，然后有意识地通过人为的干预——碰撞，产生大量新粒子和新现象，人们据此可以更有效地揭示微观世界的奥秘。事实上，自从美国物理学家劳伦斯发明回旋加速器以来，目前人类已经把基本粒子家族的数目增加到 300 种以上，劳伦斯也由于发明并改进回旋加速器而获得 1939 年诺贝尔物理学奖。正是实验本身的能动性质以及在实验过程中对事件自然进程的干涉，使得科学实验成为人类社会实践的一种基本形式。运用实验方法，意味着人们能动地借助于一些物质手段，作用于某个研究对象。在这个意义上，科学实验属于物质的实践活动范畴。但它有别于物质生产实践，它的主要任务不是物质生产，而是认识自然过程、发现自然规律。因此，用实验方法认识自然，是物质生产活动的一种特殊的准备，是为物质生产活动服务的精神生产活动。

实验时一般要作量的描述，即进行测量，也就是观测。多数观测都可归入实验的范畴，虽然习惯上常把观测称为观察。由于观测必定运用仪器将对象归入测量的体系，并且常常干预对象的实际进程，甚至人为地改变对象，所以，在科学研究中，大多数有意义的测量都不是自然观察的结果，而是实验观察的结果。

有一类实验不是对某些客体或自然现象本身进行实验观察，而是先设计与该客体或自然现象相似的模型，用它们模拟原型，通过对模型的实验来间接研究原型的性质和特点。它们叫模型实验。模型实验大大扩展了人们进行经验研究的可能性。这是一种间接的实验。

科学实验与科学观察一样，都是科学认识的基本活动。它们相互依存，观察是实验的前提，实验是观察的发展。但是，一般说来，实验方法比单纯

---

① 《巴甫洛夫选集》，115 页，北京，科学出版社，1955。

的观察方法有显著优点，它能克服单纯观察的局限性。科学实验这种科学活动形式的出现和广泛运用，导致了关于自然界的科学知识的迅速增长。只有到了对自然的研究开始广泛地运用科学的观察和实验手段的时候，自然科学才最终与神学、与自然哲学分道扬镳，成为真正的科学。

3. 科学实验的一般作用

一般来说，科学实验（包括观察和实验）最基本的作用，一是证明或反驳假说，二是提示新的理论。

在大多数情况下，观察或实验提供某种事实材料以加强或者反驳某一假说。这方面最著名的例子之一，是英国物理学家爱丁顿的日食观测。1916 年，爱因斯坦提出了广义相对论假说，根据这个假说，可预言光线在引力场中会发生弯曲效应。英国物理学家爱丁顿为了验证广义相对论，考虑到 1919 年 5 月 29 日发生日全食时，金牛座中的毕宿星团将在太阳附近，如果天气好，至少可以拍摄到 13 颗亮星，为此，爱丁顿就组织了一支观测队赴西非几内亚湾的普林西比岛进行观测（同时有另一支观测队赴南美观测）。结果测得光线经过太阳边缘发生了 1.61 ± 0.30 秒的偏转，与爱因斯坦 1.7 秒的预言值非常吻合，确认了光线在引力场中具有弯曲效应。这个观测事实对广义相对论的确立起了重要作用。

观察和实验常常提供新鲜的事实材料，它们构成新假说或新理论的经验基础。这方面最突出的例子之一，是丹麦天文学家第谷对恒星和行星在天空位置 21 年的细致观察，其结果后来成为开普勒发现行星运动三定律的经验基础。观察和实验中出人意料的情况也不是罕见的。这方面影响最深远的发现之一是电磁原理了。1820 年，丹麦物理学家奥斯特在一次报告快结束时，偶然将导线平放并与磁针平，他惊奇地发现，一旦导线通电，磁针就改变位置。起初，他想磁针的运动也许是因为电流使导线变热而产生的空气流所引起的。为了检验这一点，他把一块硬纸板放在导线和磁针之间，以便阻挡电流。但是毫无变化。由于敏锐的洞察力，他反转了电流，发现磁针也向相反的方向偏转。这种效应屡试不爽，使他弄清了运动电荷与磁针之间有相互作用，磁针的指向与电流在导体中的流向有关，从而揭示出电和磁之间存在着必然的联系。奥斯特把这个发现送到法国杂志《化学与物理学年鉴》发表，使他称为"电磁学"的学科得以诞生，并为尔后法拉第发明电磁感应发电机开辟了道路。

无论在验证假说还是在形成新理论的情况中，科学实验毫无例外都是科学认识的源泉和真理性的标准。一旦人们从获取科学知识的全过程及认识论的广阔背景中去考察科学实验，就能比较充分地理解科学实验这种实践活动的实质和它的重要意义。科学实验对于科学认识的决定作用，从根本上说是来自于实践活动的本性。科学实验将感性认识和理性思维的特点结合起来，在实验过程中赋予理论假设直接现实性的品格，向人们提供无可置辩的事实，使人们据以判明理论假设的对错。这种力量当然是纯粹思辨望尘莫及的。

有人虽然承认实验能够作为知识的证明手段，却坚决否认实验还能够作为知识增长的源泉，甚至硬说实验只能提供实验者预先放入实验中的那些知识，实验不过是理性的奴仆。但是科学发展的事实驳倒了这些论断。实验证明或反驳某个理论推论的同时，总是进一步发展了人们的知识。同一个实验往往既能回答已有的问题，又能提出新问题。迈克尔逊－莫雷实验原是设计来测定地球是否是相对以太运动的，后来却成了相对论的一个重要判定实验，这完全是实验设计者始料不及的。放射性现象的偶然发现，导致了原子科学的诞生，但法国物理学家贝克纳尔显然不是先具备有关铀原子放射性的知识或设想而去从事这种实验的，相反，是出乎意料的实验现象引导他作出了开创性的贡献。没有实验所揭示的新事实、新现象，任何天才的头脑也无法凭空建立一个新的理论体系。

尽管科学实验的作用极其重要，但人们把实验作为知识的证明手段时，不能把任何具体的实验结果偶像化，不能不加批判地盲目接受这些结果。切莫忘记，任何实验都必须把某些思想具体化，都是个别性的东西，只有使用外推法才能把实验结果运用到类似的其他客体上去。这就是说，在实验中，一般性的知识是通过个别性的东西得到检验的。例如，在医学研究中，某种药品的效用先在数量有限的一批动物身上反复进行实验研究，但实验结果可以外推，运用于其他动物乃至人类。这样做是允许的、必要的，否则，人们就无法发明和使用新药了。但也决不能在这类场合排除错的可能性。

对实验证明本身，也要看到它的相对性。每个实验设计都无法脱离技术和科学知识业已达到的水平，因而实验结果必定受条件的局限。其实，那些尔后被科学认识摒弃的理论假说，当时也是建立在一定的实验基础上的，并被认为是得到了这些实验证明的。例如，丹麦医学家菲比格曾经因为"发现致癌寄生虫"获得1926年诺贝尔生理学及医学奖，但是他对恶性肿瘤扩散的研究，后来被认为是完全错误的。菲比格偶然观察到老鼠胃前肿瘤中有一种不认识的螺旋虫，进一步的研究表明，别的老鼠吃了被这种虫感染的蟑螂后，虫在老鼠胃中发育为成虫，这些老鼠胃的前部就形成了肿瘤。在某些老鼠中，这种肿瘤具有癌的形态特征：它可以转移，有时还能传染给其他老鼠。这似乎提供了一个实验证据，说明癌是由寄生虫引起的。实际上，更精密的实验表明，癌是由病毒引起的。这件事成了诺贝尔奖授予工作中的一个著名失误。一般而言，实验只有在自身的发展过程中，才能成为不断发展着的知识的有效证明手段。

综上所述，科学实验乃是实践与理论的有机结合。实验的提出和进行本身不是目的，实验也不是仅仅在科学认识某一阶段起作用然后便退出舞台的次要角色。实验起着确定事实、验证假说、获取有待探索的新信息的作用，是解决科学认识任务的物质手段。当然，与一切人类活动一样，每一个具体的实验都是有条件的，因此，必须把实验对科学认识的决定作用看做一个过程。

4. 科学实验的主客体结构

与生产实践一样，科学实验也是人类基本的社会实践形式。实践不仅有普遍性的优点，而且有直接现实性的优点。科学实验是直接的、现实的主体和客体相互作用的活动，即在主体积极支配下的对象——工具的活动。

在抽象的理论思维中，规律性是思辨地把违反规律性的偶然性清除干净的，而在实验中，规律性是从实践上感性地、具体地展现在人们眼前的。这是实验与理论认识形式之间的区别。实验的这个优点依赖于它的结构。

苏联学者什托夫将实验过程与生产过程加以比较，他写道："由于实验和生产劳动一样都是实践形式，所以毫不奇怪，在它们的重要组成部分之间有许多共同之处。无论在哪一种情况下都有：第一，活动对象（生产对象和实验研究对象）；第二，作用于对象的手段（劳动的手段和工具，实验手段——仪器和设备等等）；第三，有目的的活动（一种情况是劳动生产本身和实验研究过程本身；另一种情况是实验者的活动）。因此，任何劳动过程的简单成分都类似于它们的实验活动的成分。这些类似之处表明，实验作为实践的一种形式，是以它们最重要成分的相互联系为特征。"[①]

这就是说，在实验和生产这两种不同的实践活动中，客观上存在着结构上惊人的类似。实验可分为实验者及其活动、进行实验的手段（工具、仪器、实验装置等）、实验研究的客体三个组成部分。分析各个部分的相互关系，可清晰地把握实验活动中主体与客体的关系。

---

① ［苏］什托夫：《科学认识的方法论问题》，78～79 页，北京，知识出版社，1981。

实验活动的主观方面即实验者的活动，是任何实验的首要组成部分。并不是任何实践活动都能说成是科学实验，究其原因，主要在主体方面。从事实验的主体是在进行一种特殊的理性活动，对现象做实验研究是以对现象作理性分析为前提的。英国物理学家卢瑟福是因为不满意他的老师汤姆逊那种西瓜式的原子模型，才决定用一种新的粒子当炮弹来轰击原子，以探索原子的内部结构。他设想，α粒子在与原子的带电部分发生相互作用时，定会偏离原来的路径产生散射，这将揭示出原子内部电荷的分布情况。如果没有这种理性分析，当然不可能有任何实验。这类事实表明，在实验活动中，主体要把大脑这部机器开动起来，然后才谈得上对实验手段的利用。再则，实验的主体还必须具备一定的能力和水平，以便可能运用前人或同时代人通过创造性劳动所建立和积累起来的知识与技巧。在一切情况下，最重要的是实验者自己的创造性。明晰的观念、远见卓识、机敏顽强、观察力和想象力，这些对实验的成功都有不可低估的影响。

在讨论实验活动中实验者与对象、手段的关系时，应当把所有那些表征人的活动、能力、熟练程度、知识水平的特征称为实验活动中的主观方面。具体包括：人的感官对信息的接受能力；理论水平和逻辑思维能力；工作能力和熟练程度；恰当提出问题和表述实验结果的水平；实验者本身的活动。上述一切构成认识论的主体范畴。

实验活动的客观方面包括实验研究对象和实验手段。为什么把研究对象和手段统一在认识论的客体范畴之中？因为，不管它们是人造的还是大自然创造的，它们在实验活动中都是客观地存在着并且按照自然界的客观规律而运动着的物质过程。当然，实验手段与研究对象之间也有原则的区别，它们是实验活动中客体的不同成分，是物理上相互作用着的不同的物质层次。

把实验手段和研究对象统一在认识论的客体这一共同范畴中有很重要的意义。在解释量子力学中仪器对微观客体的干扰作用时，由于某些物理学家和哲学家力图把实验手段归属于实验活动的主观方面，所以当仪器带给原子客体不可忽视的干扰时，他们就会情不自禁地作出客体依赖于主体的不正确的结论。有的甚至说，是认识主体借助于仪器的帮助才创造了客体。这些论断显然夸大了在实验活动中的主体因素，把仪器的作用错误地解释为主体自身的活动。认识论的客体范畴把实验手段和研究对象包括在内，把仪器和微观客体之间的任何相互作用解释为完全客观的过程，解释成不论它们是人造的还是以自然形态存在的，都同样不依赖于主体。这种概括不仅阻塞了把唯心论运进量子力学解释的通道，而且打击了狭隘的机械论决定观；一旦人们认识了客体间（对象与工具间）的相互作用，也就认识了研究对象。当然，由于仪器在一定意义上成了被测现象不可分割的一部分，人们根据测不准关系，原则上要按照随机的方式而不是严格决定论的方式来认识研究对象。因为人们一开始就决不可能准确地知道初始条件，所以不可能预言个别粒子的运动。但是，人们能够算出任何一个物质粒子将在给定的一部仪器中某处被发现的几率，即该粒子运动的趋势。

那么，又为什么把认识论的客体分为实验研究的客体和实验研究的手段两部分呢？因为，这两个部分虽然作为实验活动的客观方面是共同的，但在实验结构中的作用是不同的。请看下面的示意图：

$$\text{实验活动} \begin{cases} \text{主观方面——认识论主体——实验者——研究的主体} \\ \text{客观方面——认识客体} \begin{cases} \text{实验手段——研究的手段} \\ \text{实验对象——研究的客体} \end{cases} \end{cases}$$

实验研究的客体在认识论客体中是这样的一部分，认识活动的兴趣指向它，它受到装备有仪器的实验者即实验研究的主体的作用，目的是要揭示出隐藏于其中的规律性。实验者通过仪器装备即研究的手段来实现对它的作用，而它在实验活动中扮演下列角色：某个假说或理论所预言的现象；被分析或测量的对象；用以合成新物质的材料；被研究的属性的承担者。

仪器、设备、器械、实验装置和其他工具，都是实验研究的手段，借助于它们，研究的主体对研究的客体施加作用和影响，它们的基本功能就是帮助主体变革客体。这类似于劳动工具，工人借助劳动工具作用于劳动对象，加工它、改变它的形式。与直观的或简单的观察不同，人在实验活动中已经不是与被研究的对象直接打交道，他是通过仪器设备作用于对象，从而获取有关对象的信息。实验手段作为人对自然过程认识的能动关系上的媒介，有效地克服人的感官的生理局限性，使人们的感觉可以深入到事物的里层，扩展到微观粒子领域和遥远的宇宙天际。当代建立在强大科学技术手段（包括科学仪器）基础上的直接观测，正是把对象改造成人类便于感知的实体而促进了人类认识的。

与劳动工具一样，实验手段大大扩展了人类与周围世界相互作用的范围，深刻改变了这种作用的性质。人类正是通过特定的物质手段，变革自己的研究对象，以便在研究者和他的对象间发生自然状态下不可能发生的相互作用，从而揭示对象的本质。为了构成一个相互作用的链条，仪器是必不可少的，对仪器的要求也越来越高。在现代科学的许多实验活动中，人类都是依赖这种相互作用的链条，通过仪器才使难以了解的对象间接地变成感觉可触及的东西，自然的奥秘也因此变得可以理解了。

二、科学实验的认识论反思

1. 科学实验在行为和功能方面的重要特点

（1）实验中要求简化、纯化以至强化自然过程。

安德森发现正电子后，物理学家们便幻想有可能存在负质子。质子比电子重近两千倍，要产生负质子需要达到几十亿电子伏特的能量，因此开始了新一代粒子加速器的宏伟设计，以便能给核弹提供这么大的能量。加利福尼亚大学伯克利分校辐射实验室的"质子回旋加速器"达到了这一目标。1955年，美国物理学家钱伯林、西格雷等人在 62 亿电子伏特的原子射弹轰击下，观察到了从靶中发射出的负质子。

观测靶子被轰击时形成负质子，有一个主要困难，就是必须把负质子从必然伴随着它一起产生的其他粒子中过滤出来。钱伯林、西格雷等人是借助一种复杂的由磁场、狭缝等等构成的"迷宫"法达到目的的。当靶中被轰击出的大量粒子通过"迷宫"时，只有负质子能穿过它到达终端。负质子的发现使钱伯林和西格雷获得了 1959 年的诺贝尔物理学奖。

这是一个典型的实验，它表明科学实验的一个显著特点是简化、纯化以至强化自然过程，以便在人工条件下研究对象所具有的规律性。在自然状态下，往往有许多现象错综复杂地交织在一起，很不容易发现它们之间的真实关系。人们在实验过程中借助科学仪器、装备所提供的条件，排除自然过程中各种偶然的、次要的因素的干扰，人为地把被研究的对象同其他次要的附属的对象隔离开来，使它们的属性或联系以比较纯粹的形态呈现出来，因而能够比较容易和精确地发现对现象起支配作用的本质规律。马克思说："物理学家是在自然过程表现得最确实、最少受干扰的地方观察自然过程的，或者，如有可能，是在保证过程以其纯粹形态进行的条件下从事实验的。"[①] 简化、纯化以至强化自然过程这一实验在行为和功能方面最重要的特征，保证人们能够在有意识地利用物质手段变革自然中认识自然。

纯粹的自然形态有时可以通过选择典型的对象而获取。生物遗传机制是

---

① 《马克思恩格斯选集》，2 版，第 2 卷，100 页，北京，人民出版社，1995。

个很复杂的自然过程，对于这个课题进行研究，对象的选择显然是非常重要的，甚至是决定性的。很早以前，就已发现遗传的物质基础是在性细胞的核中。20 世纪初，生物学家提出遗传特征的真正携带者是染色体，染色体呈线状结构，很容易着色。美国遗传学家摩尔根后来通过实验观察，确认了染色体在遗传中所起的作用。当细胞将要分裂时，每个染色体被拉长于中部断开成两个子染色体，并在分裂时分离开来，这样分裂出的每个细胞与其母体细胞具有同样的染色体组合。另外，还有一种新的分裂，即性细胞成熟时发生的分裂，发生这种分裂时，染色体数目减少一半。在雌雄性细胞融合后，又重新产生双倍数目的染色体，然而这时每对染色体中的一半来自雄的性细胞，而另一半来自雌的性细胞。这个发现很好地说明了遗传机制，摩尔根因此获得 1933 年的诺贝尔生理学和医学奖。摩尔根从事这项实验研究，成功的重要因素是选择了果蝇这种非常恰当的研究材料。果蝇的细胞核仅含有四个染色体，而且能快速接连不断地产生新的子代（一个繁殖周期只需 10 天），很便于进行精确分析。选择这种典型材料，帮助摩尔根建立了现代遗传学。

有的实验过程中，要强化对某个研究对象的作用，使它处于某种极限状态中，从而显示出崭新的现象。当实验造成像超高真空、超高压、超强磁场、超高温、超低温这样的特殊条件时，物质的自然变化过程就会向特定方向强化。1956 年，两位美籍华人物理学家杨振宁和李政道根据理论上的考虑提出弱相互作用下宇称不守恒假说。为了检验李、杨假说，另一位美籍华人物理学家吴健雄做了一个直接的实验，以便确定中子的旋转方向与电子的发射方向之间是否存在着相关关系。实验的关键是把 β 衰变的放射性物质钴-60 冷却到极低的温度（0.01°K），并置入很强的磁场中。在这些条件下，热扰动实际上停止了，所有的原子都变得在同一方向取向，即沿着磁力线的方向取向。由于中子衰变时射出的电子总是优先沿着其自旋轴飞去，如果衰变中子是镜像对称的，即对中子旋转轴而言，原子有同样机会向两个方向发射电子，那么我们就会观测到有同样数目的电子飞向电磁铁的南极和北极。但是实验导致完全相反的结论，正如李、杨所预言的，所有的电子都沿同一方向飞行。这表明衰变中子并不是镜像对称的，即在弱相互作用下，宇称是不守恒的。这个结论和人们传统观念中的宇称守恒大相径庭。这种新局面使得基本粒子物理学领域中产生了很多重要的研究课题。

强化自然过程时，还可能产生自然过程中难以想象的情况，拓展人们对自然的认识。例如，人类关于物质状态的认识，千百年来只局限在固态、液态、气态这三态上。但是，在超高温条件下，核外电子的能量增大到一定的程度，电子便脱离其绕核运行的轨道，变成自由电子，原子核变成离子状态，于是物质处于由离子、电子及未经电离的中性粒子组成的等离子态。在超高压作用下，不但分子、原子间的自由空间被压缩变小了，而且当超高压达到一定程度时，电子壳层也发生巨大变化，甚至把电子压进到原子核里去，物质就变成了超固态。显然，上述成就把过去关于物质只有三态的认识大大推进了一步。这些成就的获得，都应归功于实验是在纯粹的形态下进行的。

（2）实验中经常通过各种形式实行模型化原则。

在科学实验中，人们常常建立对象系统的简化模型来研究真实的对象系统，从而获得有关对象系统的知识。许多认识或实际问题受客观条件限制，不能够或不便于对自然现象或对象进行直接试验。例如，地球上生命起源的进化过程，已经时过境迁，难以重现。有些工程、建筑设计，如果直接进行实验检验，则耗资巨大，实际上不可行。在诸如此类的情况下，人们往往采用模型实验的办法，先设计与该自然现象或过程（即原型）相似的模型，然后通过模型间接地研究原型的规律性。这就是维纳所说的，用一种结构上相类似的但又比较简单的模型，来取代所研究的世界的那一部分。

模型化原则是科学认识中的一条重要原则。没有模型，人们就很难对复杂的客体进行有效的研究。模型实验的功能是首先将对象在思维中简化，然后将实验的实际行为回推到对象中去。人们只要把握了模型，就能根据它和原型的类似认识原型。模型化有效地将自然状态下的对象转化为人工条件下的对象。

（3）实验过程中必须具备可重复性。

确立一项科学发现，有一个基本要求，这就是实验的行为可以重复，实验的结果可以再现。简言之，实验的行为和功能在严格规定并加以控制的条件下，决不会因人、因时、因地而异。科学活动为此立下了一个规矩：任何一个实验事实，至少也应该被另一位研究者重复实现，否则就不能确立。英国化学家普利斯特利1774年8月1日做了一个分解"水银灰"（汞的氧化物）的实验，他把透镜聚焦的阳光投射到"水银灰"上，分解出一种气体，比空气的助燃性能强许多倍。他把这种气体称做"脱燃素空气"。同年，普利斯特利去法国旅行，把这个发现告诉了法国化学家拉瓦锡。拉瓦锡不相信燃素说，别有见解，但动手重复了这个实验。通过分解氧化汞果然得到了普利斯特利所描述的助燃性能很强的气体，发现了氧气，并首创了氧化学说。

可重复性特点的意义，首先是体现实验过程在本质上是客观的物质过程。作为实践活动，它虽然离不开理性的指导，但却排除任何主观随意性的支配。

为此，它常常显得十分严厉。例如，美国物理学家韦伯企图证实引力波的存在，从 1957 年开始，他设计和安装了一种可能接受引力波信号的探测天线，进行了十多年的观测。1969 年，韦伯宣称，他的仪器接收到了来自银河系中心的引力波信号。这项发现曾轰动一时，随后许多国家都成立了探测引力波的实验小组。但是，所有这些小组都没有收到任何引力波信号，所以韦伯的发现至今没有得到世界的承认。

可重复性特点在行为和功能方面，对实验的客观性和现实可行性作出了保证。这也是实验研究的基本要求和重要优点。自然条件下发生的现象，往往一去不复返，由于许多自然过程无法或难以重复，这就给观察研究带来了一定的局限性。在实验中，人们可以通过各种实验手段，使观察对象在任何时间任意多次地重复出现，因而便于人们进行深入地观测和比较，并对以往的实验结果加以核对。

2. 科学仪器与测量的认识作用

科学实验对科学认识的决定作用，不能不牵涉到仪器和测量的问题。

感官是人类通向外部世界的窗户，没有感官，当然就谈不上什么观察和实验了。但是，人的感官本身存在着一定的局限性。主要表现在感官的感觉阈有一定的界限，只能接受一定范围的自然信息。研究表明，人的视觉器官能够感受到的电磁波，通常在 390 毫微米～750 毫微米之间，肉眼看不到紫外线、红外线、X 射线等；在明视距离（25 厘米）上的分辨力，也只能达到 0.1 毫米左右。听觉器官能够感受到的机械波频率范围是 20 赫兹～20 000 赫兹，耳朵不能听到超声波，也分辨不出离得较远的手表的嘀嗒声。一般而言，在感受范围之外，仍然存在物质世界的许多现象和过程，但它们却不能直接引起感官的感觉。可见，在生物进化过程中形成的人类感官本身，对于解决许多认识课题及实践提出的要求来说，是不能完全胜任的。

但是，感官的局限性并不意味着人类的认识能力有固定的界限。科学仪器弥补了人的生理感官的不足，帮助人类扩大和改进自己的感觉器官，大大丰富感性认识的内容。人们贴切地把科学仪器比做人的感官的延长。

科学仪器的作用首先在于它能帮助人们克服感官的局限，在广度和深度上极大地增强认识能力，使单靠感官观察不到的现象显示出来，单靠感官分辨不清的东西变得清晰，人的视野因而达到新的领域。例如，人类研究微观世界的结构，最早只能借助自己的眼睛进行观察，局限性是非常之大的。因此在 1590 年显微镜发明之前，人类看不见任何微观领域的现象，不知道有细胞，更没有分子或原子结构的直观图景。对于小于一般物体的结构，我们的眼力不够，必须借助科学仪器，才可能叩开微观领域的大门。否则，只好停留在思辨猜测的水平上。事实上，光学显微镜的发明导致了 19 世纪细胞的发现。不过，光学显微镜的分辨本领受到作为成像媒介的光线的限制，最高约为所用可见光线波长的一半，即 2 000 埃。与此相应的最高放大率为 1 500 倍左右。要研究更小的微观世界，就要借助新的观测手段。由于电子既有粒子性，又有波动性，当电子加速到 100 千伏时，其波长仅为 0.037 埃，是可见光的十万分之一左右。这说明用电子束来成像的显微镜，分辨率可大大提高。20 世纪 30 年代，出现了电子显微镜。现在，电子显微镜的分辨本领已达到 2 埃～3 埃，比光学显微镜高近千倍。不久前，在放大 130 万倍的条件下，人类已成功地拍摄了原子的照片，可以从照片上观察原子的外部形态了。芝加哥大学的物理学家还成功地拍摄了可以观察到原子运动的电影片，原子世界通过仪器的变革，在一定意义上对人类而言也成为"直观的"了。从肉眼观察到利用电子显微镜，这个发展生动地说明，实验手段是人对自然认识的能动关系上的必不可少的媒介，利用实验手段可以最有效地克服人类感官的生理局限性，大大提高人类的观察能力。

科学仪器的作用还在于它们能帮助人们改善认识的质量，使获得的感性材料更加客观化、准确化。人的感觉往往易受主观因素的影响，科学仪器在一定程度上可以排除感官的错觉和主观因素的干扰。特别是因为仪器能够提供比较可靠的计量标准和准确的记录手段，这就使得人们的观察不至限于定性的结果，而可得到更精细、更准确的定量知识。自然界各种物质运动形态的质和量是统一的，只有从数量上精确地把握它，才能深刻地认识它的质的规定性。通过改进科学仪器和实验技巧，提高测量精度，常常导致科学上的重大突破。德国物理学家普朗克导入能量子的概念，是从关于热辐射的精密的定量实验中得到的。在丁肇中发现 J 粒子以前，1970 年美国布洛海文实验室就发现过与它有关的奇怪现象，但由于仪器精度不高，无法辨认出是不是由新的粒子所造成的。为了验证自己的设想，丁肇中用两年多时间特制了一架高分辨率的双臂质谱仪，依靠这台仪器，他才得以在 1974 年发现 J 粒子，打开一个新的基本粒子家族的大门。

科学仪器的运用，使科学实验从单纯凭借人的感官进行的直接观察，发展到间接观测阶段。这样，人的感官借助仪器或手段，间接地对自然现象进行考察、感知和描述，扩大了认识的可能性。但是，应该注意到间接观测也有一定的局限性。因为在间接观测中，在很大程度上取决于仪器的精度，而

169

仪器的精度虽然是随着生产和科学的发展不断提高的，但不可能绝对精确。再则，精度再高的仪器也会出现误差，而误差的出现又会导致不准确的观测结果。更主要的是，间接观测不如直接观测那样，对所研究的对象具有感觉直接性——这是观察实验最重要的特性。因此，人们又在进一步努力，设法克服间接观测的缺陷。例如，在空间观测方面，人造卫星技术、特别是航天技术的迅猛发展，为在宇宙空间进行直接观测提供了新的可能性。现在，人们可以登上月亮进行实地观测，可以利用宇宙电视、借助安装在宇宙站的照相机进行摄影。可以期待，人类完全有可能亲自访问其他更遥远的天体。我们看到，人们由古代低水平的直接观测，经过运用仪器的间接观测，又回到了与古代不可同日而语的现代水平的直接观测了。这不是简单的复归，而是否定之否定。当代建立在强大科学技术手段（包括仪器）基础上的直接观测，乃是人类智力的奇勋。

在科学实验中，量的观察是很重要的。量的观察就是观测或测量，是对研究对象的一种定量描述。测量必须建立在对自然现象已经有了一定认识的基础上，与质的观察或定性描述是相辅相成的。随着科学的发展，测量的地位愈益重要，以至人们把现代科学中的观察称为观测，把定量分析实验作为最重要的实验类型。定量实验是科学进步的显著标志之一。在科学研究中，只有把所研究的东西测量出来并表示为一定的数学关系时，才能说对这个东西已有所认识。测量实验的重要性是无与伦比的。划时代的实验几乎都涉及普适常数或关系的测定，例如：普朗克本人估计 h 的数值为 6.5×10^{-27} 尔格·秒。那之后，即使要测定小数点后的第二位也是非常困难的。中国物理学家叶企孙和他的合作者在 1921 年新测得的 h 数值，物理学界曾使用了 16 年之久。普朗克恒量 h 虽然小，却如物理学家金斯所说，意义是非常大的。因为"禁止发射任何小于 h 的辐射的量子论，实际上是禁止了除了具有特别大的能可供发射的那些原子以外的任何发射"，否则，"宇宙间的物质能量将会在十亿分之一秒的时间内全部变成为辐射"[①]。

测量在天文、生物、物理及工程技术等领域得到非常广泛的应用。在天文学中，人们通过各种仪器测量天体的位置、大小、运动轨道和周期等；在生物学中，常常进行各种定量分析，如运用测量分析各种波长的光以及温度、湿度、土质、肥料等因素对植物生长的影响；在物理学中，使用天平测量质量，使用温度计测量温度，使用钟表测量时间，等等。这些都是司空见惯，

---

① ［美］卡约里：《物理学史》，298 页，呼和浩特，内蒙古人民出版社，1981。

不可或缺的。在工程技术领域，无论设计还是施工，离开测量就进行不下去了。

测量的直接目标是获得关于现象的定量方面的信息。在比较简单的情况下，测量是通过观察将对象进行比较、对照而完成的。古代就是这样测定恒星光度的。但是，现代科学中严格意义下的测量，必须使用物质的研究手段——测量工具和仪器，在理论的指导下，对测量对象施以能动的作用，才有可能得到有价值的结果。关于现代测量已经建立起了专门的学科。

必须强调，测量结果中的常数，是人类对客观世界的量的反映，并不是客体的直观映象。现实世界中某些常数，诸如 π、e、光速 c、普朗克恒量 h 等等，虽然数值的确定有赖于具体的测量，但这些物理常数本身毫无例外是反映客观世界本质的规律，它们在被人认识后是普适的。还有些数字要通过计算求出，其形式取决于记数系统。也有表示心理知觉的数字，如 7 ± 0.2。但是，无论如何，现实世界不是用数字构成的，而是由不同形状、大小的物质组成的。与其说它是定量关系，不如说它是拓扑结构。测量所获得的定量分析，不过是人类理解现实世界中拓扑结构的相互关系的替代办法。

选择和确定不变参数，是观察和实验得以进行的直接前提。特别是在实验中，对象系统具有不变参数是非常必要的。已有的科学知识，大都凝结成一些普适的常数，它们是定量研究的前提。这种情况在化学、物理学中表现得十分清楚。试想，如果没有原子量、化合价、阿伏伽德罗常数，没有热功当量、光速、普朗克恒量……怎么能设想有效的物理和化学实验？但是，这些普适常数本身也有个测定的问题，它们蕴涵着一些最重要的测量，通过这些测量，人们把对自然认识的关节点用量的形式确定下来。当所测出的常数与理论推导值很吻合时，就会给科学认识的发展以最有力的推动。

值得注意，作为定量方法的测量所揭示的却不仅是被测客体所具有的物理量值本身，更重要的还有隐藏在这一量值背后的"质"。测量只有通过在量上有限和在质上具有特殊规定性的操作过程，才能从量和质统一的意义上得以实现。当我们说测量是定性和定量的统一时，主要有下列考虑：

首先，从测量的预设前提看，物理测量是对某物的测量，它指向独立于认识主体的真实客体。如果不知道该客体是什么，那么测量也就没有意义；如果不知道怎样以数学术语去描述所涉及的背景，那么物理属性就不可能确实被定义，测量也会落空。因此，测量不仅包括特定状态的观察，也包括对这种状态相应的准备知识，两者都需要对关涉到的对象有定性认识。

其次，从测量的操作过程看，它是由人针对真实对象的量的方面，在对

An Introduction to Philosophy of Science and Technology

世界的精确把握的过程中发展起来的，科学史对此提供了证据。在实践中，测量是一个复杂的、具有双重限制的经验和数学的组成物，是操作程序与理论的统一体。也就是说，测量既是科学认识的目的，又是科学认识的手段，测量方法本身与理论思维紧密相关。

最后，从测量的结果看，测量是定量描述的现实执行。通过测量，获得数据，这些数据不仅使我们可以发现事物的特征（定性），也可以使我们发现被观察对象量的变化（定量）。数据本身并不表示任何东西，但它的产生依赖理论的构建和测量的执行，它的意义也只有通过理论结合现实的图景加以解释和评价。因此，测量是对数字化的"质"和"量"的认识过程。

总之，测量不能停留在表观的定量层次上而与定性认识相脱离。定性认识使测量所得到的数据获得意义、具有目的性，而测量的定量结果又使对客体的认识臻于准确、富有说服力。

定量认识的核心就在于通过科学仪器来测定观察对象的各种数量关系、刻画对象的数量特征。因此可以说，正是观测或测量将理论和实践、经验认识和它的数学表达联系了起来。测量在科学认识过程中的重要作用可以概括为：

（1）测量为运用数学概念和技术去研究自然提供了必要条件。它所获得的结果表述了一个数字与其给定对象之间的关系，利用此关系进行假设，再加上其他的关联，就可用来提出等式，进行预言。

（2）测量精练了科学结构。测量确立了不同表现形式的特定属性之间的度量顺序，使科学事件便于经受数学描述的检验，把物理学与数学联结了起来。因此，具有与经验关系结构同构或同形的数字集合的演算，能够让我们作出关于自然规则性或规律的简洁陈述。

（3）测量作为一种说明具有简洁性、准确性、普遍性和不变性。简洁性是说它所给出的数量信息，如果用其他方法表达，就需要更多得多的话语。准确性是说由数字定位的特定存在（如某物体温度的连续变化），如果用其他方式，将无法准确规定。普遍性是说测量能够以数学的形式化语言去表达与它相关的事实，这种测量语言易于被一致地和普遍地理解。不变性意指测量是客观的而不是主观的，它构建了某种恒定的描述。

测量有赖于计量，计量的理论和技术则是随着科学技术的发展而发展的。例如，激光计量在20世纪60年代激光科学大大发展起来后才登上舞台。反过来，计量科学的进步又会有力地改变人类的认识水平。现代激光技术在测量中的应用，引起了精密计量的重大变革。激光频率及长度基准的确立，使更精确地测量一些物理量成为可能。激光测距仪测量地球和月球之间的距离，误差仅 15 厘米～30 厘米。激光钟的准确度则是以若干万年差一秒来计算的。

随着现代科学的发展，测量已不仅仅着眼于提高精密度，而且对认识论提出了重大挑战。它还涉及哲学的基本问题。作为科学实验的特殊形式，测量是主体的对象——工具活动与理论活动的统一。测量离不开物质手段，这就存在着对被测客体的干扰。测量工具必定在某种程度上影响到被测客体及所得到的结果。在日常经验的世界中，人们在测量各种现象的性质时，不致对被测现象产生显著影响。例如，用安培计测量某电路的电流强度时，安培计对原电路的影响是很微小的，可以忽略不计，而且，在原则上人们可以精确考虑这个微量。但在原子尺度的世界里，人们无法忽略由于引用测量仪器而产生的干扰，因而不能保证测量结果所实际描述的恰好是测量装置不存在时所会有的情况。观测者及其仪器与被测现象间存在着绝对不可避免的相互作用，这就使现代科学的测量在认识论方面遇到极为复杂的难题。20 世纪物理学最伟大的进展之一是量子力学的创立，它把人类对自然的认识深入到微观原子世界。量子力学创始人之一德国物理学家海森堡提出的"测不准关系"表明，由于微观粒子的波粒二象性，原则上不可能同时精确地确定其位置和动量。测不准是必然的。为此，海森堡强调，人们必须能动地通过宏观仪器对微观客体的变革（他称之为不可控制的干扰）来认识微观客体；必须用数学术语补充日常生活中形成的用语（概念），来描述微观的世界的面貌。这些见解对于发展哲学的认识论是有启发性的。它表明了测量与认识的本质之间复杂的联系。在观测中，测量仪器对微观客体的确发生了不可忽视的干扰。对微观客体的观察，正是通过测量仪器对微观客体的干扰或它们之间相互作用的联系，才能揭示出微观客体的特性，进而认识微观客体本身。

3. 科学实验与理论思维的辩证关系

没有科学实验就没有近现代意义下的科学。但是，完全的科学认识不仅仅是实验，还必须提升为规律和理论。就是进行实验，也有与理论思维的关系问题。科学实验是离不开理论思维的，因为它是一种能动的变革对象的活动形式，因此，它必定是有目的、有组织、有预见性的。这就是说，实验必定要在某种思想或理论指导下进行。概而言之，贬低实验，科学认识将由于没有营养而枯萎，理论之树也没有根；忽视理论思维，实验就会因盲目而丧失力量。事实证明，科学实验的各个步骤，从实验目的的确定，到实验的构思和设计，再到实验结果的检验与评价，处处离不开理论思维。

这里，我们着重谈谈理论思维在实验的准备阶段和实验结果的解释阶段的重要作用。

英国著名科学家贝弗里奇在谈到实验的准备时指出："最有成就的实验家常常是这样的人：他们事先对课题加以周密思考，并将课题分成若干关键问题，然后，精心设计为这些总是提供答案的实验。一个关键性的实验能得出符合一种假说而不符合另一种假说的结果。"① 选好题，非具备雄厚的背景知识、善于抓住问题的关键不可。1900 年，卢瑟福和索迪在研究来自钍化物的一种神秘的"射气"时，发现它能使邻近的气体电离，这种"射气"的放射力保持了几分钟并逐渐地消失。这两位造诣颇深的英国化学家很快由此受到启发：如果说钍射气能够自发地转变成其他的元素——气态氩，那么，毫无疑问，其他元素也会有自然的转变过程。这就是放射性物质衰变研究的开端。十年后索迪等人沿着这条道路找到了放射性衰减的规律。

实验构思也属于实验的准备阶段。实验实施前，科学家总是在自己脑中先形成一个如何实验、可能从实验结果中作出什么推理的初步想法。如果在这个阶段理论思维不发挥作用，实验是不可能顺利进行的。

历史上有许多著名的测定光速的实验，在它们上面都铭刻着理论思维的功绩。光速的测定问题是在伽利略派肯定光速有限的论断占上风之后，为许多科学家选择来实验研究的。光速特别大，不可能运用常规办法，因此需要借助理论思维，提出切实可行的实验构思。总的路子有下述的两条：第一，用普通时钟测时，需要特别大的距离，而天文观测的特点是距离遥远，所以可以应用天文学原理去安排对光速的测量。第二，若要在短距离测量，则需要非常精密的计时装置。达到这一点是实验的关键。

最初一个多世纪，大多数科学家循第一条路子去制定测定光速的方案。他们留下了出色的构思，使后人至今赞叹不已。

19 世纪以后，机械水平提高了，光学实验技术有了很大进步，大多数科学家开始沿着第二条思路，企图在实验室里用物理方法测定光速。当时虽然没有能测出几千万分之一秒的时钟，但运用理论思维作出了精巧的实验设计，找到了替代办法。1849 年，法国科学家菲索设计了一个高速旋转的齿轮系统，他让光线通过齿轮两齿之间的空隙，射到前方 8.633 千米外的镜面上，这束光反射后又回到齿轮。菲索设想，可将齿轮的转速调节到使光线恰好由紧邻的齿间通过，这时，齿轮系统相当于一个精密的时钟，由它相应的转速，可

① ［英］贝弗里奇：《科学研究的艺术》，12 页，北京，科学出版社，1979。

以推出转过一齿所需的时间，而它正是光线往返 8.633 千米所用的时间。在菲索实施的测量实验中，齿轮的齿数是 720，恰好满足上述条件的转速是每秒 12.61 周。由此计算出的光速值虽然比后来求得的精确值大百分之几，但菲索的主意是卓绝的。后来，许多科学家改进菲索的构思，用旋转棱镜代替齿轮，取得了更为成功的结果。

总之，实验实施前的准备工作，包括选题的构思，既非常重要，也离不开理论思维。从认识论的角度而言，实验活动首先是把某种理性活动的成果物化为一定的物质形态，再从物质的客观运动中摄取具体的感性表象，进而上升为能够正确反映客观对象并把握对象本质的认识。实验准备就是为恰当而必要的物化准备理性前提，并努力实现理性前提的这种物化。

与准备阶段不相上下，在实验的解释阶段，即实验结果的处理、解释和理论概括阶段，也特别需要理论思维。

实验结果本身是客观的，为人们正确把握对象的客观规律性提供了认识基础。然而，实验结果本身却不会自在地呈现这种规律性，它必须经过人们的理性处理，从中提炼出所谓的实验事实，并对之进行恰当的解释，作为理论概括。所有这些必不可少的活动都离不开理论思维，它们都是渗透在实验之中或立足在实验事实基础之上的理性活动。

对实验结果本身进行分析处理，从中提炼出的所谓实验事实，其实就已经是一种理性概括的形式。实验事实所反映的不仅是客观的、不依赖于主体的实验结果（某种事件或现象），而且是客体与主体的相互作用，以及观测客体的条件和手段。如果只强调实验事实的客观性，以为科学家只是如实地记录他的观测结果，这些结果自然会导致正确的概括或原理，这种看法虽有其唯物主义的基本合理性，却未免把实验活动过分理想化和简单化了。例如，著名美国物理学家密立根曾在《物理学评论》上宣称，他是一个毫无偏见的观察者，只能不折不扣地报告全部实验结果。但是，他在做油滴实验（测定普朗克恒量）时，情况并非如此。人们发现他在当时实验记录上写了许多评论。某一天他写道："这几乎是完全正确的"，"这是迄今我得到的最好的结果"。另一天他的评论是："很糟，什么地方错了。"又一处写道："妙极了！发表！"这表明，密立根所做的正是和其他科学家在实验时所做的一样，即寻找他们想要得到的结果。当然，不能认为这种结果是主观随意的，但是，它却是用理性校正过的结果。科学家发表的实验事实，大都经过这种"去粗取精、去伪存真"的加工制作功夫，因此可以说，理论思维帮助科学家寻找实验事实，处理实验过程中很难避免的系统误差和偶然误差，分析结果中的主次和真伪，剔除假象，以达到实验事实更加接近客观实际、反映客观规律的目的。

对实验结果的解释和理论概括，尤其需要正确的理论思维。否则，即便走到了真理的面前，也很可能错过它。例如，早在1920年，卢瑟福在研究原子核的基础上曾经提出了可能存在一种质量与质子相近的中性粒子的假说。1932年，约里奥·居里夫妇在用α粒子轰击铍的实验中，发现一种很强的辐射，事实上已获得了中子，但他们未曾认真地对待过卢瑟福的中子假说，失去了抓住现象实质的契机，错误地把它解释为γ射线。相反，英国物理学家查德威克在卢瑟福领导下长期从事寻找中子的工作，立即把中子假说与新辐射联系起来。他设计了新的实验证明这种新辐射是由粒子组成的，这种粒子的质量与质子大致相同，但不带电荷，因而证实了卢瑟福的假说，发现了一种不带电的中性粒子——中子，荣获1935年诺贝尔物理学奖。约里奥·居里曾为此叹道："我真笨呀！"我们不能求全责备约里奥·居里，但可以从中得出结论：为了从实验资料、数据、事实导出科学定律或科学发现，正确的理论思维是至关重要的。

总之，科学实验把感性认识和理论思维的特点结合在自身中，它既是业已获得的知识的真理性的标准，又是产生新的理论和原理的基础。科学实验与理论思维的联系是辩证的：一方面，实验必定受某些科学知识体系的支配；另一方面，它又产生更完善、更深刻的新的理论。在科学实验过程中，经验和抽象思维互相影响和渗透，抽象思维形式首先在科学实验的物化形式中体现出来，而为了得到符合客观对象的更全面、更高级的抽象，人们又要重新撇开一切感性的东西。

三、科学事实与科学规律

在科学认识的过程中，从经验层次过渡到理论层次，有一个必不可少的环节，这就是对科学事实进行概括。

科学实验的直接目的和结果，是积累作为理论知识基础的科学事实。依据事实建立起有坚实基础的理论，这是科学认识最重要的特点。但是，因此也提出了一些急需解决的问题，首先是有关科学事实的问题。什么是科学事实？事实概念在科学认识过程中的地位和作用究竟如何？科学事实与科学规律、科学理论的关系怎样？这些问题已经成为科学认识论的中心议题。不但需要把科学事实作为科学理论的基础，而且应当把对事实概念的分析置于科学的基础之上。

1. 客观事实与科学事实

不可能离开事实问题与规律问题来谈论科学。事实概念很早就在科学认识论中占据首要地位。中世纪末期是近代自然科学的孕育期，当时最杰出的人物，13 世纪英国哲学家罗吉尔·培根，对事实概念给予了特殊的关注。他认为，由于观察和实验可以为真理提供事实，因而观察和实验应被看做证明真理的唯一方法。罗吉尔·培根把归纳程序的成功归之于精确而广泛的事实知识。近代英国唯物主义的始祖弗兰西斯·培根进一步指出，实验科学最重要的特性之一，就是利用实验来增加事实知识。对于事实在科学认识中的重要性，著名生理学家巴甫洛夫说得好："在科学中要学会做笨重的工作，研究、比较和积累事实。不管鸟的翅膀怎样完善，它任何时候也不可能不依赖空气飞向高空。事实，就是科学家的空气，没有它你任何时候不可能飞起，没有它，你的'理论'就是枉费苦心。"[①]

科学哲学的一个重要派别——逻辑实证论，特别强调把事实作为自己的出发点。其主要代表之一、奥地利哲学家维特根斯坦写道："世界就是所发生的一切东西。世界是事实的总和，而不是物的总和。"[②] 维特根斯坦在事实和事物之间作了严格区分，强调世界是由发生着的事实组成的，事物依赖于事实。这种区分是有意义的，但是，维特根斯坦不把发生中的事实看做客观事物变化过程的反映，而把它说成感觉经验中给予主体的东西，事物反倒从属于这些主观经验了。唯物主义首先把事实解释为外部世界的事件、现象、过程，即客观事实，然后（并非不重要的）再仔细讨论客观事实和科学事实之间的联系和区别。这便是事实问题的认识论本质。

科学哲学中的所谓事实，特指某个单称命题，而且它是通过观察、实验等实践活动，借助于一定语言对特定事件、现象或过程的描述和判断。科学事实一般可以分为两类：一类是对客体与仪器之间相互作用结果的描述，例如，观测仪器上所记录和显示的数字、图像等；另一类是对观察实验所得结果的陈述和判断。

科学事实有极其重要的作用。首先，科学事实是形成科学概念、科学定律、科学原理，建立科学理论的基础；其次，科学事实是确证或反驳科学假

① 《巴甫洛夫选集》，31～32 页，北京，科学出版社，1955。译文有少许更改。
② ［奥］维特根斯坦：《逻辑哲学论》，28 页，北京，商务印书馆，1985。

说和科学理论的基本手段，是推进科学进步的动力之一。

回避客观事实，只承认经验事实，固然是错误的。但是，在科学认识活动中，简单地把经验事实与客观事实等同起来，只强调它们的同一性，忽视它们之间的差异，也是不恰当的。

在科学认识活动中，常常在下述两种意义上使用事实概念。

本体论意义上的事实。将现象、事物和事件本身称做事实。也就是把客观实在的现象、事物、事件本身称做事实。这也就是我们通常说的客观事实。

认识论意义上的事实。科学文献上的事实多具这种含义。事物本身固然是事实，人们关于事物的比较直接、比较确实的知识也叫事实。例如，1898年1月5日在法国物理学家居里的实验记录上，关于X射线对铀的状态的影响写道："X射线不改变铀的状态。"这是一个科学事实的陈述，在科学认识活动中经常这样使用事实概念。在这种意义上，事实作为某种特殊的经验陈述或判断，其中描述着被认识的事件和现象。科学方法论中把它标明为我们通常说的科学事实。

有些时候，事实还指谓不可驳倒的理论原理，例如，"过两点可以且只可以作一条直线这个事实"，这里就把"事实"作为理论原理的同义词了。人们可以用这些理论原理证明或驳倒某种东西，不过，因为我们主要是涉及作为理论基础的事实概念问题，所以把事实的上述意义主要看做语义学上的问题而加以排除。

事实概念的两种主要含义：客观事实和科学事实，后者有时也称做经验事实、实验事实。通常把事实解释为客观世界的事件、现象、过程，它们不以人的主观意志为转移，但能为意识所反映。这是一个基本前提，也是客观事实的基本含义。同时，辩证唯物主义又认为，人们不是照相式地反映事实，而是在实践中，在变革世界的过程中把握事实，这就是能动的反映论。科学事实当然不依赖于表达它的观念而存在，但以某种方式同理论联系着，同解释联系着。

科学事实与客观事实之间有很深刻的辩证关系。

第一，科学事实作为客观事实的反映，固然具有不依赖主观意识的客观实在性，但是，对科学事实的客观性，要作认真的分析。仅仅在作为客观事实的反映这个意义上，它的客观才是绝对的。面对具体的科学认识，我们应当分辨清楚：物质世界的事件、现象、过程，这些是客观事实；人们从观测和实验中所得到的映象，对观测实验结果作出的经验陈述或判断，这些是科学事实。科学事实是对客观事实的反映，两者具有同一性，但由于反映过程的复杂性，两者往往并不直接一致。

第二，就事实概念而言，这里同一件事情是从不同的关系上被考察的。当我们说到客观的事件或现象时，往往是对事实进行所谓"本体论"的考察，即在它们对其他事件或现象的关系上加以考察；而当我们把这些事件或现象称为科学事实时，我们对它是着眼于认识论的考察了。也就是在它们与认识主体的关系上、与在事实基础上创立的假说和理论的关系上加以考察。

第三，在科学认识活动中，事实也是认识的一种形式。科学事实反映的不仅是客观的、不依赖于主体的事件或现象，而且也同样反映它们与主体的客观的关系。科学事实是科学研究感兴趣的现象，它们被研究者借助于观测实验而发现并记录下来。

第四，科学认识活动从经验地收集事实开始，最终目的是建立能解释事实并预见新事实的理论。收集、积累、概括事实，这是科学认识系统化、理论化的必要前提。但是，客观的事件和现象会随着观测实验过程的结束而消失。怎样才能长期保存事实，把它们纳入科学认识的系统中并在理论上加工它们呢？这就需要对事实进行描述。能够保存事实并使之纳入科学构成的手段是语言。首先是自然语言，但更重要的是人工语言，即各种专门的科学语言。借助于语言可以表达陈述和判断。科学事实就是用语言记录有关客观事实的陈述或判断。科学事实的总和组成科学的描述。在科学认识中，描述作为在一定语言中对事实的表象，同时又是概括的基本形式。最初的概括，通过把所反映的事件、现象、过程纳入一定的概念系统而得到了实现。

第五，与客观事实不同，由于科学事实是某种经验的陈述或判断，所以允许对它作出某种评价或估计。在科学活动过程中，人们对客观事件、现象、过程的描述难以避免出现错误，并可能丧失重要信息。怎样才能辨明科学事实究竟与客观事实是否一致呢？这个问题非常复杂。原则上，我们可以要求对事实的描述必须是真实的，实际上，它们的真理性却只能依赖实践通过反复校正来实现。如果科学事实不仅是被检验着的，而且是被检验过的；不仅被检验过一次，而且被多次相互独立的实验所检验。在这个意义上，科学事实与客观事实就能说是一致的。

最后要指出，科学事实的经验性质并不是从它的内容而是从它的来源获得的。例如，关于零族元素——氦、氖、氩、氪、氙、氡——具有惰性这个论断，如果是从化学实验中得出的，我们涉及的就是科学事实。但是，同一个论断，如果是从原子的量子理论的正确原理中推导出来的，那么我们说的就不是一个事实概念，而是理论的推断了。科学事实是在经验上被确认的，

179

理论推断则是在理论上合乎逻辑的。在这两种情况下，真理性都意味着陈述与现实的一致。不同在于，前者同实践直接联系，同确定它们真理性的经验方法直接联系；后者则是理论和理论思维的产物，它最后还须接受实践的检验。从认识论的观点来看，确定理论推断的真理性的途径比较复杂，它要以理论为中介，经过一系列逻辑推理，而确定科学事实的真理性则比较简单，它的真理性直接取决于观测实验的结果。然而，若从实施的角度来看，也许恰恰相反，获得逻辑的和数学的推断通常比进行复杂的、精密的实验容易得多。

2. 两类科学规律：必然规律与统计规律

按照逻辑和实践的顺序，在科学认识活动中，紧接着获取和积累科学事实的，是对科学事实进行科学概括，形成科学规律。

系统的科学观察旨在揭示自然界的某种重复性和规则性。科学规律即是尽可能精确地表达这些规则性陈述。如若一种规则性毫无例外地在所有时间和所有地方都被观察到，这就是必然规律的形式。有些规律断言一种规则性只以一定的概率出现，而不是在所有的场合下出现，这种规律就是统计规律。

必然规律在逻辑形式上，由"全称条件陈述"予以表达。对于所有的 x，如果 x 具有性质 P，则 x 也具有性质 Q。符号表示则为：

$$(x)\ (P_X \rightarrow Q_X)$$

单称形式的科学陈述，即是科学事实。几乎所有的科学知识都导源于对特殊事件的特殊观察所形成的单称陈述。一个全称陈述能否作为规律，除了由相应的单称陈述来验证，还依赖于背景知识，依赖于当时所接受的理论。如果它蕴涵于某个已被接受的理论，或者其推论与已知的背景知识相符合，那么它就可以称为规律。

并不是所有的科学规律都是必然的，有一类陈述的真只具有可能性，其陈述形式为：如果某种特定种类的条件 F 发生，那么另一特定种类的条件 G 可能发生，我们称之为统计规律或概率规律。

统计规律以相对频率表达事物之间或事物属性之间的"不变关系"。形式化表达为：

$$RF\ (Q,\ P)\ =r$$

式中 RF 表示相对频率。该统计规律是说，在一系列随机实验 P 的系列中，产物为 Q 的情况所占的比例几乎可以肯定地接近 r。统计规律表示了可重复的事物种类之间的定量关系，是某种产物 Q 及某类随机性过程 P 之间的定量关系。

必然规律与统计规律是科学陈述的两种形式，尽管两者有较大区别，但是，它们是互为补充的，它们为人们预言未知事实提供了运作前提，使科学认识成为可能。

3. 归纳问题及其实质

一般而言，科学事实并不是科学规律，从事实到规律的过渡也不是直接完成的。这里牵涉到对科学事实的概括也就是或然性推论问题。或然性推论在科学认识过程中起什么作用？或然性推论与必然性推论之间的关系如何？只有弄清了这些问题，才能对科学认识的辩证法有更深入的理解。

从事实向规律和理论的过渡大致可分为知性认识和理性认识两个阶段。知性认识阶段主要是对科学事实进行分类、系统化并对它们加以分析和概括，使之上升为科学规律。相应的方法是所谓广义归纳法，包括科学归纳法、统计方法、类比方法等等或然性推论，简称归纳方法。理性认识阶段主要是在科学概括的基础上建立理论体系，以便反映客观世界普遍而必然的联系。

在借助归纳方法进行科学概括的问题上，以怎样看待归纳方法为焦点，历史上长期存在着激烈的争论。无论是穆勒的朴素的归纳主义，还是现代实证论者精致的归纳主义，都对经验事实作了唯心主义的理解，并且忽视理论思维在科学认识中的巨大作用。

实证主义者强调，归纳方法是唯一获得真正知识的方法，因为只有它直接和经验相联系，是对事实进行概括的方法。本来，近代西方经验论哲学强调认识和经验的联系，复兴和发展归纳方法，对科学的发展是起了很大推动作用的。但是，实证主义者强化了经验论趋势，把归纳方法捧到了天上，后来以归纳主义著称于世，引起了一系列的问题。

现代实证主义者则致力于科学理论的结构分析，并从这个角度来强调归纳法。他们认为，只有运用归纳方法，才能逐渐从记录事实的判断过渡到理论陈述。反之，理论陈述中的术语和概念必须能归结为可观察到的事实的陈述，才可视为是科学的，否则就是形而上学。这种夸大归纳方法意义的倾向也是片面的。在考察科学认识的一般方法时，认为任何一种方法（包括归纳法）已经穷尽了事情的本质方面，这是有悖科学认识的实际的，在理论上和实践上都是有害的。

但是，近年来在西方科学哲学中出现了一种反对传统归纳主义并对其进行批判的潮流。他们指出：观察依赖于理论，观察是易错的，归纳推理是不

181

可靠的。正好和归纳主义唱了反调。在吸取其中的合理因素时应当指出，反归纳主义的结论常常是极其片面的。不错，观察依赖于理论，观察是易错的，但如果由此否认观测和实验是最基本的科学认识活动，否认实验结果能够提供科学知识赖以确立的可靠基础，那就把伽利略以来的实验科学最本质的精神抛弃了。

所谓归纳问题是个古老的哲学问题，休谟在《人性论》中首先发难，一直争论了几百年。归纳原理被认为是：如果大量的 A 在各种各样的条件下被观察到，而且如果所有这些被观察到的 A 都无例外地具有 B 性质，那么，所有 A 都有 B 性质。既然科学知识是用归纳法从观察陈述中推导出来的，很明显，归纳主义者就将面临下述问题：归纳原理如何能被证明是正确的？就是说，如果观察给我们提供了一组可靠的观察陈述作为出发点，为什么正是归纳推理导致可靠的甚或是真正的科学知识呢？从逻辑上无法证明这个原理，因为有可能归纳论证的前提是真，而结论是假。从经验中是否能推导出归纳原理呢？人们可以列出很多归纳成功的例子，但用经验的方法来证明归纳原理无异于循环论证。

休谟早在 18 世纪中期已经论证了对归纳的经验证明也是完全不能接受的。休谟指出：意在证明归纳的论证是循环的，因为它运用的正是其正确性应该需要证明的那种归纳论证。这种证明的论证形式如下：

> 归纳原理在 X_1 场合成功地起作用。
> 归纳原理在 X_2 场合成功地起作用。
> 等等。
> 归纳原理总是起作用。

休谟还指出：断言归纳原理正确性的全称陈述在这里是从一些记录这原理过去成功运用的单称陈述中推论出来的。所以这个论证是一个归纳论证，因而，不能用来证明归纳原理。我们不能用归纳来证明归纳。与归纳的证明联系在一起的这个困难，传统上称之为"归纳问题"。

不错，归纳问题使归纳主义者陷入困境。归纳推理是不可靠的，把归纳法作为论证科学理论的唯一方法是片面的。实证论者试图把科学解释为能够根据已知证据确立为真的一组陈述，遇到了一个接一个的困难。但是，如果因此认为：归纳这种东西是不存在的，这就是说，由"经验证实了的"个别论点引出的理论结论在逻辑上都是不允许的，因而理论永远不是在经验上被证实的，这就陷入了另一个极端。归纳推理不可靠，无非是说，归纳推理得到的知识并不是必然的知识，但这并不能导出归纳方法无用论，更不能说明理论永远不可能得到经验的证实。"归纳问题"可以表明：归纳方法并不是科学认识的唯一方法，它有自己的作用范围，有自己的局限性。而正确的态度是：恰如其分地评价归纳方法，搞清其实质。

应当同时强调在科学认识活动中理论思维的重要作用，坚持把事实向理论的过渡进行到底。这是所谓归纳问题的实质。但是，辩证的认识论不否认归纳在科学认识活动中的相应地位，并且非常重视归纳方法与经验、与科学事实的直接联系。归纳在科学概括中的作用是科学认识论的重要组成部分。

4. 归纳方法与演绎方法

归纳方法和演绎方法究竟在什么意义上是不同的认识方法？

传统的说法是：归纳方法建立在从特殊到一般的推理基础上，演绎方法却是建立在从一般到特殊的推理基础上，所以归纳和演绎恰好是互相对立的两种认识方法。不能认为这个说法已能令人满意了，除非在很狭窄的范围，即传统的形式逻辑中，而且只限于简单枚举归纳。

作为经验认识方法的广义归纳，包括多种多样的形式，把它们统统表征为"从特殊到一般的推理"，未免遗漏太多。属于归纳方法的某些形式，例如直觉归纳法，一般地说并不是逻辑推理。另一些形式，例如类比，也不是从特殊到一般的过渡。再说，作为理论认识方法的演绎也不局限于从一般到特殊的推论。演绎方法的本质在于根据一定的逻辑规则，从前提中得出必然的结论。因此，演绎推理也可以是从一般到一般和从特殊到特殊的推理，还可以是无须用一般和特殊概念的推理，如命题的演算。充其量说，传统上所谓从一般到特殊与从特殊到一般的对立，只是在区分逻辑类型的意义上才大致适用。

在科学认识活动中，归纳方法应理解为概括由经验获得的事实，演绎方法则应理解为建立逻辑必然的知识体系。换言之，归纳方法和演绎方法是从认识的起源和发展过程的观点来看才迥然不同。归纳方法与概括和加工事实有关，并且总是以观测和实验的结果为根据。演绎方法则是要从一些作为原理的判断形式，推导出一个判断体系，推导程序完全依据所采用的逻辑系统的规则。因此，在科学认识论中，不要太拘泥于形式逻辑中关于归纳法和演绎法的对立，而要着重看到科学认识两个阶段的两类认识方法之间的区别。其中一类方法——归纳方法，目的是确立科学认识基础的客观性，并由它得出合乎情理的、或然的推论；另一类方法——演绎方法，目的是组织"现成的"知识，即从作为真理而被采用的前提中得出必然结论的方法。

或然性推论的目的在于探索事物的规律性，这是对在观测实验中得到的科学事实进行概括的恰当形式，也是科学认识中不可缺少的一个步骤，所以，忽视或然性推论、贬抑归纳方法的倾向是错误的。当然，在这之后，还要建立必然的本质的认识，它将通过假说在科学理论中得以实现，理论体系的建立主要靠必然性推论即演绎方法。把两个阶段结合起来，可以发现，由或然性推论得到科学概括，是从科学事实到科学规律和理论的桥梁。

184

小 结

科学实验，即观察和实验，是科学认识的基础。科学实验结合感性认识和理性思维的特点，具有直接现实的品格，一方面是证明和发展科学知识的有效手段，另一方面是理论不断改进的原动力。

科学仪器可以帮助人们克服感官的局限并改善认识的质量，并通过测量把握事物的定量的信息。无论在实验的构思准备阶段还是在实验结果的解释阶段，科学实验都离不开理论思维。科学实验与理论思维的联系是辩证的，实验受科学知识体系的支配，同时又产生更完善和更深刻的新的理论。

区分本体论和认识论意义上的事实概念，搞清客观事实与科学事实的联系与差异具有重要意义。对于归纳方法存在正反两种极端的看法，应该正确认识归纳在科学概括中的地位，并认识到归纳方法不是唯一的科学方法。应该把归纳方法理解为概括由经验获得的事实，把演绎方法理解为建立逻辑必然的知识体系。

思考题

1. 阐述科学观察与科学实验的联系与区别。
2. 把实验手段作为实验活动的客观方面有什么重要意义？
3. 科学实验有哪些行为上的特点？
4. 简述测量在科学认识活动中的作用。
5. 科学事实是否就是客观事实？试说明理由。
6. 什么是归纳问题？归纳与演绎有什么不同？

延伸阅读

1. 赖欣巴哈：《科学哲学的兴起》，北京：商务印书馆，1991年。

2. 库恩：《科学革命的结构》，北京：北京大学出版社，2003 年。

3. 内格尔：《科学的结构》，上海：上海译文出版社，2005 年。

4. 蒯因：《从逻辑的观点看》，北京：中国人民大学出版社，2007 年。

5. 亨普尔：《自然科学的哲学》，北京：中国人民大学出版社，2007 年。

6. 卡尔纳普：《科学哲学导论》，北京：中国人民大学出版社，2007 年。

第六章 科学认识的理论建构

重点问题
- 科学假说与科学理论
- 科学理论的功能、结构与演化
- 经验规律与理论规律

现代科学积累了与日俱增的、数量庞大的经验材料，如何从经验层次的认识上升为理论层次的认识，是哲学家和科学家们十分关心的重大问题。科学的理论建构是以假说为中心，依靠经验材料，运用假说—演绎方法，并在实践中不断深化理论规律与经验规律的联系。

一、科学假说与科学理论

1. 假说与理论

（1）假说是通向理论的必要环节。

科学认识的结果是科学理论，科学理论的建立有其特殊的思维形式——假说。假说为实现由"感性上的具体"到"抽象的规定"，再由"抽象的规定"到"思维中的具体"的提升提供了不可或缺的桥梁，是科学认识发展过程中的重要环节。

科学假说作为科学理论发展的思维形式，是人们根据已经掌握的科学原理和科学事实，对未知的自然现象及其规律性，经过一系列的思维过程，预先在自己头脑中作出的假定性解释。

科学假说是科学理论的可能方案。假说经实践检验，可以转化为理论；理论随着实践的发展又将接受新的假说的挑战；一旦经受检验，新的假说又转化为新的理论。假说与理论之间，没有一条不可逾越的界限。假说积极地作用于研究过程，导致新事实的积累、新思想的涌现和新知识的产生，从而达到可靠的理论。这个把理论方案转变为科学理论的过程，也就是达到真理认识的过程。

恩格斯在批评轻视理论思维倾向的归纳主义时，肯定了假说在理论建立过程中的作用，他说："只要自然科学在思维着，它的发展形式就是**假说**。一个新的事实被观察到了，它使得过去用来说明和它同类的事实的方式不中用了。从这一瞬间起，就需要新的说明方式了——它最初仅仅以有限数量的事实和观察为基础。进一步的观察材料会使这些假说纯化，取消一些，修正一些，直到最后纯粹地构成定律。如果要等待构成定律的材料**纯粹化起来**，那末这就是在此以前要把运用思维的研究停下来，而定律也就永远不会出现。"①

假说之所以必要，是因为从个别的事实中，规律是不可能被直接看到的。不管事实积累有多少，本质跟现象总是具有质的差别。虽然第谷积累了丰富的天文观测事实，但并不能直接从中看到后来为开普勒发现的行星运动定律，更不能直接导出万有引力定律。可见，在理论形成之前，就要产生作为未来理论的前提或雏形的各种可能的方案和适当的思想。理论准备的整个时期，从最初的推测，到建立依赖于某些推测的演绎体系，到对结果的实验检验，都可以称做假说形成和确立的过程。所以说假说是通向理论的必要环节。

（2）假说是科学性和假定性的辩证统一。

首先，假说是在事实和已有科学知识的土壤中生长的，它不但要以一定的实验材料和经验事实为基础，而且要以一定的科学知识作依据，经过一系列的科学论证才能提出。假说与主观臆测不同，同缺乏科学论证的简单猜测、随意幻想也有区别。它具有科学性的特点。例如，大陆漂移假说的提出，首先是因为下述地理发现：非洲西部的海岸线和南美东部的海岸线彼此吻合；同时，它们在地层、构造、古气候、古生物方面存在一致性。德国地球物理学家魏格纳依据已知的力学原理和上述地理发现，在 1910 年提出了大陆不是固定的，而是可以漂移的初步假定。1915 年，魏格纳在《大陆和海洋的起源》一书中，依据地球物理学所揭示的地球内部结构、物理性质等规律，以及古气候学、古生物学、大地测量学等学科的材料，对大陆漂移的初步假定进行了广泛的科学论证。魏格纳设想，在三亿年前地球上只有一块大陆，即泛大陆，在它周围是一片广阔的海洋。大约在二亿年前，由于天体的引力和地球自转所产生的离心力，原始大陆分裂成若干块，像浮冰一样在水面上逐渐漂移、分开，形成今日的七大洲和四大洋。地球上的山脉也是大陆漂移的产物。纵贯南北美洲的落基山脉和安第斯山脉，就是美洲大陆向西漂移过程中，受

---

①　恩格斯：《自然辩证法》，218 页，北京，人民出版社，1971。

到太平洋玄武岩底层的阻挡由大陆的前缘褶皱形成的。根据大地测量的结果，在最近二三十年间美洲与欧洲之间的距离有所增加，证明美洲大陆至今还在漂移之中。这一切表明，大陆漂移说是有一定科学性的。

但是，假说毕竟是假说，它还不是科学的真理，它的基本思想和主要部分是推想出来的，是否真实还有待于实践的检验，因而和确实可靠的理论不同。简言之，假说有一定的推测性，是一种思维中的现象，是对外界各种现象的猜测和推断。假说的假定性或推测性，意味着它是作为问题的可能回答之一而产生的。作为问题而表述出来的困难是建立新的理论的起点。这样，提出假说，除了要求发达的理论思维能力和足够丰富的知识素养以外，还要求具备在困难中发现问题症结的能力。解开这个疙瘩是解决其他许多问题的前提。科学假说并不是直接从科学事实中引申出来的，而是为了说明科学事实而发明出来的。它们是对正在研究的现象之间可能获得的各种联系的猜测，是对这些现象的本质的猜测。这种猜测需要巨大的创造性——科学的创造性。所以说，科学假定是科学性和假定性的辩证统一。从量子力学建立的历史可以看到，如果经典力学关于运动电荷的轨道将随着能量耗损连续变化的理论没有受到原子中的电子轨道具有稳定性这个观测事实的挑战，如果没有产生如何协调这两者之间的矛盾这一问题，那么，物理学家是不会作出量子假说的。

（3）狭义与广义的假说。

在科学认识中，假说常常在下述两个意义上使用：作为个别的假设与作为判断系统的假设的总和。

在狭义上，假说是有着对象存在或它与其他对象具有本质联系的某种猜测性判断。瑞士物理学家鲍利在 1931 年发表的关于特殊粒子（后来费米命名为"中微子"）的推测，就是一个关于事物存在的假说。提出中微子存在的假说，目的在于对能量守恒定律某种表面上的不协调作出解释。当然，这个假说不仅仅是简单地对某种粒子存在这一事实加以确认，而且包含着它在 β 衰变过程中同其他粒子的本质联系的意见。但总的说来，中微子假说属于个别的假设。几乎每一个实验都需要这种假设来提示或引导。

在广义上，假说是指判断系统，其中一些是具有或然性质的原始前提，即狭义的假说，而另一些则是这些前提的演绎展开。例如，不仅光的波动本性的推测是假说，而且，从它引出的光在不同介质中的折射性质这个结果（斯涅尔定律）也是假说，甚至整个光的波动学说也是假说。后者是以光的波动本性的假设为前提，以逻辑的必然性演绎出来的。但是，在光的波动学说的真理性没有被实践证明以前，它仍然是或然性知识。它是作为理论可能方案之一的判断系统。

在科学认识的理论层次中，最有意义的假说是广义的假说，即作为判断系统、作为理论方案的假说。我们这里着重论述这种假说。

2. 科学假说成立的前提

假说成立的根本条件在于它能否接受实践的全面检验。实践检验对于假说是最高的裁判。但在科学认识过程中，允许也有必要根据科学实践的规律和能动反映论的认识论原理，规定一系列任何假说都应当满足的前提条件，以便剔除许多不适当的假说，而把精力集中于分析、验证真正有价值、有前途的假说，使这些假说获得科学假说的地位，有朝一日转化为理论。

下述前提，对于科学假说都是很必要的。

第一，科学假说应当符合科学世界观。这个要求，对于选择科学假说、淘汰不科学的假说起着准则的作用。它并不保证被选择的假说的真理性，但却无条件地从科学中排除毫无根据的迷信和虚妄的观念。例如，"宇宙第一推动力"假说和"生命永恒性"假说，这是与辩证唯物主义原理根本矛盾的，因而是不可能成立的。当然，这并不意味着，根据辩证唯物主义的规律，就能科学地解决某一假说的取舍，但辩证唯物主义确实能帮助我们分析，什么是不同科学假说间的竞争，什么是科学与唯心主义的斗争。

当然，作为准则的应当是真正的辩证唯物主义，而不是某些人的主观意愿，更不是某些人手中的棍子。当年李森科之流宣布遗传学说不符合辩证唯物主义，把遗传学实验室、研究所取消，把遗传学家投入集中营，这实际上是玷污辩证唯物主义，是不足为训的。辩证唯物主义无意于阻塞各种科学假说竞争、发展的道路，它的作用应当在于引导研究者的思想走上科学的轨道、走上按事物的客观本性概括事物发展规律的轨道。

第二，科学假说不应当与科学中普遍的、久经考验的规律和理论相矛盾。例如，现代科学拒绝研究任何永动机的方案，除非你首先能证明能量守恒定律不是普遍成立的。

当然，这个前提也不应当被绝对化，否则就会使知识的发展就此止步。理论具有继承性，也有适用的界限。当我们看到所提出的假说同某门科学已证明的原理相矛盾时，首先应当怀疑假说，对它进行严格的考察。但是，如果新的观测和实验事实不断加强假说，那就应当检查与假说矛盾的理论的可靠程度究竟怎样。在物理学史上，新假说指出旧理论局限性的例子是不胜枚

189

举的。1911 年卢瑟福提出的原子类似太阳系结构的假说，与麦克斯韦和洛仑兹建立的古典电磁理论就有矛盾，结果却导致了电动力学原理的重大变化。

第三，科学假说不应当同已知的经过检验的事实相矛盾，并且必须尽力做到，假说不仅能解释个别事实，而且能解释一系列事实的总和。一般而言，如果已知事实中哪怕有一个已经确认的事实跟假说不相符合，假说就应当修改甚至被抛弃。假说首先就是为了解释这些事实才提出来的。例如，康德—拉普拉斯的星云假说在宇宙观上是有革命意义的，他们认为太阳系是从原始星云演化而来的，第一次把太阳系的产生看做一个发生发展的过程。但是，他们的假说无法解释太阳和行星之间被观察到的动量矩的分布问题，这个一开始就遇到的障碍以及后来陆续发展的事实，迫使太阳系起源的假说不断被修改。

当然，这一要求也不能绝对化。假说与已知事实矛盾，并非总是来源于假说方面的错误。科学史上有过这样的例子，为了确立假说，需要重新审查事实。通常被确认的事实，可能是错误的。当门捷列夫提出元素周期律并阐明了当时已知的大多数知识时，情况正是如此。当时明摆着若干已知元素的原子量不符合周期律，门捷列夫并没有因此觉得有必要修改周期律，他认为事实与规律之间的偏离应当由化学家确定原子量时的误差来说明。结果，对一系列元素原子量更加准确的重新测量，得出了与周期律一致的结果。

但是，千万不要动摇假说在总体上和本质上对已知事实的依赖关系。可以这样说，假说应当同准确的、已经被很好地检验过的事实相符合。假说的科学价值就决定于它在多大程度上能够解释所有已知事实以及——这一点是更根本的——预言新的至今还不知道的事实。

第四，科学假说应当是可检验的。如果一个假说不但无法在技术上接受观测和实验或一般实践的检验，而且在原则上也不可能被检验，那就不能称之为科学假说。例如，关于月球物质构成的假说，原则上总是可以检验的，人们开始是用许多间接方法，而当登月飞行之后，就最终在技术上实现了直接检验。关于速度为每秒 40 万千米的火箭行为的推测，原则上是不可能被检验的，因为根据物理学最基本的原理，物体运动超光速是不可能的，因此，至少在目前，没有人会认真对待这种推测而把它当做科学假说。再如，关于"电子"自身行为的假说，原则上也是不能被检验的，因为，首先，不存在不跟其他物质客体相互作用的东西；再说，一旦我们检验"电子"的行为，必定对电子的行为产生不可忽略的作用，那时，检验到的已经不是电子自身的行为了。

　　假说的可检验性同假说的演绎展开的可能性紧密地联系着。观测和实验所检验的往往不是假说本身，而是它们的推论，即从假说中逻辑推导出来的描述个别现象或事件的判断。例如爱丁顿在 1919 年日全食时的观测，所证实的就是广义相对论的一个推论，而不是广义相对论的基本假设本身。

　　可见，假说与其他前提条件（逻辑规则、科学定理、定律等）相结合，应当包括这样一种演绎推理的可能性，使其推理结果可以被检验。

　　第五，科学假说应当符合简单性原则，以便假说尽可能地简单，并能由少数几个原理或基本假说来解释一定领域内所有的已知事实。简单性原则之所以能作为假说成立的前提，是因为它反映了世界统一性的方法论要求。

　　哲学史上，奥卡姆的威廉曾经主张把简单性作为形成概念和建立理论的标准。他认为，应当淘汰多余的概念，在说明某类现象的两种理论中应当选择更简单的。所以，后来人们常称简单性原则为"奥卡姆的剃刀"。在现代科学认识中，简单性原则就是要求在假说体系中所包含的彼此独立的假设或公理最少。爱因斯坦认为，科学的伟大目标，就是"要从尽可能少的假说或者公理出发，通过逻辑的演绎，概括尽可能多的经验事实"[1]。

　　对于一定的对象领域，常常可以提出几种假说来加以解释。简单性原则可以帮助我们作出选择。例如，落体运动的运动曲线，在根据实验测得的结果描点后，可以用很多种方式把这些点联结起来，但其中以抛物线最为简单。所以伽利略说，如果已看出从相当高度开始下落的石头获得愈来愈大的速度增量，那么为什么不假定这样的增量是按最简单的、最容易理解的方式进行的？

　　当然，简单性是相对的。很难找到什么确定的数量指标（如基本假定的个数等等），利用它们就可以便当地衡量哪个假说更简单。简单性可以说是个美学原则，但更重要的是它应当和知识的真理性相一致。因此，一个满足简单性原则的假说，必须保证能经受住进一步的实践检验。同时，按简单性原则挑选出来的假说，当它从原来的领域过渡到更广泛的领域时，应当仍然是真实的，并可以归入到更普遍的假说体系中。

　　最后，建构的科学假说体系应当具有自洽性和相容性。所谓自洽性，是指科学假说内部的无矛盾性。如果一个假说体系内部不能自圆其说，存在矛盾命题，那么这个假说体系至少是要修正的。所谓相容性，指一个科学假说体系不仅要内部自洽，而且要与相关的背景知识相一致。背景知识，是指已

---

① 许良英等编译：《爱因斯坦文集》（第一卷），262 页，北京，商务印书馆，1976。

经得到确证且为科学共同体所接受的科学理论。

科学假说体系，在逻辑上还要追求体系内部的完备性，即体系中的任何一个命题非真即假是可以判定的。然而自洽性与完备性这两种追求是不可能兼得的，1931年哥德尔提出的不完全性定理深刻阐明了这种困难关联。面对困难的选择，内在无矛盾性应放在建构理论体系的首位，然后尽其所能兼顾体系内部的完备性。从某种意义上讲，理论体系内部的不完备性正是推动科学理论前进的逻辑动力，它凸显理论体系具有内部开放性。它旨在化解理论的固有疆域，拓展新的理论空间。

3. 科学假说向科学理论转化的条件

假说向理论的转化是一个复杂的认识过程。假说是理论的可能方案，作为对现有知识的总括而产生的假说，积极地作用于研究过程，导致新事实的积累，扩大和加深现有的知识，引导人们提出新的思想，从而达到可靠的理论。这个把方案转变为理论的过程，也就是达到真理性认识的过程。

怎样才能判别假说已经转化为科学理论呢？归根到底，这有赖于各种实践活动，其中包括科学实验和生产实践。在实践中，如果假说满足下述两个条件，就可以认为假说已经转化为理论。

第一，把假说运用于实践，如果有愈来愈多的事实和这个假说相符合，并且没有任何已知事实与之矛盾，那么，就证明这个假说是客观规律的正确反映。这是假说转化为理论的首要标志。例如，牛顿的万有引力定律在刚提出时，只是一个假说。200年来，它运用于实践，无往而不胜。17世纪末，牛顿运用这个定律推断，既然秒摆长度愈接近赤道变得愈短，说明赤道处的引力比两极附近小，因而赤道半径大于极半径，可见地球是个两极较平、赤道凸出的扁球体。牛顿进而把引力定律用于状如扁球体的地球的运动，解释自古以来就知道的岁差现象。他指出，因为地球与其轨道平面（黄道面）成一倾斜角，所以作用在地球赤道鼓出部分的太阳引力，一定要引起地球的自转轴绕着垂直于黄道面的直线缓慢地转动，转动周期约26 000年。这个解释遭到当时天文学家的强烈反对，因为当时人们根据一些错误的测量认为，地球的形状应当是两极距离大于赤道直径的长球体。双方争执不下。为了解决这个争论，法国数学家德·莫泊图在1730年组织了一次探险，冒着遭遇狼群的很大危险，在芬兰北部的拉普兰测量北纬子午线一度的长度。他的测量说明，牛顿的观点是正确的。有趣的是，牛顿所计算的地球扁率是1/230，比德·莫泊图的测量值1/178还更接近后来的精密测量。1798年英国物理学家卡文迪许采用扭秤法较精确地测定了引力常数的值，从而直接证实了地面物体之间存在着万有引力。正因为万有引力定律在实践中取得了圆满的结果，成功解释了一个又一个的事实，并且没有遇到不可克服的矛盾（反例），所以它就从假说逐渐转化为理论。

　　第二，假说是否已转化为理论，除了解释性条件，还必须有预见性条件。如果由假说作出的科学预见得到实际的证实，那么，就标志着假说已经转化为理论。例如，在 20 世纪 40 年代初，关于有机体遗传的物质基础，有两种对立的假说。一种认为，蛋白质具有高度的特异性，因而主张蛋白质是遗传的物质基础；另一种认为，由于每个物种中核酸的含量和组成都十分稳定，因此主张核酸是遗传的物质基础。1944 年，加拿大生物学家艾弗里等设计了一组实验，从光滑型肺炎球菌里分离出纯的蛋白质和纯的脱氧核糖核酸，分别把它们加给粗糙型肺炎球菌，结果，只有后者能使粗糙型转变为光滑型。这是个判决性实验，它确定了遗传的物质基础是核酸而不是蛋白质。

　　拿假说能否预见未知事实与能否解释已知事实相较，前者是假说真理性的更有力的证明，当然更能作为假说是否转化为理论的鲜明标志。所谓判决性实验，就是在对立的两个假说之间，设计一个或一组观测或实验来证实哪一个具备预见性，或者更确切地说，证实哪一个不具备预见性。长期以来，科学家们相信，如果从一个假说作出的推断（预见）跟另一个假说作出的推断（预见）相抵触，实验结果支持其中的一个推断而否定另一个推断，那么就可以认为该实验在两个对立的假说中作出判决，其中一个便转化为理论。

　　不应当夸大判决性实验在假说转化为理论中的作用，正如同不要把假说向理论的转化绝对化一样。一般而言，判决性实验可以指望用来作为推翻某一种假说的手段，但不能指望推翻一个假说同时就能完全证明与之对立的另一个假说。巴斯德的实验推翻了自然发生的假说，但并没有成为生命永恒假说的证明。英国科学哲学家拉卡托斯曾经在科学史的研究中指出下述事实：判决性实验只是在数十年后才被认为是判决性的，水星近日点的反常行为作为牛顿纲领中许多尚未解决的困难之一已知有数十年，但是只有爱因斯坦更好地解释了它之后，才把一个暗淡的反常转化为一个对牛顿研究纲领的光辉"反驳"。英国物理学家托马斯·扬认为他 1801 年的双狭缝实验是在光学的微粒纲领和波动纲领之间的一个判决性实验；但是他的主张只是在很晚，即法国物理学家菲涅耳远为"进步地"发展了波动纲领以及牛顿派不能同它的启发力匹敌这一点变得清楚之后，才得到承认的。这表明，相互竞争的假说往往经过长期的不平衡发展，直到其中一个假说明显地具有更大的启发力即预见性之时，事后来认识，最初的实验才能被称做判决性的。因此可以说，判决性实验之所以常被看做假说转化为理论的根据，是因为它恰当地成为假说预见性的标志。

如上所述，假说一旦经受实践检验，具备解释性和预见性，就可以转化为理论。然而，这种理论仍然是相对真理，理论随着实践的发展又将接受新的假说的挑战。假说和理论之间的转化是不会终结的。因此，尽管在原则上可以根据其真理性来区分假说和理论，但在假说和理论之间并没有一条不可逾越的界限。创造条件促成它们之间的转化，将推动科学认识向前发展。

二、科学理论的功能、结构与演化

由于理论系统地反映了对象的本质和规律，因此执行着两个最重要的功能——解释功能和预言功能。

1. 科学理论的解释功能

由假说转化而来的理论，是在一定历史条件下相对完成的东西，是科学认识的成熟形态。科学理论具有两个最基本的特点：一个特点是与实践检验相联系，就是具有客观真理性；一个特点是与形式结构相联系，就是构成严密的逻辑体系。用爱因斯坦的话来说，科学理论的基本特点或要求是："外部的证实"和"内在的完备"。这两个特点相互作用、相互补充，意味着科学理论系统地反映了客观事物的本质。科学理论两个最重要的功能——解释功能和预见功能——就是由此而来的。

从形式上说，解释一个现象需要说明有关现象的描述是从定律和先行条件的陈述中合乎逻辑地得出来的；同样，解释一条定律需要说明该定律是从其他一些定律中合乎逻辑地得出来的。从内容上说，所谓解释，就是揭示存在事物的本质。理论是对现象本质的系统化的反映，当然，在它的原理、规律、论断中反映着现实的各种本质的联系。对某一客观事物的科学解释归结为对这些联系的全面分析，并在分析的基础上综合地再现所解释的客体。

组成本质内容的最重要的联系有三种：第一，因果关系。在必然性可以看成是绝对的条件下，这就是严格决定论的规律；而在随机现象中，必然性通过大量偶然性而存在时，是"统计的"或概率的规律。第二，结构功能关系。在这种关系中，系统的结构制约着它的属性和功能，而功能又是系统存在与系统行为合理的必要条件。第三，起源关系。它表明事物发生、发展和转化的过程。

根据本质关系的上述特点，可以建立相应的科学解释的类型。

（1）因果解释。这种解释试图找出制约某现象发生、某规律存在的原因，在形式上表现为某种还原的程序。经典科学理论大多数属于这种解释类型，由于牛顿力学的巨大成功，近代物理学的一个主要倾向就是，企图用运动学和动力学的规律来解释一切物理现象。拉普拉斯曾经表达过这样的信念，只要给定初始条件，那么过去和将来都是完全可以决定的。这是科学解释的主要类型之一，但毋庸讳言，如果把它夸大为唯一的解释类型，就要犯机械决定论的错误。

（2）概率解释。这种解释建立在必然性通过偶然性表现出来这一哲学结论的基础上，试图说明现象是根据怎样的统计规律而产生的。在这里，应当强调，解释的概率特征取决于客观存在的概率本质，而不是主观造成的。不能认为，概率解释是认识不完全的结果，恰恰相反，由于不确定性（偶然性）是这类事物本身的性质，因此，人们关于不确定的事物具有不确定性的系统知识，正是确定和完全的。例如，在量子力学中，波动方程在一定的外部条件下，对于涉及原子客体（如电子）行为的概率给出确切的描述，这是一种概率解释，但决不是假定的、真理性没有把握的解释。

（3）结构解释。这是系统分析最重要的方面之一。结构解释在于阐明系统的结构，揭示系统各成分之间的联系，用结构来解释系统的某些属性、行为或结果。例如，在物理、化学中，常常通过揭示结晶、高分子、原子等等的结构，来说明物质的许多物理、化学属性（如硬度、弹性、化学活性、原子价等等）。

（4）功能解释。这也是系统分析的重要方面。把系统的某个因素（成分、器官）看做整个系统正常功能的必要条件，通过阐明由这个因素所实现的功能，帮助人们增加对系统总体的认识。例如，在商品生产中，对市场调节的分析，有助于揭示实现商品生产的必要条件。在生物学中，对氧气交换的分析，有助于揭示生命存在的必要条件。功能解释只是局部的、不完备的，通常要与其他类型的解释结合起来，才能在总体上得出令人满意的结果。

（5）起源解释。这种解释在于揭示各种作用的总和如何使一个系统转变为时间上较晚的另一个系统，并且考察这个发展的各个基本阶段。把起源解释作为科学解释的一种独立类型，其根据是发展原则以及逻辑与历史一致的原则。例如恒星演化学说，是通过星际弥漫物质——星云——主序星——红巨星——白矮星——黑矮星系统之间的嬗替，阐明天体起源的规律性。这种解释类型，只有当对历史形态和具体历史条件的研究成为解释的必要成分时才有意义。

2. 科学理论的预见功能

科学解释提供了认识过去和现在，揭示已知事实的本质和从理论上领悟它们的可能性。科学解释标志着人类认识能力的大大提高。但是，解释并不是理论的唯一功能，如果科学认识只停留在对过去和现在的解释上面，只能说明已知的事实，那就很难理解为什么人类把科学当做自己行动的向导了。至少与解释功能同样重要，科学理论还具有另一个重要的功能：预见功能。

预见与解释是不可分割的，它们都是根据理论本身，也就是根据理论所揭示的规律性和本质联系，按照逻辑机制演绎出的结果。但是，作为解释，是从已知事实概括、抽象出理论，再从这个理论逻辑地推导出内容上适合于这些事实的判断；而作为预言，则是从该理论逻辑地推导出关于未知事实的结论，这些事实或者已经存在但不为人们所知，或者暂未存在，但应当和能够在将来发生。

科学预见提供了认识事物发展进程、预见最近和未来发展前景的可能性，是人类改造世界的思想基础。科学预见不同于经验推测。例如，人们在多年的经验中积累了一系列有关天气特征的知识，当然可以根据这些特征预言天气的变化。但是，这些预言中有许多是不可靠的。以日常经验和个别经验为基础的预言，其不可靠性根源于对现象本质的无知。根据现代气象科学进行的天气预报则完全不同。科学预见的可靠性和正确性，在可能范围内是由于理论揭示了对象本质的结果。科学预见要求准确地表达被预见现象发展的具体条件，要求善于运用逻辑的规律和规则、善于将数学计算运用于理论前提，并且要求对导出结果的现实可能性作出评估。

科学预见是科学理论能动作用最鲜明、最显著的表现之一，也是科学理论相对独立性最有特色的表现之一。在科学预见中显示出理论思维能够明显地超越认识的经验层次。科学预见对于人们的实践活动，对于在物质生产和社会发展领域中有效地控制复杂的系统，并对系统的进程进行监督，有着巨大的意义。

科学预见的类型类似于解释的各种类型，究竟属于哪种类型，取决于所采用的原始理论前提的本质和特点。当采用所谓严格决定论规律时，预见是足够精确的、单值的。像对日食和月食、人造卫星、宇宙飞船的运动等等的预见就是如此。在采用统计或概率规律的情况下，预见也是概率性的。这时，精确而可靠地预言的不是事件本身（例如电子的行为），而是在给定时空间隔中它存在或发生的概率。当理论着眼于客体的结构特点时，人们可望预见的是客体的属性，等等。

科学理论的解释功能和预见功能的实现，使它成为变革现实世界的锐利武器。人类因此有可能自觉地控制自然界和社会的发展过程。当然，在理论的实际运用过程中，又将暴露出新的事实，产生新的问题，这又会导致科学认识在经验方法与理论方法之间又一轮相互作用。

3. 科学理论的结构

如果假说经受实践检验被证明具有解释性和预见性，它就转化为理论。假说与理论的本质差别，在于假说是未被实践证实的理论方案，而理论是被实践证明了的假说，在它被实践证实的那个界限内是可靠的、真实的知识。换言之，假说和理论在它们原始前提的真实性是否确定上是不同的。

但是，假说与理论的差别又是相对的。首先，理论还要发展，当它扩展到新的领域，或深入到对象的更深层次时，原来的理论又只具有推测的性质，需要在实践中借助它建立新的理论。此外，还有一个重要理由，就是作为理论方案的假说体系与理论在形式和逻辑结构上是完全相同的，而理论（和假说）与其他形态的可靠知识（如统计材料、经验事实）的区别也正是在结构上。下面着重考察科学理论（作为理论方案的假说也是一样）的结构。

"自然科学的成果是概念"①。理论是由概念组成的，概念就是决定它的思想内容的成分。各门科学都有自己一系列的科学概念。例如：几何学中有点、直线、平面、全等、相似、变换等等；力学中有质点、路程、速度、力、质量、功、加速度等等；化学中有元素、原子、化合、分解、价、键等等；生物学中有物种、细胞、基因、遗传、变异等等；控制论中有信息、系统、反馈等等。每门科学中的原理、定理、定律，都是用有关的科学概念总结出来的。科学理论的完整体系就是由概念、与这些概念相应的判断，以及用逻辑推理得到的结论组成的。

反映理论成分（即概念和相应的判断、推论）之间的关系的总和，是理论的结构。理论的结构特点在于，理论所由构成的那些概念和判断并不是按照任意的或外在的次序排列的，而是在逻辑上严整的、连贯的系统。换言之，理论的概念和判断相互存在着逻辑联系，借助于逻辑的规律和法则可以从一

---

① 列宁：《哲学笔记》，290页，北京，人民出版社，1960。

些判断中获得另一些判断。理论的概念和判断之间的逻辑关系的总和组成了它的逻辑结构，这个结构大体上是演绎的。今天，科学理论通常被构造为假说—演绎体系。

运用构造性语言作为科学知识的模型，这是科学史上最重要的成果，也是方法论中最重要的课题——至少就知识的形式方面而言，这种估价是不过分的。

演绎理论是构造性语言的一种特殊形式。从句法学的角度来看，演绎语言是不考虑符号之外意义的某种符号组合，称之为演绎体系。已经得到解释的演绎体系就是演绎理论。

一个演绎体系通常由三个部分组成：第一，基础词汇（即基本符号手段的总和）；第二，给定语言所使用的逻辑手段；第三，通过逻辑手段而从基础词汇得出的体系。长期以来，演绎体系（首先是公理化理论）被认为是一种构组科学知识的最完美、最高级的形式。对经验知识来说，演绎体系转变为假说—演绎结构。科学知识的发展就在于从不完善的、具体的理论转化为假说—演绎理论。

理论的逻辑结构带有演绎的性质，不是偶然的。借助演绎规则，可以保证从少量真实的前提进到大量新的、逻辑必然的推论。由此建立的理论具有条理性、连续性和充分的科学严格性。采用演绎结构使人们有可能最大限度地发挥理论思维的作用，缩小为深入研究新的理论所必需的经验材料的范围。由于演绎推论的可靠性，避免了总是要借助观测和实验来检验每一个单个命题真实性的必要，这就明显加快了理论知识的发展，并使它的运用在实践上变得更加有效和可靠。

随着近代科学的兴起，伽利略提出了用观测实验和数学方法相结合来研究自然界的方法。他不仅认为物理学原理必须来自观测和实验并接受实践的检验，而且认为物理学的研究应当寻求量的公理，由此研究物体是怎样运动的，用数学关系定量地表示出物体运动的规律。将力学实验与数学方法相结合，导致了第一个完整的科学理论体系——牛顿力学体系的建立。伽利略的实验—数学方法，蕴涵着两个重要的认识论原则：第一，科学认识必须建立在观测和实验的基础上；第二，科学认识不应当是零散的事实堆砌，它们之间必须有确定的、必然的逻辑联系，这些联系要力求用数学公式定量地表达出来。

上述原则，现在已经更好地体现在理论的假说—演绎结构中。所谓假说—演绎方法，就是在深入研究对象系统的基础上，根据观测和实验积累的科学事实，经过理论思维加工创造，提出作为理论基本前提的假说（基本概念和基本判断），再以假说为科学理论的出发点，逻辑地演绎出各种推论，构成一个理论体系。这意味着，在理论体系中，是从一些被看做原始的真实判断中，逻辑地推演出所有其他的真实判断。当然，这种演绎方法不是什么用一些概念"产生"另一些概念的思辨方法，也不是"概念的自我发展"，而是根据逻辑学的规则和法则，推导出该理论的一切判断。例如，爱因斯坦狭义相对论的基本假定有两条：相对性原理和光速不变原理，这两条原理决定了不同系统之间的变换要运用洛仑兹公式。在洛仑兹变换下，电磁定律和力学定律都是协变的，可以逻辑地从基本假设中推演出来。

很明显，基本假设的真理性，并不能由逻辑结构本身来保证，它必须在体系之外，通过观测和实验才能确立。当然，寻找原始的理论前提也不是一件容易的事，这实际上就是提出基本假设的过程，尔后，再用演绎法从基本假设导出各种推论，构造整个理论的逻辑体系。基本假设凝结着比较直接的经验认识，可以说是一种抽象，这种抽象在进一步的理论活动中，又转化为具体的科学理论。从经验到基本假设，是从具体到抽象；从基本假设到理论，则是从抽象上升到具体。后者是个"思维中的具体"，它把所考察的对象系统当做一个精神上的具体再现出来，使我们达到对事物完整的科学认识。

当然，完全符合无矛盾性和完备性要求的科学理论的演绎结构是某种理想。所谓成熟的精密科学在理论上接近于这种思想，例如经典力学、相对论、量子力学。但是，即使在这些典型的精密科学中，也一再发生着使理论偏离理想的情况。在大多数科学理论中，除了演绎结构的成分，除了对结论的严格的逻辑推导，还可以看到归纳概括的成分，看到被系统化了的事实材料，看到被加工过的实验材料等等，它们并非总能完全纳入到理论的演绎体系之中。由于科学是不断发展的，新的事实和发现有的尚没有纳入现存的理论体系，有的还可能与现存的理论体系矛盾，这就提出了修正甚至改变理论的逻辑结构的要求。

4. 假说—演绎方法模型的演化

（1）亚里士多德的归纳—演绎程序。

系统研究假说—演绎方法的学者首推亚里士多德。亚里士多德主张，科学家应该从要解释的现象中归纳出解释性原理，然后再从包含这些原理的前提中，演绎出关于现象的陈述。他的归纳—演绎程序如下：

(1)　　　归纳

观察 ⟸⟹ （2）解释性原理

(1′)　　　演绎

按照这个程序，科学研究应当从有关某些事件发生或某些性质同进度存在的知识开始，从中归纳出解释性原理。但是，只有当关于这些事件或性质的陈述能从解释性原理中演绎出来时，科学解释才算完成了。因此，科学解释实际上是从关于某个事实的知识（1），通过解释性原理（2），过渡到关于这个事实的原因的知识（1′）。显然，归纳—演绎程序把偶然的知识转化为必然的知识。

（2）罗吉尔·培根的归纳—演绎图式。

中世纪的英国经验论经院哲学家罗吉尔·培根，对假说—演绎模型的发展作出了重要贡献。他建议把研究的第三阶段加在亚里士多德的归纳—演绎程序上。在研究的第三阶段，归纳出的原理要接受进一步的经验检验。亚里士多德满足于演绎出关于作为研究出发点的同一现象的陈述，罗吉尔·培根则要求演绎出新的能与经验耦合的事实。经过他的修正，亚里士多德的归纳—演绎图式变为：

(1)　　　归纳

观察 ⟸⟹ （2）解释性原理

(3)　　　演绎

这就是说，从观察知识（1）归纳出的解释性原理（2），将演绎出新的与观察（3）耦合的知识。新知识实际上是某种理论预见。

（3）假说—演绎模型的确立。

假说—演绎模型在近代科学史上的完善过程，是与牛顿创立力学体系的工作一道进行的。这一工作的实质是用一个与经验联系的公理体系来组织科学知识，具体说，可分为下述几个方面。

首先，提出一个公理系统。公理系统是通过演绎（特别是数学关系）组织起来的公理、定义和定理体系。牛顿力学体系就是以三定律为公理的公理体系，其中用公设的形式规定了诸如"匀速直线运动"、"运动变化"、"外力"、"作用"、"反作用"等等术语之间的恒常关系（数学公式）。这个公理体系本身是自洽的，全部定理都必须由公理逻辑地推导出来，而公理本身均为初始的基本假说。

其次，规定一个把公理体系的命题与观测结果相关起来的程序。抽象的体系在具体场合必须获得恰当的物理解释，所以，牛顿又要求公理体系与物理世界中的事件联系起来。他自己建立这种联系的方法，是选择"对应规则"，把绝对空间—时间间隔的陈述转换为受测空间—时间间隔的陈述。

再次，确证用经验解释的公理体系中的演绎结果。例如，天体系统和地球上的物体系统，都是与牛顿力学体系（公理体系）相联系的物理世界，也可以说它们是牛顿力学体系的经验解释。

（4）现代假说—演绎模型。

20 世纪以来，假说—演绎结构作为最重要的演绎模型，形成方法论研究的焦点之一。对它的机制和实质，认识也在不断深化。

现在，最为流行的演绎模型可用图示如下：

$$P\cdots\cdots H \infty O_c \rightarrow H_c$$

其意义是，某项研究从解决一个问题（P），通过非逻辑的或者直觉的猜测——所谓智力突变（……），导出一个假说（H），由此推演出（∞）必然的可观察的检验陈述（O_c），然后，如果这些陈述被证明是正确的，就归纳出（→）被确证的结论（H_c）。

这里强调的是科学研究必须从解释或解决出现的难题开始，否则就无法前进一步。研究者是从有关问题的内容和已经掌握了的知识出发，提出试探性的解释，当这些解释作为命题被阐述时，它们便被叫做假说。假说用以指导我们整理事实。

研究始于问题，而不是始于观察和实验，这是演绎模型的关键。美国著名科学哲学家亨普尔更加明确地主张，鼓舞研究的不只是问题，而就是假说本身。他认为，收集全部有关的事实，这个"有关"的对象，如果仅指问题，意义仍是模糊的；经验事实只有参照给定的假说，才能从逻辑上判断其是"有关"还是"无关"。因此，演绎模型的关键，进一步说在于研究者以假说的形式对问题所作的试探性答案。试探性的假说对于指导科学研究是必需的，它决定在科学研究指出的问题上应该收集什么事实材料，它是演绎模式的出发点。

（5）波普尔的演绎模型。

波普尔就此发表的意见更为极端。他认为，理论先于观察和实验，并且仅仅在这个意义上，观察和实验对于理论问题才是不可少的。在每次观察前，总是先有一个问题或者假说，不论你管它叫什么，总之，它是我们所关心的，是理论或者推理的东西。所以，观察乃是有选择的观察，要以某个选择原则作为先决条件。

波普尔的演绎模型甚至把一般演绎模型中最后的归纳确证过程去掉了，他的著名图式如下：

$$P_1 —— TT —— EE — P_2$$

这里 P_1 表示问题，TT 表示试验性理论，EE 表示消除错误，P_2 表示新的问题。与前述演绎图式相比，波普尔的图式实质上是删去了最后一步：

$$P……H \propto O_C$$

按照这个图式，整个程序由两种类型的尝试构成：一种尝试是猜测出假说 H；另一种尝试是演绎出观察命题 O_C 来试图对假说加以否证。前者是直觉的突变，后者是演绎出来的论据。

很明显，这种演绎模型有两个特征。首先是反归纳主义的倾向，它强调科学发现不是来自对事实的归纳。波普尔主张，每次观察都有期望或假说居先，尤其需要期望，因为它能给出一个有意义的观察范围。科学决不是从零开始的。实际上，假说必定先于观察；我们有潜在的先天的知识，它处于潜在的期望中，在我们从事积极的探索时，通常由于我们反作用于它而使之活化。一切知识都是某些先天知识的变态，因而不存在重复性的归纳。第二个特征是间断论的观点。它认为发现的过程并非单一的逻辑过程，而可分为两个不连续的思考阶段。第一步是非逻辑的或者直觉的，属于发现阶段；第二步是逻辑的或理论的重构，属于证明阶段。

5. 科学理论在实践中发展

和世界上任何事物一样，科学认识是一个永恒发展的过程，它的成果——理论，也不是一成不变的。任何科学理论，不论怎样成功，也只能是相对完成的体系。这就决定任何一个科学理论必定在实践中不断向前发展。

理论发展的结果是新理论的诞生。20 世纪初，人们的认识深入到原子领域。英国物理学家汤姆逊在 1904 年提出了原子均匀结构模型，这是最早的一个有影响的原子结构理论。1911 年，汤姆逊的学生卢瑟福根据 α 粒子散射实验的事实，否定了原子均匀结构模型，提出了原子有核结构模型，后来又获得许多新的实验验证。但是，根据经典电磁学理论，卢瑟福的模型解释不了原子的稳定性和原子线状光谱的实验事实。于是，1913 年，玻尔又把普朗克的"量子化"概念引进卢瑟福的原子有核模型，突破了经典理论，从而建立起能说明上述实验事实的原子结构的量子化轨道理论。这就把原子结构的理论提高到一个新的阶段。

新的理论是在实践需要下应运而生的。就理论和实践的关系而言，一个新的理论必须满足以下三个条件才能确立。

第一，新理论一定要能解释旧理论不能解释的自然现象；换言之，新理论必须能解决旧理论导致危机的各种问题。理论是科学认识的结果，是在科学实践中产生并服务于实践的，如果原有理论所向披靡，没有出现问题，就不会开始新的研究，也不会有新的理论。一个新理论要成立，当然，首先必须能解释旧理论已经解释的自然现象，也就是能把原有理论已经取得的成果继承下来，否则，这个新理论肯定在实践中是通不过的。但这一点只是新理论确立的不言而喻的前提，因为新理论的出现主要是为了解决旧理论与实践的矛盾，所以，最重要的是新理论必须解释旧理论不能解释的自然现象，才能经得起实践的检验。

第二，新理论必须在认识的深刻性和量的精确性方面大大优于旧理论，换言之，新理论应以更普遍的形式出现，并且在旧理论得到确认的领域把后者作为自己的特例或极限形式。旧理论之所以被取代，主要在于它的历史局限性，它是比较局部、比较片面的认识。新理论必须以比较深刻、比较精确、比较全面的认识去代替原有的认识。但这不等于彻底抛弃过去的科学成果，而是在原有理论成果上的发展。物理学家约瑟夫·阿盖西在谈到新旧理论的关系时说："对任何新提出的理论，人们可以提出两个公认的、方法论的要求，它应该产生它终于要代替的理论，而把后者作为一个结果或第一次逼近，同时也作为一个特例。第一个要求无非是等于要求新理论解释以前的理论所取得的成功。第二个要求相当于要求新理论是更一般的和可独立检验的。"[1]

阿盖西的观点，实际上是玻尔对应原理的另一种表述。对应原理是玻尔关于氢原子理论（1913 年）的一个公理。为了说明观察到的氢光谱，玻尔提出，氢的电子只能存在于某些稳定的轨道上，这些轨道的角动量是由下述公式给定的：

$$mvr = nh/2\pi$$

其中 m 是电子质量，v 是速度，r 是轨道半径，h 是普朗克常数，n 为正整数。从一个稳定轨道到另一个稳定轨道的跃迁伴随着能量的发射和吸收（例如，从 n＝3 到 n＝2 的跃迁产生巴尔末系第一级光谱线）。对应原理规定，

---

① ［英］约瑟夫·阿盖西：《在微观和宏观之间》，见［美］洛西：《科学哲学历史导论》，196页，武汉，华中工学院出版社，1982。

当 n 趋于无限和电子不再受约束时，电子服从经典电动力学的定律。

后来，玻尔为他的氢原子理论的成功所鼓舞，坚决主张，普遍化形式的对应原理是量子力学理论可接受性的标准。根据玻尔的观点，无论什么形式的量子域理论，它必定以渐近线的形式与经典理论已经证明是适用的那个领域的经典电动力学相一致。

把对应原理作为可接受性标准，是用类推的办法，从具体的理论实践导出新理论接替旧理论的一般条件，如：

（1）新理论比旧理论具有更丰富的检验内容；

（2）新理论在旧理论得到充分确认的那个领域以渐近线的形式与之一致（旧理论是新理论的近似或极限形式）。

在近现代科学理论的发展中，由于实践的要求，新理论产生并把旧理论作为自己特例的情况比比皆是，最著名的如爱因斯坦相对论把牛顿力学作为自己在低速领域和一般尺度空间上的近似。

第三，新理论必须能预见旧理论无法预见的自然现象，换言之，新理论在实践中有更大的预见性。能够解释已知的自然现象，仅仅是理论功能的一个方面；能够预见尚未观察到，但通过科学实践的发展将来一定能够观察到的自然现象，这是理论功能的另一个不可或缺的方面。新理论的确立，往往得力于它在实践中展示了更大的预见性能力。爱因斯坦相对论之所以取代牛顿力学，与它作出了许多后来得到验证的预见有关，而这些预见在牛顿力学中是不可想象的，例如狭义相对论预言的时间膨胀效应（即运动的时钟比静止的时钟走得慢这种效应）。1971 年，两个美国人把四台原子钟放在高速喷气飞机上绕地球一周，返回地面后，与静止在地面的原子钟比较，在扣除地球引力场产生的钟慢效应后，结果与狭义相对论的预言大致相符。

三、经验规律与理论规律

科学的理论建构中，最关键的问题是经验规律与理论规律之间的过渡。既要善于区分这两类规律，又要把握它们的内在联系，通过从经验规律向理论规律的提升与从理论规律到经验规律的还原，深化科学认识。

1. 可观察性与两类规律

（1）"可观察性"的意义。

经验规律与理论规律的分水岭，在于规律的可观察性与不可观察性。

　　"可观察性"一词意指人们日常经验中可以直接观察的任何现象的特点，经验规律就是关于可观察现象的规律。问题是，对可观察的说法，普通人、科学家与哲学家的看法是相同的吗？"可观察性"在现代科学中的含义究竟如何？

　　首先，一般来说，随着科学的发展，"可观察"的内容和方式也发生了很大的变化。尽管人们可以用通常习惯的方式、直接用感官去觉察事物的状态，但是在现代的科学观察中，已经加入了一些数学方法和仪器设备作为观察的辅助手段。有些哲学家争辩说，电流强度一旦超过安全系数就无法真正观察到，因为人们无法用自己的感官去觉察。当安培计给出电流强度的准确量度时，电流强度并没有直接被人察觉到，而是从辅助的观察仪器中读出来的。但物理学家仍然认为，它们是一种可以观察到的经验。

　　其次，对于"可观察"的现象，还有一个实验设计参与观察的问题。但是正如人们所要求的那样，尽管近代物理学的实验需要安排原子客体源等一些设备，但其观察结果的表现仍然同我们日常生活中所观察的现象属于同一类型。如果缺乏这种类型的特征，其可观察性就很难被接受了。物理学家玻尔在论述可观察现象的时候认为，就是原子和原子物理学中的可观察现象也应当用日常用语因而也就可用牛顿物理学的语言来描述。

　　再次，"可观察"的现象与"不可观察"的现象之间的界限是模糊的。我们知道对现象的观察依赖感性知觉，依赖实际测量，但有时也依赖实验与各种客体、事件和过程的相互作用来确定。但是在这个过程中，数学工具的应用、各种实验仪器及其数据和标准的使用，就会带来"可观察"与"不可观察"的界限模糊性。当一个人通过普通显微镜观察某种东西时，他还可以说是运用感官直接感知。但是当他用电子显微镜时还是感官的直接感知吗？当人们看到一束原子客体（比如电子）射到一扇有两条狭缝的门上，波穿过两条狭缝之后互相干涉，在挡住波的去路并涂有氧化锌的屏上出现闪烁点的数目时，人们可以推算闪烁在屏上一定区域出现的几率。那么这样的观察结果还算不算是一种"可观察"的现象的结果呢？一般来说，物理学家往往是在非常广泛的意义上讲到可观察的东西，而哲学家对此则常常要求较严格。这样就最终出现了一个问题，即"可观察"与"不可观察"从属于一个不断发展变化的历程中，这个历程被卡尔纳普称做一个认识过程的"连续统"。

　　存在着一个连续统，它开始于直接的观察，随后深入到采用极为复杂、间接的观察方法。明显地，对此连续统要区分开可观察和不可观察的界限是高度任意的，即界限是模糊的。

（2）经验规律与可观察性。

经验规律的最大特征就在于它的实际可观察性，或者称为实际的可确证性。一般把经验的规律看做一种经验的概括，它表示这些规律是通过对观察和测量结果的概括而获得的。这种经验的概括不仅仅是简单的定性规律，它也包括某些定量规律。例如欧姆定律，气体的压力、体积和温度的定律，都是如此。对某些事物，科学家进行反复测定，从中找出或发现了一些规律，于是这种规律性就表述成一个定律。当然这个定律要在不断的观察中接受检验，看其是否错误、是否应当修改。这些规律可以用来解释观察到的现象，同时由于规律性的描述，它也可以预言未来的可观察的事件。如果我们考虑到"可观察性"的特征，可以把经验规律看做它所表述的语言内涵可以直接用感官来观察，或者可以用极为简单的仪器与技术给予测量。

对于经验规律而言，它的来源是经验的概括，并且表现出一种定律的形式。实际上经验规律还有另一个来源，那就是有许多经验规律是由理论规律"派生"出来。即一种理论规律导致了一些经验规律的问世，并在一定意义上成为人们检验理论规律的一个手段。

（3）理论规律与不可观察性。

理论规律作为与经验规律相区别的一种规律，在它与经验规律的比较中，可以发现如下几个特点：

第一，理论规律一般是表述为抽象的语言，借助某些科学家创造的概念来表述规律，如原子、电子、质子等等。有的学者称理论规律是运用概念表述的抽象规律。

第二，理论规律的词语不涉及可观察的东西，换句话说，理论规律所表述的内容是不能用简单的、直接的方法来测量的规律。

第三，理论规律不是观察现象的直接概括或总结。换句话说，理论规律与经验规律的来源有根本差异。经验规律直接来源观察的经验总结，而理论规律却不是观察现象之后的一种人为的总结或者称为人为直接抽象。

就观察现象的"可观察"与"不可观察"的分界而言，我们曾指出它们之间的模糊性，但是在实际操作中我们认定理论规律涉及不可观察的东西，而经验规律涉及可观察的东西，这是否会带来混乱呢？应当说这是不会发生的，因为在对一个事物是否可观察的分析中，不仅在实际操作中区别很大，而且一个科学家共同体对这类区分早有一种共识。我们所表述的可观察与不可观察的困难不会在此发生。例如，物理学中，对一个大尺度的静态场，它从其中一点到另一点并不变化。物理学家们认为它是一个可观察的现象，因为可以用比较简单的仪器来测量它。与此相比较,如果这个场在很小的距离内从一点到另一点之间是变化的,或者说它在时间上变化很迅速,比如每秒变化几十亿次,则它不能用简单的仪器和技术加以测量。物理学家们将会认为这样的场是无法观察的。物理学家们一般把数量在极小的空间间隔内和时间间隔内发生变化,以至不能用简单的仪器和技术来测量的事件称为微观事件。微观过程包含着极小的时空间隔过程,因此关于这类微观过程的理论规律涉及不可观察的东西。

当然,对于那些数量在空间距离足够大或者时间间隔足够大的范围内保持不变的所谓客观事件,一般来说比较多的是可观察的事件,有时人们就把宏观过程与微观过程分别看做可观察事件和不可观察事件。

2. 理论规律获得的途径及其构造的普适性

(1) 理论规律获得的途径。

对于经验规律的获得,可以认为是物理学家(或者其他科学家)观察了自然界的某种事物,经反复地测量、比较,发现其中的一种规律性,于是以一种归纳性的概括来描述这个规则性。例如,对大气的压力、体积和温度这样的现象,就可以直接地、反复地用比较简单的方法来测量,于是这些测量就最终被表述为一种规律。

作为比较,我们可以寻找理论规律获得的途径。以气体为例,我们可以利用经验反复地测量、检验气体的压力、体积和温度的变化,并且把这些经验概括成一个规律——经验规律。那么,我们的测量、检验怎么会得出“分子”这一个概念呢?因为我们看不见分子,测量不到分子,“分子”这个词绝对不会是观察的结果。换句话说,就是无论你对观察进行什么样的概括,它也不会出现或产生分子过程的理论。“分子”一词是人为的概念创造,有关分子的理论也是一种抽象意义上的创造。尽管这些创造与观察、测量有关系,但它绝不是观察、测量经验的直接结果。

可以说,理论规律不是作为经验或事实的概括而被陈述出来的,而是被作为一种假说的形式被创造性地陈述出来的。当然这类创造性的假说要接受类似检验经验定律的方式而被检验。从这种假说中导出它蕴涵的某些经验定律,这些经验定律作为假说的一种特定表现形式接受事实观察的检验(当然有些时候,从理论中导出的经验规律已经被很好地确证了)。无论被导出的经验规律在潜在的检验中是被确证还是被否证,这种导出经验规律的检验,实际上就是对理论规律的一种检验(确证或否证)。

理论规律是不可观察的规律，但是当科学家提出理论规律时，这个理论规律却应当可以导出多种多样的经验规律，而这些经验规律则应当可以解释已经观察到的事实，同时还可以预言尚未观察到的事实。于是，在经验规律得到观察检验的时候，理论规律也间接地得到观察的检验。理论规律与经验规律发生的关系，很像经验规律与个别事实发生的关系。与此相类似，理论规律可以解释已经形成的经验规律（因为理论规律以此为基础构成），并且可以导出新的经验定律。当然，值得说明的是，一个经验规律可以由个别事实的观察来作证明，但是对一个理论规律而言，与经验规律相类似的观察不可能出现，因为理论规律中所指称的实体是不可观察的。对理论规律的确证，只能转而依赖它导出的经验规律的确证。

（2）理论规律构造的普适性。

作为理论规律而言，如果导出的经验规律间的联系越少，那么说明这个理论的解释力量就越强。当一个理论规律导出的新的经验规律被用新的检验确证了，那就是说，这个理论使预言的新的经验规律成立。这种预言作为假说的方式被人们理解和承认，则这个理论也就被人们理解和承认——即这个理论被确立了。当然，这个经验规律的确证，它只是为这个理论提供了间接的确证。一个规律（无论是经验规律还是理论规律）的任何确证都只能是部分的，不存在完全和绝对的确证。

从理论规律的不可观察性及它与导出经验规律之间的关系，我们可以知道，一个新理论的创立的最高价值就在于它对新经验规律的预言性。如果一个新的理论系统，它只能解释已知的经验规律，而不能导出新的经验规律，那么它只能是原有理论的一个逻辑等价理论。尽管新理论有其表现的新颖性、优点性，但它不会超越原有理论的价值。例如，爱因斯坦的相对论，它的价值不在于它的简明、优美，而在于它巨大的预言能力。相对论导出的经验规律成功地解释了水星近日点的进动，并且预言了光线在太阳附近会由于巨大吸力作用而发生弯曲。这个预言在日全食时的观测中被证实了。

对于理论规律与导出的经验规律而言，它们并不是简单地从一个经验规律形成了一个理论规律，然后由这个理论规律导出这个经验规律的循环。我们这里且不讨论理论规律形成的原因和方式，只就理论规律的构造而言，它都具有很大的普适性——即科学家提出的理论规律都具有比较普遍的意义，而且从这个理论规律中可以导出多种多样的经验规律去供人们检验。理论提出新规律的能力越大，它的预言能力就越强。例如，牛顿的万有引力定律，就是一个具有普遍意义的理论规定。它可以小到用两个有限距离的物体来检验导出的具体经验规律，大到用天体间的相互作用来检验导出的具体经验规律。理论规律的重要意义就在于它导出的经验规律对事实的解释能力和对未来事实的预言能力。

3. 从理论规律导出新的经验规律

（1）提出一种将理论词语与可观察词语联结起来的规则集合。

当讨论和分析理论规律和经验规律时，我们说，一个理论规律是不可观察的，但它可以通过导出的经验规律来间接地观察和确证。这里存在一个问题，那就是，理论规律是怎样以及通过什么方式导出经验规律的呢？

从分析理论规律与经验规律的差异可知，理论规律运用概念性的理论词语，而经验规律却只含有可观察词语，一个概念性的理论词语是无法直接演绎出观察性词语的。

例如，我们分析 19 世纪气体分子的某些理论规律。这些理论规律描述单位气体体积分子的数目、分子运动的速度等。当时人们猜想气体分子就像小球一样在无摩擦的状态进行完全的弹性碰撞。在这里理论规律只涉及分子的行为，可是人们对分子的行为只是一种凭借宏观规律的猜测，而所谓的分子是看不见的。理论规律只含理论词语，如何才能从这些理论规律中演绎出关于气体压力和温度的可观察性质的规律？显然，如果不给出其他的方法和方式，气体的可观察性质的规律是无法从理论规律中推导出来的。

这里实际上就提出一种将理论词语与可观察词语联结起来的规则集合。没有这个规则集合，理论规律就无法演绎出可观察的经验规律，而这一点又是必然完成的一项工作。例如，在气体分子理论规律中，我们建立起这样一个规则："气体的温度（可用温度计测量是可观察的）与它们的分子的平均动能成正比。"这个规则将理论词语中不可观察的分子动能与一个可观察的气体温度联系起来。显然，由这个规则，使理论规律演绎出一个可观察的经验规律。

在科学的发展中，科学家和哲学家都承认这种规则存在的意义，并经常讨论它们的一些性质。对于这样的规则一些学者给出了不同的名称，卡尔纳普称它为"对应规则"；布里兹曼称它为"操作规则"；R. 坎贝尔称它是"字典"（本书采用卡尔纳普的说法，称为对应规则）。

（2）数学实体与物理学理论体系的联系与差异。

对于理论规律，有的学者还经常把它称为一种数学符号表述的实体，例如有的学者把理论物理就称为数学实体，并以此说明这些实体之间能用数学工具表示关联。但是，作为理论规律与经验规律的对应规则，我们必须清楚数学符号及其体系与物理学理论体系的差异。

数学是一个自洽的公理化体系，数学的任何一个公理系统中，由它本身的独立性、协调性、完备性建立起来的逻辑关系，完全不用与现实世界相关就形成一个独立的演绎系统。这个系统的每一个概念都可以在逻辑基础上定义，它不用与可观察的现实世界联系起来。然而物理学不行，不能用纯数学来说明"电子"、"温度"、"压力"这些词。

在物理学和其他的自然科学中，一个理论体系不能像数学那样独立于现实世界之外，例如"电子"、"分子"等等词语，必须将它们用某些词联结到可观察现象上加以解释，而这些对应规则是数学符号无法胜任的。

运用对应规则从理论规律导出经验规律，具有开放性和无终结性这两个特点。

所谓开放性，是指把理论规律用对应规则解释成可观察的经验规律，这种解释必然会是不完备的。正由于它是不完备的，所以就可以不断地补充对应规则，形成了对应规则不断增长的开放性。例如，19 世纪的物理学由于经典力学与电磁学已经建立，经过好几十年，基本定律方面相对地没有多大的变化，物理学的基础理论仍然如此。但是由于测量数量的新程序不断地被提出来，所以新的对应规则就不断地增长起来。

所谓无终结性，是指理论规律的对应规则的解释是不会一次性完结的。也就是说，对理论词语的解释会由于新的对应规则的增加而增加，这些对应规则不会也不能对一个理论词语提供一个最终、明确的解释。因为理论词项不是观察词项，只要它不变成可观察词语的一部分，那么它就存在着新对应规则给予解释的可能性。可以说，只要不出现不相容的或与理论规律不一致的对应规则，那么随着不断发展，总会有新的对应规则出现。事实上，目前科学发展的历史也表明，对应规则的增长及对理论词语不断解释的修正正是科学发展的一个过程。

对于理论规律而言，不断地出现新的对应规则，不断地有理论词语演绎为一个可观察的事实，这正是理论规律的生命和价值所在。

（3）运用对应规则把理论词语转化演绎为可观察词语。

对应规则作为联结理论规律不可观察词语与经验规律可观察词语的特殊桥梁，在理论规律的发展和确证方面发挥着极大的作用。在一定意义上甚至可以认为如果没有对应规则的存在，那么理论规律就会成为无人问津的毫无用处的假说。作为科学理论规律及其对应规则的建立，牛顿物理学展示了人类历史上第一个综合的系统理论。它的万有引力、质量的概念、光线理论性质等等，都是不可观察的理论概念。作为理论，牛顿物理学表现了人类智慧的伟大预言力和深刻的洞察力。人类从未把天上的物体运动和苹果落到地上这样两个看来毫无联系的事情放在一起思考。牛顿的万有引力作为一个理论定律成功地解释了苹果落地和行星运行的规律。借助对应规则，物理学家也成功地在实验中测得了两个物体之间的引力。

下面我们通过两个实际案例进一步考察对应规则是如何把理论词转化演绎为可观察词语的。

典型案例 1：气体动力学

在气体动力论中，理论规律描述说，气体微粒就像一些小球，具有相同的质量，在气体温度恒定时，具有相同的速度（后来的波耳兹曼—麦克斯韦分布表示，分子处于某个速度范围都有一定的概率）。但是作为实际经验和观察，谁也没有观察过分子，不知道一个分子的质量，也不知道在一定的温度和压力下一立方厘米的气体有多少分子。可以说这些理论规律是无法观察的，但是当有关的数量被表示成一定的参数写入规律时，这个建立起来的数学方程就为对应规则的确立奠定了基础。对应规则把理论词与可观察现象联结起来，从而使人们可以间接地确定这些参数的值，这样就可能导出经验规律。其中一个对应规则把分子的平均动能与气体的温度联系起来。另一个对应规则把气体的压力与分子在封闭的器壁上的碰撞联结起来，这个对应规则可借助压力计把宏观上测量的压力用分子统计力学的术语表述出来。第三个对应规则是把分子的质量（不可观察词语）与气体总重量（可观察词语，例如用秤量）联结起来，这个对应规则表示：气体的总重量 G 是分子质量 m 的总和。

由于有这样一些对应规则，使得从理论导出的经验规律成为可检验的。于是人们就可以知道当体积不变和温度上升时气体压力如何，也可以推测出容器的边缘被敲击产生声波是什么原因，等等。对应规则使人们可以验证经验规律，同时也是间接地检验理论规律。这种理论规律借助对应规则，既对已有的经验定律给予解释，同时又导出许多新的经验规律供人们检验。

典型案例 2：电磁学理论预言新经验规律

电磁学理论是英国物理学家法拉第和麦克斯韦提出来的。这个理论表示电荷在磁场中的行为。麦克斯韦描述电磁场的微分方程组预设的是某种分立的微小物体，它具有未知的性质，能携带一个电荷或一个磁极（直到电磁学提出很久之后电子的概念才出现）。对于这个理论，当然无法观察，但是它借助对应规则导出了人们熟知的电磁定律。

麦克斯韦方程有一个参数 C，按照理论模型，电磁场中一个扰动以具有速度 C 的波传播。实验表明 C 的值接近每秒 3×10^{10} 厘米。由于这与光的速度相同，物理学家怀疑光是否就是电磁振荡传播的特殊情况。不久之后证明，麦克斯韦的理论对光学规律（折射、在不同介质中的速度等等）给出了解释。更有说服力的是，德国物理学家赫兹大约在 1890 年证明了光是一种电磁振荡，并且是一种极高频率波的传播。赫兹由电磁理论开始的实验，最后发现了无线电波（当时被称为赫兹波）。后来，当人们发现射线时，物理学家就猜想 Z 射线可能也是电磁波，后来这个猜想得到证实。所有这一切，都是在麦克斯韦理论规律的基础，由对应规则导出的新的经验规律所获得的成果。

随着科学的发展，随着某种理论规律的对应规则的增加，理论规律的解释能力越来越扩大。而且，这种变化使科学向着统一的方向发展。例如，麦克斯韦的电磁学理论使物理学向着统一迈进了一大步，原有的光实际上只是电磁学理论的一部分。当然，试图把整个物理学用一种理论统一起来，在目前看还有许多困难，但是它至少在一定意义上预示了理论发展的一种趋势。

理论规律的提出，再加上对应规则的确立，使理论规律能够对原有的经验规律进行解释并且对新经验规律作出预言。这种理论规律的提出以及对应规则的确立，往往表现出一种天才般的创造性。但是，无论作为天才般的想象，还是作为一种预言式的构想，一种理论规律的提出，必然辅之以连接理论与可观察现象的对应规则，否则，这种理论规律就只能是一种假说而成不了科学的理论。

小 结

科学的理论建构以假说为中心。假说是科学性和假定性的辩证统一。假说一旦经受实践检验，具备解释性和预见性，就可以转化为理论。通过假说—演绎方法构造的科学理论具备解释功能和预见功能。假说—演绎模型在不同时期有不同的形态。

经验规律和理论规律的分水岭在于可观察性（或不可观察性）。理论规律是作为一种假说形式而被创造性地陈述出来的，具有普适性，并通过对应规则导出新的经验规律。

思考题

1. 科学假说如何才能转化为科学理论？

2. 简述假说—演绎体系的构造过程及其在历史上的各种形态。

3. 是否可明确区分"可观察"和"不可观察"？为什么？

4. 经验规律和理论规律是什么关系？理论建构的原则是什么？

5. 如何从理论规律导出经验规律？

延伸阅读

1. 托马斯·库恩：《必要的张力：科学的传统和变革论文选》，福州：福建人民出版社，1981年。

2. 舒炜光，邱仁宗主编：《当代西方科学哲学评述》，北京：人民出版社，1987年。

3. 劳丹：《进步及其问题》，北京：华夏出版社，1998年。

4. 夏佩尔：《理由与求知——科学哲学研究文集》，上海：上海译文出版社，2001年。

5. 普特南：《理性、真理与历史》，上海：上海译文出版社，2005年。

6. 伊·拉卡托斯：《科学研究纲领方法论》，上海：上海译文出版社，2005年。

第七章　技术和工程的概念基础

重点问题
- 技术的定义、要素和结构
- 技术发明与工程技术方法
- 技术是人与世界实践关系的中介
- 技术的社会建构与发展动力

在人类同自然界的斗争中，技术是劳动手段的体系。英国工业革命完成以后，世界各民族的传统文化的差别逐渐缩小并朝着统一的技术文明发展，这个趋势是显而易见的。因此，大多数人的牢固信念是人类只要解决好科学与技术及工业的关系，依靠把新技术投入生产活动中所获得丰富的物质资料，就可以导致社会文明的进步。但是，眼下技术化的世界是人类自己创造的，人类对它却又如此陌生。人们只有揭示出技术的本质，才能更加有效地控制和驾驭我们的世界。

技术创新是现代经济增长的关键，而经济活动中的内在需求又是创新的基本前提。重要的是把握需求拉力与技术推力的辩证法，并且详细考察企业中的创新活动，它的动机、结构与组织，把企业真正当做技术创新的主体。特别应当注意高科技企业与高科技创新的机制。

一、技术的定义、要素和结构

1. 技术的定义

技术一词出自希腊文 techne（工艺、技能）与 logos（词、讲话）的组合，意思是对造型艺术和应用技术进行论述。当它 17 世纪在英国首次出现时，仅指各种应用技艺。1760 年以蒸汽机为标志的产业革命爆发后，技术涉及工具、机器及其使用方法和过程，其含义远比古希腊时要深刻得多。作为那个时代的思想家狄德罗，在其主编的《百科全书》中，第一次对技术下了一个理性的定义：所谓技术就是为了完成某种特定目标而协调动作的方法、手段和规则的完整体系。他抓住了产业革命初期技术的特征，在当时来说这个定义是完整的。

《不列颠百科全书》把 1879 年 10 月 21 日定为现代技术的诞生日，这一天，爱迪生在他创立的技术研究实验室中成功地进行了电照明实验。以科学为基础的现代技术，不仅仅与工具、机器及其使用方法和过程相联系，而且与科学、发明、自然、社会、人和历史紧密地联系起来。简单、直接的定义无法反映现代技术的本质，对技术的定义就呈现出"诸子百家"的局面。概括来说有两种类型，一是狭义定义，二是广义定义。

（1）狭义定义。

德国技术哲学家 F. 戴沙沃在 1956 年的著作《关于技术的争论》中把技术定义为："技术是通过有目的的形式和对自然资源的加工，而从理念得到的现实。"[1] 他所注重的是"目的"和技术中的精神因素。

R. 麦基在《什么是技术》（1978 年）一文中指出，应把技术看成同科学、艺术、宗教、体育一样，是人类活动的一种形式，这种活动是一种具有创造性的、能制造物质产品和改造物质对象的、以扩大人类的可能性范围为目的的、以知识为基础的、利用资源的、讲究方法的、受到社会文化环境影响并由其实践者的精神状况来说明的活动。

G. 罗波尔从一般系统论的原则出发，区分了技术的三个方面：自然方面（科学、工程学、生态学）；个人与人类方面（人类学、生理学、心理学和美学）；社会方面（经济学、社会学、政治学和历史学）。他提出应当用一种跨学科的研究方法将这些方面统一起来。

美国技术哲学家 C. 米切姆的论文《技术的类型》（1978 年）则从功能的角度提出了技术的四种方式：作为对象的技术（装置、工具、机器）；作为知识的技术（技能、规划、理论）；作为过程的技术（发明、设计、制造和使用）；作为意志的技术（意愿、动机、需要、设想）。他把意志因素也包括在内，就把技术同文化所限定的评价方面联系起来了。

以上所列举的四种定义方法，无论是理性的、活动的、系统的，还是功能的，出发点都是技术包括具体的人造物品，它们是通过工程方法创造和使用的；表达了这样一种共同的思想：技术是在创造性构思的基础上为了满足个人和社会需要而创造出来的，它们是具有实现特定目标的功能、最终起改

215

---

[1]　F. Rapp, *Analytical Philosophy of Technology*, Boston, 1981, p. 34.

造世界作用的一切工具和方法。

(2) 广义定义。

广义的定义把技术扩展到任何讲究方法的有效活动。

M. 邦格在论文《技术的哲学输入和哲学输出》（1979 年）中把技术划分为四个方面：

物质性技术：物理的（民用的、电气的、核的和空间工程的）技术，化学工程的、生物化学的（药物学的）、生物学的（农学的、医学的）技术；

社会性技术：心理学的（教育的、心理学的、精神病学的）、社会心理学的（工业的、商业的和战争的心理学的）、社会学的（政治学的、法律学的、城市规划的）、经济学的（管理科学的、运筹学的）、战争的（军事科学的）技术；

概念性技术：计算机科学；

普遍性技术：自动化理论、信息论、线性系统论、控制论、最优化理论等。

由此，他把技术定义为：按照某种有价值的实践目的来控制、改造自然和社会的事物及过程并受到科学方法制约的知识总和。他所采取的这种广义定义法，是想要说明技术的广泛渗透性，但其实质仍是工程学的，不同于以下的定义。

法国技术哲学家 J. 埃吕尔在他的《技术社会》这部著作中，把技术定义为："在一切人类活动领域中通过理性得到的（就特定发展状况来说），具有绝对有效性的各种方法的整体。"[1] 埃吕尔认为，技术和工艺学所指的是一种广泛的、多样的、无所不在的总体，它们处于现代文化的中心，包括了人们所做事物中有重大价值的部分。H. 马尔库塞在其著作《单向度的人》（1964年）中则较为明确地指出：文化、政治和经济以技术为中介融为一个无所不在的总体，它吞没和拒斥一切别的东西。他们都坚持技术的"整体性"，认为广义定义不仅是正确描述的问题。他们着重指出现代技术的统治地位主要是为了批判，埃吕尔从文化的角度，马尔库塞则从"解放的"政治的角度来阐述他们的批判观点。

广义定义的目的是：人们不要把目光紧紧地盯在工程学的研究上，而忽视技术更广泛的问题和现实影响。但埃吕尔等人的广义定义并不能保证人们正确地理解技术以及技术的社会政治意义，相反，邦格的以及那些狭

---

[1]　J. Ellul, *The Technological Society*, New York, 1964, p. 183.

义定义倒是更接近技术的原意。技术的工程学方面和广义的社会方面是相互关联的，广义定义指出了现代技术无所不包的性质，启发人们对技术的研究不必仅仅局限于工程学方面的问题，技术的社会意义也是重要的方面。

（3）对技术本质的理解。

技术的多重性因素决定了给它下一个定义是很难的，因为没有公认的理论基础和方法。但定义技术对于深刻理解技术本质又是必不可少的，因此几乎每个研究技术哲学的人都要对这一问题做出回答。

首先必须明确技术的范畴。米切姆说，技术的基本范畴是活动过程，而人类的活动一般分为两类，即制造活动和行为活动，技术过程只能指前者，即劳动过程。

其次必须明确技术的目的。波普尔认为，技术的目的是控制和掌握世界，技术过程是人类的意志向世界转移的过程。马克思也将人对自然的能动关系，人的生活的直接生产过程，作为技术定义的基本前提。

基于上述理解，可以认为技术的本质就是人类在利用自然、改造自然的劳动过程中所掌握的各种活动方式、手段和方法的总和。这种理解概括了技术的基本特征，体现了技术是人与自然中介这个马克思主义的思想。技术的本质决定了它具有双重属性，其自然属性表现在任何技术都必须符合自然规律，其社会属性则表现在技术的产生、发展和应用要受社会条件的制约。

2. 工程学传统与人文主义传统

在技术哲学的孕育和发展过程中，逐步形成了风格迥异的两大研究传统。米切姆把它们概括为工程学的技术哲学传统与人文主义的技术哲学传统；E.舒尔曼则把它们概括为实证论传统与超越论传统。这两种区分本质上是一致的，只是名称有所不同罢了。

两种传统的技术哲学像一对孪生子那样孕育的，但在子宫中就表现出相当程度的兄弟竞争。"技术哲学（philosophy of technology）"可以意味着两种十分不同的东西。当"of technology（属于技术的）"被认做主语的所有格，表明技术是主体或作用者时，技术哲学就是技术专家或工程师精心创立一种技术的哲学（technological philosophy）的尝试。当"of technology（关于技术的）"被看做宾语的所有格，表示技术是被论及的客体时，技术哲学就是指人文学者认真地把技术当做专门反思主题的一种努力。第一个孩子倾向于亲技术，第二个孩子则对技术持批判态度。①

各种有关技术的哲学观的确大相径庭。不过，我们可以在超越论与实证论之间作出一种整体的划分。这种划分在哲学意义上有其价值。对超越论者来说，自由是压倒一切的。在日常经验前后的自由或是他们哲学的源泉或是其方向，或者二者兼有。对实证论者来说，哲学的根基就是日常经验；他们的出发点是技术本身的可能性。②

以往人们对技术哲学问题的研究多是分立进行的。从表面上看，这是形成狭义技术视野与广义技术视野，以及工程学传统与人文主义传统的直接原因。然而，追根溯源，技术哲学的这两种学术传统却导源于科学精神与人文精神之间的对立。简言之，工程学传统或实证论传统体现的是科学精神，人文主义传统或超越论传统所彰显的则是人文精神，两者在价值观念、基本信念上是根本对立的。

技术哲学的这两种学术传统之间的差异是多方面的，其中技术概念界定上的分歧最为根本。不同知识背景、价值观念、精神追求的主体，对技术现象的认识和概括往往出入较多，分歧较大。至今关于技术的不同定义有数百种之多，大致可以归入关于技术的狭义界定与广义界定两大类。技术界定上的这一基本差异，进而形成了狭义技术视野与广义技术视野。一般而言，工程学传统或实证论者多持狭义技术定义，认为人外在于技术，可以创造、操纵和驾驭技术，而不受技术之约束；而人文主义传统或超越论者多倾向于广义技术定义，认为人是技术系统难以分离的构成要素，总是被纳入种种技术系统之中，受外在的技术模式或节奏调制。

技术哲学的两种学术传统之间的分野，主要体现在研究重心上的差异。简而言之，工程学传统或实证论传统，注重对技术哲学内部问题的研究和技术运行机理的探究。它"把人在人世间的技术活动方式看做了解其他各种人类思想和行为的范式"③，"在技术中看出了对人类力量的确认和对文化进步的保证"④。而人文主义传统或超越论传统，则侧重于对技术哲学外部问题的研究和技术价值的评判。它"用非技术的或超技术的观点解释技术的意义"⑤，

① 参见［美］卡尔·米切姆：《技术哲学概论》，1页，天津，天津科学技术出版社，1999。
② 参见［荷兰］E. 舒尔曼：《科技文明与人类未来——在哲学深层的挑战》，3页，北京，东方出版社，1995。
③ ［美］卡尔·米切姆：《技术哲学概论》，17页，天津，天津科学技术出版社，1999。
④ ［荷兰］E. 舒尔曼：《科技文明与人类未来——在哲学深层的挑战》，3页，北京，东方出版社，1995。
⑤ ［美］卡尔·米切姆：《技术哲学概论》，17页，天津，天津科学技术出版社，1999。

"觉察了人类与技术之间的冲突，他们确信技术危及人类自由"①，认为"人的本质不是制造，而是发现或解释"②。可见，这两种学术传统呈现在我们面前的是研究范式或内涵各异的理论形态。

抽象地说，工程学传统或实证论者对技术问题的研究虽然精细、具体，但视野过窄。他们对技术现象的概括是不全面的，往往无视社会领域、文化领域和思维领域的技术存在，无视智能技术形态或充当技术单元或子系统的人的作用；缺少对众多技术形态统一基础的深入探究，在理论上多是不完备、不彻底、不深刻的。而人文主义传统或超越论者，虽然长于对技术价值尤其是技术负效应或奴役性的全面而深刻的评判，但短于对技术本质、技术体系结构以及技术效应发生机理等问题的精细分析和深入研究，在理论上多不够深入、扎实、细致。这些也是技术哲学理论发育不成熟的具体体现。

3. 技术的基本要素及其分类

在谈到技术要素时，有人认为，凡是影响技术发展的因素都应算做技术的要素。这样一来，什么政治、经济、文化、宗教等因素都可算做技术要素了。但这种分法是欠妥的。埃吕尔说，在使用技术系统一词时，他并不排除其他因素（如政治、经济等等），技术不是一个封闭系统。但首先应该明确，要素与因素不同。因素能够影响技术的发展，但这只是它成为技术要素的一个必要条件，并不是充分条件。在现代社会中，对技术发展影响最大的，莫过于科学了，但科学并没有成为技术结构中的一个独立成分，因而它也不能成为技术的基本要素。只有能够成为技术基本结构中独立成分的因素，才能成为技术的要素，这就是技术要素得以成立的充分必要条件。凡是具备这个条件的，如经验、技能、工具、机器、知识等等，这些任何生产过程、任何专业技术都共同具有的基本构成因素，才是技术的基本要素。政治、经济、文化等等因素，虽然它们也能直接或间接地影响技术的发展，但它们并不是任何生产过程中的基本成分，也不是任何专业技术中的独立因素，因此并不能成为技术结构的要素，或者只能算做技术的外部要素。当然，在形成一个技术的社会大系统时，它们作为技术社会系统的要素还是当之无愧的。

可以将技术要素按其表现形态分为三类：

一是，经验形态的技术要素。它主要是指经验、技能这些主观性的技术

---

① ［荷兰］E. 舒尔曼：《科技文明与人类未来——在哲学深层的挑战》，3 页，北京，东方出版社，1995。

② ［美］卡尔·米切姆：《技术哲学概论》，20 页，天津，天津科学技术出版社，1999。

要素。经验、技能是最基本的技术表现形态。一般说来，经验是人们在长期实践中的体验，而这种体验主要是在生产过程中，以生产方式为基础，在劳动过程中所表现出来的主体活动能力。它包括技巧、诀窍等实际知识，是人们在生产中的主要活动方式。经验、技能在不同历史时期所表现的形式也不尽相同，如古代以手工操作为基础的经验技能，近代以机器操作为基础的经验技能，现代以技术知识为基础的经验技能，这三种形式的经验技能代表了人类在利用自然和改造自然的过程中，主体活动能力或方式的不同发展阶段。

二是，实体形态的技术要素。它主要指以生产工具为主要标志的客观性技术要素。米切姆曾将实体技术按主动性和被动性加以区分，前者是以技术手段为标志的"活技术"，后者则是以技术成果或技术对象为象征的"死技术"①。如果我们把实体技术理解为生产手段的话，那它既包括活技术，也包括死技术，而以代表技术手段的生产工具等活技术为主。死技术与活技术的区分是相对的。马克思说："一个使用价值究竟表现为原料、劳动资料还是产品，完全取决于它在劳动过程中所起的特定的作用，取决于它在劳动过程中所处的地位，随着地位的改变，这些规定也就改变。"但尽管如此，他还是强调活技术的重要性，因为，"机器不在劳动过程中服务就没有用"，因此"活劳动必须抓住这些东西，使它们由死复生"②。

与经验技能相类似，技术手段的范畴也是与技术发展的一定阶段相互对应的。实体技术也可以按不同历史时期分为手工工具、机器装置、自控装置等三种表现形式，不同形式的实体技术表现了人类利用自然、改造自然的物质手段的不同发展阶段。

三是，知识形态的技术要素。它主要是指以技术知识为象征的主体化技术要素。一提到知识，人们就认为技术是科学的应用，但这只是一个方面，技术不仅是科学的应用，远在科学原理产生以前，人类就已经开始运用技术了。一般说来，技术知识应当是人类在劳动过程中所掌握的技术经验和理论，即技术知识也有两种表现形式，一种是经验知识，一种是理论知识。米切姆认为，古代的知识技术是具有描述性规律的技能、准则，而现代的知识技术是技术规则和理论。可以认为，经验技术知识就是关于生产过程和操作方法规范化的描述或记载，而理论技术知识则是关于生产过程和操作方法的机制或规律性的阐述。不同形式的技术知识表现了人类利用、改造自然的认识能

① ［美］卡尔·米切姆：《技术哲学》，见［美］保罗·杜尔宾主编：《科学、技术、医学文化导论》，322 页，纽约，自由出版社，1980。

② 《马克思恩格斯全集》，中文 1 版，第 23 卷，207～208 页，北京，人民出版社，1972。

力的不同发展阶段。

经验技术、实体技术和知识技术这三种类型的技术要素之间具有一定的相互关系，主要是：

第一，独立性与相关性。技术三要素之间是相互联系的。远古弓箭的发明就需要丰富的经验和发达的智力，近代工匠的经验技能又促进了机器的发展和知识的积累，现代技术理论也大量物化成机器设备并培养了新型的劳动者。同时，它们之间又是相互独立的。工具代替不了经验，知识也代替不了技能。现代化的企业设备先进、仪器精良，但这些企业的工人未必就会弃经验技能于不顾而只会按电钮。新毕业的大学生可能精通于技术理论，但老工程师的经验知识却令其望尘莫及。中国古代工匠的经验技能及其经验知识在世界上可谓首屈一指，可是标志近代技术革命开端的工具机器的变革并没有出现于东方世界。英国人首先为电力技术的发展点燃了星星之火，但其燎原之势却出现在德国和美洲大地。历史的经验告诉我们，忽视实体技术、经验技术和知识技术三种技术要素之间既独立又相关的对立统一关系，就会贻误技术发展的时机。

第二，互补性与主导性。技术要素之间在技术活动中还常常表现出有机的整体性功能，体现出一种互补性与主导性结合的特点。

互补性是指在技术结构内部，各类技术要素之间存在着互补机制，其中任何技术要素的变化都可能影响并牵动其他要素的变化。互补性机制保证了技术结构的整体协调。但是三类技术要素的发展是不平衡的，在一定时期某种技术要素处于矛盾的主导地位，它的发展规定或制约其他技术要素的发展变化，这就是这种技术要素的主导性功能。主导性技术要素具有触发型放大作用。如我国农业技术结构在改革开放初期是属于经验主导型技术结构，如果那时我们偏激地强调农业机械化，其结果只能劳民伤财，收效甚微。相反，只要抓住主导要素，根据现实的生产力水平，实行农业生产责任制等措施，就可能收到事半功倍的效果。

第三，自稳性与变异性。某个技术要素在受到其他技术要素的干扰时，它具有抗干扰的能力，这就是技术要素的自稳性。近代技术革命使机械工具对原有手工经验技能产生了威胁，但后者并不因此就退出生产领域，而是在一定时期与前者并存。如英国在 1850 年已有 22.4 万台机械织布机，但在 5 年后也还有 5 万多名手织工人，正像吕贝尔特在《工业化史》中所说，大多数手工业都表明，它们具有生命力，能度过危机。

但技术要素的自稳性是相对的，在一定条件下，它们会相互转化。经验的积累会转化为技术知识，同样，在某一历史阶段属于知识水平的东西也会变成为经验性的技能。在 20 世纪 70 年代的非洲，汽车驾驶员是最高级的技术人员，因为他们掌握着最高级的"技术知识"，但今天这些知识对于日本以及大多数的欧美国家来说，已经纯粹属于技能性的操作了。由此可见，在技术要素的发展过程中，自稳性与变异性是有机联系在一起的。

4. 技术体系的结构类型与技术世界的梯级结构

技术结构是由相互联系和相互作用的技术要素组成的有机整体。由于对技术本质的不同理解，哲学家们建构了由不同技术要素组成的技术结构。

埃吕尔把技术定义为在一切人类活动领域中，通过理性活动而具有的绝对有效的各种方法的总体。他认为这种具有理性特征的技术实质上是技艺或技能，是一种社会技术，因而建立的技术系统是一个类似于技术社会的概念，即技术系统是由技术现象和技术进步形成的。

与埃吕尔的技术系统相比，米切姆的技术模式似乎更符合技术结构的含义。他针对技术本质的多样性，把技术分为实体技术、过程技术、知识技术和意志技术，在这种技术分类的基础上，形成了自己的技术模式。

户坂润在"手段体系说"的基础上，把技术作为生产力的一个要素，作为主体的劳动手段和客体的劳动手段在劳动过程中的统一。他把技术看做主观的存在方式——观念的技术（技能、智能）和客观的存在方式——物质的技术（工具、机器）这样一个统一体。

星野芳郎认为目的和符合目的的自然规律是技术的主要因素，并把生产工程放在技术体系的中心位置，在八个工程部门（即采掘、材料、机械、建筑、交通、通信、控制、动力）之间建立了有机的联系，形成了自己独特的技术体系。

苏联系统论专家瓦·尼·萨多夫斯基把技术系统定义为由制造使用机器的人及其劳动过程和许多外部条件所组成的复杂结构。斯米尔诺夫则更为明确地提出主体—技术手段—客体的技术系统概念。

但是，对技术结构的研究，从深度和广度上来说是不够的，尽管我们的时代是技术的时代，尽管许多学者对技术进行了大量的研究，但是对技术结构的研究还是很贫乏、很有限的。有必要在理解技术本质与要素的基础上，建构恰当的技术结构的类型，促进对技术结构的理论研究。所谓技术结构，就是由经验形态、实体形态和知识形态等三种技术要素组成的有机整体。任何时代、任何国家或地区的技术结构都是由这三种技术要素组成的，但是在不同时期，不同形态的技术要素相互结合却形成了不同类型的技术结构，按照技术要素在技术结构中的地位和作用，我们可以将其划分为以下三种类型：

其一，经验型技术结构。就是由经验知识、手工工具和手工性经验技能等技术要素形态组成的，而且以手工性经验技能为主导要素的技术结构。

其二，实体型技术结构。就是由机器、机械性经验技能和半经验、半理论的技术知识等要素形态组成的，而且以机器等技术手段为主导要素的技术结构。

其三，知识型技术结构。就是由理论知识、自控装置和知识性经验技能等要素形态组成的，而且以技术知识为主导要素的技术结构。

历史上，技术经历了一个从简单到复杂、由低级到高级、由单一领域到多维领域的发展历程。伴随着科学的兴起与技术的发展，技术世界自下而上逐步分化出了基础技术、专业技术与工程技术的梯级结构。

从科学技术体系逻辑结构看，科学主要执行着认识世界的职能，技术则肩负着改造世界的职能。科学研究实现的是从实践到认识的飞跃，技术创新实现的则是从认识到实践的第二次飞跃。在现代科学技术一体化进程中，科学活动逐步从单纯的基础研究领域，扩展到了应用研究和开发研究领域。技术的应用与开发活动开始作为科学的对象，被纳入科学研究领域。作为知识体系的科学，也随之分化为基础科学、技术科学和工程科学三个层次。科学的发展开始走到了技术发展的前面，对技术创新起着规范和指导作用。在科学发展的推动下，技术世界在原有工程技术、专业技术层次的基础上，进一步分化出了基础技术层次。技术世界的基础技术、专业技术与工程技术层次，与科学领域的基础科学、技术科学和工程科学层次彼此照应。

从逻辑演进的角度看，技术问题的提出与技术创新思路的演进，是沿着从目的到手段的顺序展开的；而技术系统的建构与主体目的的实现，则是沿着从手段到目的、由局部到整体的次序推进的。如此就形成了由目的到手段转化推演的多簇链条。例如，要实现往来于河流两岸的目的，就并存着泅渡、架设桥梁、建造船只、开挖河底地下隧道等多种技术途径，其中的每一条途径又有许多种具体的实现方式。单就架桥途径而言，要建设桥梁（目的），就必须在河流中设立桥墩、预制构件等（手段）；而要在河流中设立桥墩（目的），就必须在河流中构筑围堰、排水、开挖河床等（手段）；……如此就形成了一个辐射状的立体族系。

从宏观上看，技术世界形成了一个以人类需求或目的为核心的立体辐射状网络结构。在技术世界建构过程中，围绕着众多人类目的的实现，往往在纵向上形成了多簇技术族系，如运输技术族系、建筑技术族系、通讯技术族系、安全技术族系等。这些技术族系的一端与主体需求相连，另一端与科学、经验认识等领域相接。沿着从需求指向认识活动的方向，依次形成了工程技术、专业技术与基础技术的梯级结构。同时，不同族系之间在横向上也彼此贯通、相互联系。而且越靠近基础技术一端，技术族系之间的联系也就越紧密，它们共同植根于人类理智创造与认识活动之中。处于动态发展之中的技术世界，在横向上形成了众多技术族系并立，在纵向上同根同源，错综交织，融为一体的立体网络状结构。

注意，人也被编织进这一巨型网络之中。人既是这一技术之网的设计者和编织者，同时又是这一网络的构成单元或编织材料。由于在现实生活中，人同时扮演各种社会角色，参与处理多种事务，因而往往以多条纽带形式被编入这一巨型网络之中。可见，作为其中的一个纽结，人常常是多条纽带的交汇点，为多条网线所牵动。同蜘蛛和蜘蛛网之间的关系一样，人与技术世界不可分离。"网中人"依赖技术之网而生活，也为技术之网所束缚，而且这张无形的巨大技术之网将愈来愈细密、愈来愈结实。事实上，就像地球上的水圈、大气圈、岩石圈、生物圈一样，技术世界构成了人类赖以生存和发展的"技术圈"。

在技术世界的演化历程中，基础技术与专业技术层次是从生产实践活动中分化出来的，并为现实目的的实现服务。基础科学是基础技术发展的源泉，往往会开辟出全新的技术领域。基础技术就是对科学发现、原理、规律中所蕴涵的技术可能性探索的结果，是围绕技术原理的摸索与探究展开的，处于科学向技术转化的基础环节。原创性、原理性、原型性等是基础技术的基本特征。专业技术处于基础技术层次向工程技术层次转化的中间环节，是技术专业化发展的产物。随着技术形态的复杂化与技术创新模式的转换，技术应用过程中的许多基础性、共同性问题，开始从中分离出来，成为技术科学的研究对象。技术科学的研究有助于新技术途径的探寻，并使探寻活动方向明确、途径便捷、效率更高。围绕着这些基础性、共同性问题的解决，而发展起来的专业技术层次，表现出专业性、单元性、分析性与纵向推进性等基本特征，是建构实用的工程技术形态的直接基础。

工程技术就是在社会实践活动中广泛应用的各种实用技术形态。它处于技术世界体系结构的顶端，与工程科学关系密切。工程科学以各类工程实践活动中的普遍性问题为研究对象，综合运用基础科学、技术科学、经济科学、管理科学等学科的理论与方法，直接服务于各种目的性活动。实用技术以解决现实问题为目标，以众多基础技术与专业技术为内在支撑，以多项人工物技术形态为建构单元，往往表现为多项单元性技术成果的综合与集成。成套性、实用性、综合性与横向拓展是工程技术的基本特征。如三峡工程的设计与施工，就综合了地质勘查、水文、建筑、气象、航运、考古、运输、电力、施工管理、移民搬迁等几十项先进的成熟技术。由于工程实践问题的紧迫性，以及对技术形态可靠性、经济性的要求，实用技术形态中所综合或集成的技术，多是相关专业技术领域或工程技术领域的成熟技术。工程技术活动中某些环节一时难以解决的细节问题，会转移到专业技术领域，成为专业技术发展的重要方向。如 2003 年初，在突如其来的 SARS 病毒打击下，现有的生物学实验技术、医疗技术、卫生防疫、社会应急与动员等相关技术体系的弊端开始暴露出来，成为近期相关专业技术开发的重点。

二、技术发明与工程技术方法

技术发明与工程技术活动是在科学认识的基础上，人们利用客观规律变革和控制客观事物的实践活动，具有不可替代的作用。这里首先对技术发明与工程技术活动的含义与特点、基本形式与环节及其方法进行探讨。

1. 技术发明的过程与方法

已行与未行或已能与未能之间的矛盾，是技术开发活动的基本矛盾。这一矛盾的解决过程就是技术发明过程。

（1）技术发明过程。

技术发明或创新是解决技术问题、孕育新技术形态的基本形式，也是推动技术世界演进的动力源泉。技术发明泛指创造新事物或新方法的活动。从本义上说，这里的"新事物"或"新方法"是就整个人类社会而言的。因此，只有世界"首创"或"领先"的技术成果才算得上真正的发明。形态从无到有，效率由低到高，功能由弱到强，一直是技术进步的基本方向。由于技术发展的历史局限性，任何具体技术形态的效率与功能总是有限的，不可能一劳永逸地满足不断发展着的主体需求。这就形成了新技术目标与原有技术系统功能之间的矛盾。植根于科学研究领域的技术创新活动可以拓展技术可能性空间，创造出效率更高、功能更强的新技术系统，逐步实现新技术目标，使这一矛盾逐步得到解决。

随着社会需求的发展，原有技术系统的功能往往难以实现新的技术目标，需要对技术系统不断进行改进。技术改进属技术二次创新范畴。它是在不改变基本技术原理的前提下，针对制约技术系统功能扩展或效率提高的约束技术要素的解除，而展开的技术创新过程，是技术一次创新过程的继续和完善。① 这一过程多从技术方案设计环节开始，重新走完上述技术创新过程的后续环节。其中，局部技术单元的更迭，又会引发技术系统结构的"连锁反应"与一系列适应性调整。从长过程、大趋势来看，技术改进是在技术原理框架内进行的再创造过程，往往由多轮小幅度技术创造活动构成，直至接近原有技术原理所容许的功能与效率极限。此后的技术创新活动将转入在新技术原理基础上的新一轮技术的创新。

（2）技术发明方法。

技术发明是创造性思维活动的结果，因此，创造性思维方法是技术发明方法的主体，广泛适用于技术发明过程的各个环节。由于技术发明对象的新颖性、创造突破的不确定性、应用的灵活性、应用主体或场合的个性特色等因素的影响，目前，技术实践活动中应用的上百种发明方法的经验性突出，适用场合不一，效果差异明显，难以纳入统一的方法论模式。事实上，并不存在实现技术发明的固定程序，也不存在必然导致技术发明的普遍有效的方法，但是，共性寓于个性之中，众多技术发明方法中也包含着一些共有特征。从方法论角度审视这些发明方法，从中可以概括出三个方面的方法论特点：

一是创造性思维演进的一般程序。英国心理学家 G. 沃勒斯把创造性思维过程划分为四个阶段。他认为思维过程是有步骤地推进的，呈现出前后一贯性和明显有序的阶段性特征。（a）准备期，主要是围绕研究问题进行前期准备，如收集有关资料、了解前人的工作、积累必要的知识等。（b）酝酿期，主要是利用已有的知识和方法，探求解决问题的途径，苦思冥想。然而，苦思、久思不得其解。（c）豁朗期，在酝酿成熟的基础上，在某个偶然因素的刺激下，突然灵感爆发、直觉闪现，创造性的新思想、新观念和新方法突然涌现。这一阶段在创造过程中具有关键性的意义。（d）验证期，对由灵感突发而来的新思想、新概念和新方法，进行理性分析和逻辑判断，以及实验的证实、验证和修正。

二是逻辑方法与非逻辑方法的综合应用。技术发明活动是逻辑思维与非逻辑思维交替推进、螺旋式递进的过程。在逻辑方法走不通的地方，往往需要非逻辑方法开辟新的通路；而当非逻辑方法打开通路后，逻辑方法又必须

---

① 参见王伯鲁：《约束技术与企业技术进步方向》，载《科研管理》，1997（3）。

及时跟进与整理，在已行与未行的"鸿沟"上架起"逻辑的桥梁"。非逻辑思维所取得的成果，最终都要通过逻辑思维加工整理，以逻辑形式表达和交流，纳入人类技术知识体系之中。因此，一个足以完成技术创造过程的发明方法，必定是逻辑方法与非逻辑方法的辩证统一和综合应用。

三是发散性思维与收敛性思维的优化组合。发散性思维是指在解决问题时，思维从仅有的信息中尽可能扩展开去，朝着众多方向去探寻各种不同的方法、途径和答案。由于它不受已经确立的方式、方法、规则或范围等约束，往往能因此出现一些奇思妙想，所以也称做"求异思维"或"开放式思维"。发散思维的主要特征是流畅性、变通性和独特性。收敛性思维是指思维能尽可能利用已有的知识和经验，把众多的信息逐步引导到条理化的逻辑系列中去，从所接受的信息中产生逻辑结论。这种集中型的思维也被称为"求同思维"或"封闭思维"。

在技术发明过程中，发散性思维与收敛性思维反复交替、相辅相成、各司其职、缺一不可，二者的优化组合与有机融合是创造性思维的共同特征。只有集中精力和思维收敛，才能在技术实践活动中发现问题、选准目标，为在各种方向探索解决问题途径的发散思维奠定基础。同时，思维只有沿着多种渠道尽可能地发散开来，才可能捕捉到有助于解决问题的信息和思路，搜索到实现目标的手段，为更有效地聚焦所解决问题的收敛思维创造条件。收敛与发散相互依存，相得益彰。收敛和发散的层次越高、轮次越多，越有可能产生出具有独特性的新观念和新构想。它们的结合有助于技术发明的成功。

技术发明的常用方法有列举法、分合法、设问法、智力激励法、形态矩阵法、输入——输出法、联想组合法、移植构思法等几十种之多。这些方法各具特点，各有各的适用范围，在技术发明活动中，应根据问题情境灵活选择和应用。

2. 技术预测方法、技术方案构思方法

技术预测与技术方案构思是技术开发过程中的重要环节，对这两个环节及其方法的认识，是对技术发明过程及其方法认识的具体化。

（1）技术预测方法。

预测是以事物间的齐一性与普遍联系性为基础，根据事物历史、现实及其所处环境，寻求事物发展的规律性，并借此预先推测事物未来发展过程或状态的一种科学认识活动。从本质上说，预测是在把握事物历史与现实的基础上，以事物发展规律为依据，对事物未来发展的一种超前性思维模拟。所

谓技术预测，就是根据科学技术发展的一般规律，对技术在未来发展的状态、趋势、动向、成果及其影响的预见和推测。

技术预测涉及的领域和对象广泛，对社会各个领域技术需求发展和变化趋势的预测；对各个专业领域技术开发活动的发展趋向、可能成果及其效益和影响的预测；对某一技术领域的发展趋势及其可能出现突破的预测；对总体技术发展趋势及其带头技术的预测等，都是技术预测的具体表现。可以按不同的依据，对技术预测进行分类。根据技术预测的范围和领域的不同，可区分为世界性的技术预测、国家性的技术预测、地区性的技术预测，以及行业性和单位性的技术预测；根据技术预测结果的性质，可划分为定性的技术预测和定量的技术预测；根据构成技术系统的单元或层次，可划分为技术的基础理论发展预测、技术原理突破预测和技术产品更新预测；根据所处技术发明过程的环节，可划分为技术需求预测、技术设计预测、技术试验预测、技术应用预测等类型。

科学的预测应该使主观的逻辑推演符合预测对象客观逻辑的发展进程。时间上的超前性是预测的基本特征和困难所在。现实的技术预测总是在具体的边界条件和初始条件下，遵循惯性原则、类推原则、相关性原则和概率性推断原则等经验性原则展开的。由于技术发展的复杂性、特殊性，以及预测者所掌握信息的不充分性等原因，预测的经验色彩浓厚，准确性较差，其科学性有待于进一步提高。随着技术预测方法的不断完善和推广，目前已经形成了近百种具体预测方法。这些方法大致可归结为类比性预测、归纳性预测和演绎性预测三种基本类型。

类比性预测方法　如果在两个技术形态之间存在着许多相似性，那么就可以根据一个技术形态的发展，类比推演出另一个技术系形态的发展趋势。从类推中所得出的结论，称为类比预测。其中，作为类比参照系的技术形态为已知，叫先导事件。在技术预测中，人们常以发达国家或地区的先进技术，或者历史上的相似技术为先导事件。如以美、苏登月技术作为先导事件，类比预测我国登月技术的发展。类比推理是类比预测方法的逻辑基础，类比推理的或然性是影响类比预测准确性的根源。事实上，由于影响技术发展因素众多，同一技术在不同社会条件下的发展轨迹不可能完全相同；至于不同技术在不同地域或历史时期的发展差异就更大。

归纳性预测方法　从关于同一技术发展的若干个别预测中，概括出比较全面的未来发展趋势。归纳推理是归纳性预测方法的逻辑原型，共性寓于个性之中的哲学原理是该方法的哲学基础。由于技术预测的不完全归纳性，以及作为归纳基础的个别预测判断的主观性等原因，归纳性预测结果也是或然的。专家集体预测法或德尔菲预测法就是一种典型的归纳性预测方法。为了提高预测结果的准确性，除认真筛选被征询的对象，增加材料的全面性和可靠性外，还应该尽可能增加征询专家数量以及搜集专家意见的轮次。

演绎性预测方法　根据技术预测对象的历史和现状资料，建构一个恰当的数学模型，或绘制出它的发展趋势曲线，从中推演出该技术的未来发展特征。趋势外推法、计算机模拟方法等都是常用的演绎性预测方法。这类方法是依据一定的规则或原理而进行的演绎推理。事物之间的普遍联系以及发展惯性是它的理论依据。但是，由于事物联系和发展的复杂性，预测对象的历史和现状中所包含的信息是有限的，据此所建构的数学模型及其所绘制的曲线，与事物的真实发展轨迹常常难以拟合。因此，这类方法往往也存在着较大误差。

（2）技术方案构思方法。

技术方案是关于实现技术目标的途径、方式和程序的总体构想。如果技术发明的起点是技术原理，终点是技术产品，那么联结两者的纽带就是技术方案。在技术开发过程中，技术方案把技术目标与技术原理结合起来，使技术目标明朗化，技术原理具体化，并为技术研制和试验提供具体指导。它不仅考虑了目标在原理上的可实现性，而且也考虑了实现目标的具体条件、途径、环节、程序和效果。因此，技术方案的构思是一个技术再创造过程。

与技术原理相比，技术方案的鲜明特点是具体性和综合性。技术方案是围绕着特定而具体的目标展开的，是一个有机统一的整体系统，主要包括下列分支系统：一是技术方案实现的"目标—功能"系统。二是技术方案据以实现其目标和功能的技术原理系统。三是技术方案据以实现其技术原理的动作系统。四是技术方案据以实现其运动或动作的物质承担者的机构或构件系统。其中，每一个分支系统又可相应地划分为若干层次的子系统。因此，技术方案是一种结构复杂、层次重叠的整体系统。

技术方案的构思是创造性思维的过程，是人们充分发挥创造性思维能力和作用的领域，具有突出的探索性和创新性。通过各种途径和方式获得设计思想是进行技术再创造的重要环节。在此过程中，不运用逻辑思维无疑是不可想象的，但灵感、直觉和形象思维在其中也起着重要的作用。因此，技术方案的构思没有固定的模式和程序。然而，人们在技术发明实践中创造和积累的许多经验依然有启发作用。技术方案的具体构思方法多种多样，数量有三百种之多，大致可以归结为三大类：

An Introduction to Philosophy of Science and Technology

塑造理想技术对象 技术研制总要构造理想对象，即性能最优的技术对象。这种对象在现实中尽管不一定能完全实现，但却能为方案设计提供新思路。缺点列举法和希望点列举法就能起到这种作用。缺点列举法的要点是通过列举现有技术或现有技术方案的各种缺陷和不足，逐一进行分析，寻求克服或弥补它们的各种可能途径，以构思技术方案。这种方法通过"还有什么缺点需要改善"的思考原则，使技术对象不断趋向理想化。希望点列举法的要点是从人们的愿望出发，通过列举技术发明希望达到之点，即应该达到的技术状态、技术目标、技术水平等，然后深入具体分析，寻求达到每一希望点的可能途径，以构思技术方案。这种方法通过"如果能如何将该多好"的思考原则，使技术对象不断趋于理想状态。

变换思维方向 技术方案的设计带有一定的规范性，而设计思路的酝酿却应灵活多样。从对立、变换、联想中获得启发，找出消除技术对象的缺点，达到某些希望点的路径。逆向思考、类推思考、联想思考、等价变换思考等都具有这种作用。逆向思考是在"两极相通"中进行思考，即当一个问题感到很难解决时，从反方向进行研究。它是在"为什么一定要是这样而不应该是那样"的思考原则指导下产生新的设想。类推思考相当于科学研究中的类比方法，即在前提准确而数据不足的情况下，进行带有归纳性质的推理。联想思考是一种极少约束的创造性思考方法，通过相似联想、对比联想和接近联想等方式形成新构思。等价变换思考以不同技术手段能等价地达到同一技术目的为前提，通过对原有技术的等价变换发明一种新的技术方式。它既能等价地完成原有技术的任务，又能超越其局限性。

团队内部的相互激励 智力激励是指通过资料、信息的交流与反馈，激发研究人员的创造活力，把易于忽视或未曾想到的方案雏形纳入被选择行列，作为方案设计中可考虑的思路。智力激励法、群辩法等都属于这一类。智力激励法是美国著名创造工程学家奥斯本提倡的一种方法。它围绕一个明确议题，邀请10名左右与该议题有关的专家座谈，自由讨论，相互启发，让创造性设想产生连锁反应，激励出更多的设想，以供决策者进行综合和选择。群辩法是美国心理学家戈登提出的另一种启发式集体讨论方法。它与智力激励法的不同之处在于并不要求与会者围绕一个主题，而是由会议主持者以提问和提供材料的方式，启发和引导与会者围绕某个问题进行讨论，使问题逐渐明朗化。在讨论中，主持者要运用各种方法引导与会者对所讨论问题实现某种转换，获取对该问题的深刻理解或有关的创造性思想。

3. 工程技术的设计方法、试验方法、评价方法

技术方案构思只是关于实现技术目标的途径、方式和程序的总体构想，难于直接付诸实施，还必须进行工程技术设计。工程技术设计是一项细致而又复杂的工作，包括总体设计、初步设计、详细设计和工作图设计等环节。从一定意义上说，技术方法论主要就是设计方法论。

（1）工程设计方法。

工程技术设计就是应用设计理论和方法，把人们头脑中的技术方案构思规范化、定量化，并把它们以标准的技术图纸及其说明书的形式表示出来的技术活动。一般而言，设计是在思维中塑造创造物，模拟与完善制造工艺流程，为人工物及其制造过程预先建构方案、图样、模型的创造性活动。随着技术的发展尤其是技术系统的复杂化、标准化，事先的技术设计已成为必不可少的环节。"今天，众多领域中最为明显的事实之一就是设计变得极为重要。我们从一种基本上是围绕如何掌握制造技艺来进行思考的技术，过渡到了一种对程序设计及使程序尽可能合理化进行思考的技术。"[①] 设计总是运用文字或图像符号、实物模型或观念形象等抽象形态，替代现实技术单元"出场"；在技术工作原理的基础上进行观念运作，创造性地建构虚拟技术系统，并对其运行进行模拟、预测、修正和评估。作为一个创造性思维过程，设计技术形态的构思与设计，是一个技术性与艺术性统一，逻辑思维与非逻辑思维并行的过程。设计者总是围绕目的的实现，调动以往所积累起来的经验、知识、技术、艺术等多种资源，出主意、想办法，探求实现目的的技术原理；进而在思维中把多种技术单元综合、组织到一个目的性活动序列之中，最终形成一个可以实际建构和运行的实施方案。

工程技术设计在技术研究和开发中起着重要的作用。它决定了生产什么样的产品（包括性能、寿命、效益等）以及如何进行生产（包括生产的工艺流程、施工过程、制造方法等）。技术统计资料表明，产品生产成本的 $75\% \sim 80\%$ 是由技术设计环节决定的。从反面看，错误的设计一旦付诸实施，将会酿成灾难性的后果，被称为"思维灾害"。一般说来，产品制造和使用不当出现的问题，具有局部性和偶然性，可采取一定的措施加以避免或予以补救，但因设计本身存在缺陷而出现的"思维灾害"，则是带有根本性、全局性的问题，后患无穷。

---

① ［法］R. 舍普：《技术帝国》，12 页，北京，生活·读书·新知三联书店，1999。

工程技术设计方法是在漫长的社会实践活动中孕育和发展起来的，最优化与可靠性是它的基本原则。近代以前，没有独立的技术设计，实践活动与设计活动浑然一体，同步展开。经验丰富、技术娴熟的生产者既是设计者，又是实践者。他们虽然设计和制造过众多合乎科学原理的物品，但主要是依靠直觉和经验，并在多次尝试的基础上才逐步摸索出来的。近代产业革命把独立的技术设计推到了前台，形成了三阶段设计方法，即初步设计（方案设计）、技术设计和施工设计。其中，方案设计占据重要地位。它是技术方案构思的具体化，通常是根据任务的技术要求，在经验式、模仿式方法的基础上提出设计的初步轮廓，然后再逐步细化。现代设计是技术科学与工程科学发展的直接产物，是技术原理的具体贯彻和智能技术的凝聚过程，已形成了一套严密的设计规范体系。现代设计方法的主要特征是动态设计、优化设计和计算机辅助设计。

与设计方法的演进相应，设计中的思维策略也在不断演进。初期的思维策略以"尝试—错误"为特征，即不断尝试，不断修改错误，直到得出满意的结果。然而，这种方式所付出的代价是巨大的。为此，技术设计中逐步把背景理论作为启发性知识进行启发式搜索。在启发式搜索中，首先要划出"问题空间"，即目标状态与现实状态之间的差距大约涉及哪些因素，在什么范围内有望解决。进而引人"助发现模式"，即先查行之有效的方法，再进行"选择性"搜索。三段论设计实际上已体现了这种策略，动态设计与优化设计更是如此。

（2）试验方法。

技术试验是指在技术方案构思、设计和实施过程中，为了确认和提高技术成果的功能效用或技术经济水平，在人为地干预和控制的条件下，对技术对象进行分析和考查的一种实践活动和研究方法。技术试验处于从技术方案到现实技术形态的中介或桥梁地位，是检验、修正和完善技术构思与设计的重要手段。它关系到技术系统的质量、功能和水平，是技术发明方法论的重要内容之一。

技术试验在技术发明过程中的地位，与科学实验在科学研究过程中的地位相当，存在着许多相似之处。首先，与科学观察相比，技术试验具有科学实验的某些特点，两者都不是在自然发展的条件下，而是在人为控制和干预的条件下进行的。其次，与科学实验相比，技术试验又具有自身的特点。实验的研究对象是自然客体，试验的研究对象只是人工创造物，包括人们拟定的规划、设计和研制出的机器设备等。实验主要表现为从客观到主观、从实践到理论的认识过程；试验则是从主观到客观，从理论向实践的转化过程。实验是为了揭示自然事物、现象和过程的本质与规律，创立相应的科学理论；试验是为了探索科学理论实际应用的条件、途径和形式，以取得新的技术发明。再次，尽管技术试验同实际应用的关系比科学实验更密切，但也只是实际应用的预备阶段，为实际应用奠定试验与试制的基础。技术试验是试探性与验证性的统一，往往能为技术的推广应用开辟出新的途径。

　　试验在技术活动中是必不可少的，在技术开发的各个阶段都需要试验。试验可以为技术构思、工程设计和样品试制提供事实根据，验证它们的科学性和可行性，发现在设计制造中的缺陷，改善工艺和产品。工程技术对象十分复杂，影响因素众多，有的在常态下特征或缺陷不易显现，有的造价昂贵。只有在设计过程中运用巧妙的试验来强化或模拟对象，才能形成技术制造或控制的最佳方案。例如，在设计制造新型飞机或轮船、兴建大型水利工程、推广农作物新品种等过程中，就有风洞试验、样机试验、水工模型试验和大田试验等。

　　技术试验过程大致可分为试验准备、试验操作和试验数据的分析处理三个基本阶段。其中，试验的构思设计居于核心地位。试验设计不仅要明确试验的目的、任务、内容和类型，选配相应的测试仪器，而且要确定恰当的试验步骤和试验方法，力求对所处理的因素进行合理的安排，从而用较少的试验次数，最低的人力、物力、财力消耗，实现预期的结果。在技术试验过程中，当试验的题目、内容和要求确定以后，也就相应地限定了试验的方法和类型。不同的试验题目、内容和性质，要求不同的试验方法或类型。即使同一个复杂的试验项目，试验步骤和阶段不同，往往也需要运用不同的试验方法。因此，应根据试验项目的具体特点、步骤和阶段，选取不同类型的试验方法。

　　（3）技术评价方法。

　　技术开发是一个在众多因素影响下的复杂过程，自始至终都贯穿着评价活动。在项目立项、目标拟定、原理构思、方案设计、研制、试验以及成果鉴定的各个环节，都需要从价值角度审视技术活动，都应考虑由于采用或者限制某项技术而引起的社会后果，以便从中选择适当的技术方案。随着技术发展速度的加快和技术系统功能的扩大，技术评价越来越受到社会重视，成为决策科学或政策科学的重要内容。

　　技术评价是对技术是否可能、可行的真理性评价，以及技术是否合意、正当的价值性评价。在真理性评价中，只要事实材料翔实且受到尊重，得出

233

趋同结论并不困难。而在价值性评价中，由于价值和利益的多元化，往往并存着各具差异的价值准则和权重。在价值观念没有得到协调或未经整合的情况下，得出趋同结论非常困难甚至不可能。因此，技术评估不仅是技术性很强的价值评判过程，而且也包含着复杂的价值冲突和协调。需要通过信息沟通和充分协商机制，才能找到各类价值主体广泛接受的技术目标，最终确定以大多数人利益为基础的技术方案。

由于技术评价主体、评价角度与评价对象的不同，现实的技术评价有多种多样。一般地说，技术评价过程中体现出如下特点：一是全面性。在技术评价过程中，应把技术对象置于社会大系统之中，不仅要评价技术内部的关系，而且要综合评价技术在经济、政治、心理、生态方面的多重效应。既要重视技术所带来的利益，又要关注它所造成的消极影响。二是有序性。应沿着技术效应衍生链条延伸的方向，从技术的直接后果追踪到"后果的后果"等多级效应。三是跨学科性。技术评估涉及技术应用的广泛社会后果和政策选择等学科领域。因此，应有多学科领域的专家参加，对技术进行多角度、全方位的立体式评价。四是客观性。技术评估应努力摆脱有关利益集团的影响，做到以科学分析为依据，以总体利益为目标，以便得出客观公正的结论。五是质疑性。技术评估的实质在于对技术后果进行质疑和批判，充分预测其可能产生的且不易预料的负效应，充分估计这些负效应能否消除及其所付出的代价，以便在较为可靠的预测分析基础上进行选择，对全人类包括子孙后代负责。

三、技术是人与世界实践关系的中介

人一开始就是技术的人，社会一开始就是技术的社会。技术是人与客观世界实践关系的中介，在人类目的性活动过程中发挥着不可替代的作用。

1. 技术在实践活动中的地位与建构

作为主体目的性活动的序列或方式，技术的基本功能就在于支持主体目的实现。在现实生活中，主体的具体目的千姿百态，因而实现这些目的的具体技术形态的属性或功能之间千差万别。不存在属性与功能凝固不变，而又能实现各种目的的"万能"技术系统。随着主体目的的发展变化，人们总会选择或建构起具有不同属性或功能的个别技术系统。当主体目的指向生产活动时，所建构起来的技术形态就表现出生产力属性或功能；当主体目的指向军事活动时，所建构起来的技术形态就表现出克敌制胜的属性或功能；当主体目的指向健康领域时，相应的技术形态就表现出治病救人、延年益寿的属性或功能；等等。可以说，有多少种人类活动目的，就有多少种技术形态或技术功能。

以往人们只关注技术的生产力属性，而忽视它的其他属性和功能，这一认识是片面的。把技术的其他属性归结为生产力，并通过生产力与生产关系、经济基础与上层建筑的社会基本矛盾运动机理，直接或间接地推动社会系统各个领域的发展，从而显现出它的多方面、多层次社会功能。[①] 这是以往人们认识技术功能的基本格式。在技术生产力视野中，生产力属性是最根本的，技术的其他属性都是派生的，都可以归约为生产力属性。技术生产力观点的破绽就在于，难于诠释技术在现实生活中所展现出来的种种功能。例如，把先进的军事技术装备投入战争，可以摧毁敌方军事力量，甚至经济与民用设施。在这一过程中，技术所显现出来的破坏属性是与生产力属性直接背离的。技术的生产力属性或功能，与技术的其他属性或功能处于同一个层次上，其间虽有联系与转化，但难于归并或通约。因此，仅仅看到技术的生产力属性或功能是片面的、不充分的。

技术是实践活动展开的基础，处于主体与客观世界的中介地位，支持着实践目的的有效实现。实践是人类活动的基本方式，是以变革和改造客观世界为内容的目的性活动。因此，技术活动与实践活动合二而一，密不可分。实践活动的展开过程，同时也是技术形态的建构或应用过程；反过来，技术形态的建构与应用过程，也是实践活动的重要形式。辩证唯物主义认为，实践是主观见之于客观的能动性活动，处于主体与客体的中介地位，是连接主体与客体的桥梁。从技术与实践的天然联系角度出发，不难理解，作为主体目的性活动的序列或方式，技术也是连接主体与客体的桥梁。其实，实践并非人类目的性活动的唯一形式，也未囊括所有的人类目的性活动形态。因此，技术概念的外延又超出了实践范围，在人类活动中处于更为基础的地位。这也是技术之所以具有广泛社会文化功能的原因。

事实上，技术系统与技术世界就是按照社会实践的需要建构起来的。技术不仅是按一种内在的技术逻辑发展的，而且也是由创造和使用它的社会条件所决定的；具体技术的发展路径并不是唯一的，在建构和使用新技术过程的各个环节，都涉及在不同技术可能性中的一系列选择。目的性活动是孕育和塑造新技术的温床。我们不否认技术发展的规律性与内在逻辑，但更应当

---

① 参见吴士绂等编写：《自然辩证法概论》，293 页，北京，高等教育出版社，1989。

看到社会文化因素在技术创新与选择过程中的调制作用。社会实践需要是建构技术系统的出发点，也是选择和应用技术形态的根本性因素。技术的发展根植于特定的社会环境，社会实践发展的格局与走向决定着技术的演进轨迹。

2. 仪器工具系统的形成

在社会实践发展的推动下，人们建构和积累起了众多技术形态，形成了技术世界的仪器工具系统。所谓仪器工具系统是指人们在认识和实践活动中，创造和使用的物质技术手段体系。仪器工具系统主要表现为物化技术形态，是主体认识和实践目的展开的技术基础。无论当初的技术建构活动多么简单，但都是人类经验、智慧及其理论研究成果的凝聚与物化。仪器工具系统与客体对象之间的相互作用，逐步取代了主体与客体对象之间的直接相互作用，从而使人对客观事物的认识和实践活动，由直接方式变为间接方式。人类目的的实现越来越取决于所建构和拥有的仪器工具系统的数量和质量。

人类在认识和改造客观世界的过程中，可供利用的最直接、最基本的手段，当然只能是自身的肢体、感觉器官和大脑。然而，作为自然界的一个普通物种，人类的生物机体或天赋本能却存在着许多局限性。如眼睛没有老鹰敏锐，鼻子不及猎犬灵敏，双腿没有羚羊迅速，体力抵不过老虎，寿命赶不上乌龟，等等。单凭人体器官本身所具有的功能，远不能达到科学地认识和改造世界的目的。这就迫使人们不得不创造出各种物质技术形态，提高认识与实践能力，推进其需求的实现和发展。

目的性活动是经过理性设计，并在主体意志控制下指向客体的对象性活动。目的性活动在时间上体现为一个诸环节或阶段相继展开的过程，在空间中形成了一个各相关因素相互依存的有机结构。技术就是内在于目的性活动之中的这种稳定而有序的时空结构。目的性活动中所运用的工具、设备及其组合方式、操作程序等因素之间的差异，就形成了不同的技术形态。在现实的目的性活动中，不同的主体会选择或创造出不同的技术形态，不同的行动目标或客体对象客观上也要求不同的技术形态。这也是推动技术形态繁衍的动因。作为主体的创造物与目的性活动的灵魂，仪器工具系统一经创立，就会脱离创立者而获得客观独立性，成为人类文明的组成部分。认识和实践活动总是有目的、有计划地推进的，是人类目的性活动的基本形式。"认识什么?""如何认识?""做什么?""如何做?"这些始终是认识和实践活动展开的轴心。前者是认识和实践目的的体现，后者则是认识和实践手段的体现。从广义技术的观点看，"如何认识"与"如何做"本质上就是一个技术问题。正是这类问题的不断涌现刺激着技术进步，从而使主体目的性活动成为孕育和催生仪器工具系统的温床。

仪器工具系统与语言符号系统是人类进化发展的两大成果，前者是以实物形态存在的人类活动的物质基础，后者是以观念或知识形态存在的人类活动工具。人们为了一定目的而创造出来的仪器工具系统，具有相对的独立性，可以被纳入认识和实践活动之中，建构起各种具体技术形态。作为主客体之间的中介，仪器工具系统已经取代了主客体之间原始的直接相互作用方式。日趋复杂、精密的仪器工具系统弥补了人类躯体的先天缺陷，扩大了人类认识和实践的范围。"工欲善其事，必先利其器"，在人类目的性活动过程中，仪器工具系统发挥着愈来愈重要的作用。

第一，在认识活动之中，感觉器官的自然缺陷妨碍了人们对客观事物的认识。具备观测、分析、运算等多种功能的仪器工具系统，就是人们在漫长的认识活动中创造出来的。它放大或延长了人的感觉器官功能，克服了人类感官的各种"感觉阈"的局限，扩大了接收、记录和加工客体信息的能力。仪器工具系统作为感觉器官延长，在深度和广度上推进了认识的发展。仪器工具系统通过引进客观的计量标准，将感官难以把握的客体属性转变为可以精确度量的数量关系，弥补了人类器官接收和传递客体信息精度上的不足。同时，仪器工具系统还能放大或延长人的大脑功能，帮助人们加工处理各种信息，部分地代替人的脑力劳动，提高思维效率。现代认识活动给人类提供了非常丰富的巨量信息资料，这就要求人们的智力（计算、记忆、分析能力）也相应地发展起来。以计算机技术为核心的信息技术就是在这一背景下产生的。人工智能技术的发展必将极大地提高人的思维能力，推进对客观世界认识的发展。

第二，在实践活动中，人类天赋本能的局限性限制了人类对客观世界的改造。仪器工具系统放大或延长了人类肢体与器官的功能，扩大了对客观事物加工、改造的深度和广度，提高了实践活动能力。产业技术系统就是典型的仪器工具系统，它是人们在生产实践活动中逐步建构起来的。产业技术的发展逐步取代了人对劳动对象的直接干预，简约了生产过程中的躯体动作。工作机可视为手或躯体动作的投影，动力机可视为肌肉系统的投影，传输机可看做肩膀、腿脚或手的延伸，控制机可作为大脑或神经系统的投影。产业技术系统的开发极大地扩大了社会生产能力，增加了产品种类，提高了产品质量和生产活动的效率。

技术的快速发展，使以技术为支点的人类认识和实践能力远远超过了人的天赋本能。正是依靠它的智慧与创造力，依靠技术途径与仪器工具系统的支持，人类才超越了自然物种的限制。以技术创新与推广应用为基础的人的新进化，不仅弥补了人类天赋本能方面的种种欠缺，而且也使人类的后天才能迅速提升，日渐成为一种技术"超人"和自然界的"霸主"。如射电望远镜把人类的视界延伸到河外星系，电子显微镜又使人的视力深入到分子层次；运载火箭把人的奔跑速度提高到每秒十几千米，把人的抛射力扩大到几十吨；遥感探测技术使人们能感知上万米深的地下矿藏，预测几天乃至几年后的天气变化；火星探测器把人的触角延伸到了火星表面；等等。这些才能都是自然界中任何一个物种所望尘莫及的。

3. 技术是人与自然的桥梁和纽带

动物只能依靠躯体器官的天赋本能生存，而人类除了本能外还创造出了技术形态。技术是人们建构起来的目的性活动的序列或方式，表现为通达客观世界的桥梁，或人与客观世界连接的纽带。外在的物化技术体系的合目的性运行是人赋予和受人调控的。以本能为基础，以求生存为核心的动物生活模式是封闭的、停滞的。即使有缓慢的进化，也是依靠种群的基因突变、环境的选择与遗传等自然因素的作用进行的。而以技术为基础，以生存与发展为内容的人类活动模式却是开放的、发展的。除谋求满足生存的生理需求外，人类还表现出谋求物质文化生活质量提高，生活内容不断丰富的发展特征。

从哲学层面看，在人类改造客观世界的目的性活动过程中，并存着主体客体化与客体主体化的双向运动。一方面，主体把自己的本质力量对象化，按照自己的需求与意志塑造世界，消除了客体片面的客观性，这就是主体客体化；另一方面，主体把客体的属性、规律内化为自己的本质力量，充实和发展自己的体力和智力，消除了主体的片面主观性，这就是客体主体化。主体客体化与客体主体化是技术世界建构的哲学基础。在这种双向互动的过程中，主体会不断创造出相对稳定的目的性活动序列，推动技术世界的建构。

从技术的角度看，所有技术形态都是人类目的性活动的产物，都是围绕人类生存与发展问题展开的，都直接或间接地与人类社会需求的实现过程相关联。技术活动的展开就是人们依靠智能与动作技能，控制或操纵物化技术体系，实现各自目的的过程。技术是连接人与自然的桥梁和纽带，技术世界是人的无机身体。技术在现实生活中所发挥的功能都可以还原出人的肢体器官原型或追溯到人类需求根源。与动物的本能性活动模式相比，技术形态可视为人的体外器官或肢体。它以变形或放大的形式发挥着这些肢体与器官的原型功能，支持着人的生存与发展，已成为人类安身立命之根本。技术系统的运行故障就像疾病一样，常常使人感觉不适，二者在心理上的感受几乎没有多大差别。例如，交通阻塞或汽车故障就像腿脚受伤一样，使人感到行动困难；电话失灵就像喉咙或舌头生病一样，使人感到表达或交流不便；等等。在现实生活中，一个人或一团体拥有的技术形态越多、效率与层次越高，他们生存与发展的条件也就越优越。

广义技术世界就是由人类所创造出来的种种技术形态所构成的体系。它既是人类文明的重要组成部分，又是建构人类文明大厦的脚手架。如果说单个技术形态有如人的肢体或器官，那么技术世界就好像是人的无机身体。它以放大的形态再现或替换着人体器官的功能，支持着主体目的的实现。正是依靠技术的武装与技术世界的支持，人类才日益进化为本领超群的物种，成为自然界的真正统治者。

四、技术的社会建构与发展动力

1. 技术的社会形成：选择、调节、支持

虽然技术的发展有自身内在的规律性，但任何具体技术形态的开发或运行都表现为社会活动，都是在一定时代的社会场景中展开的，总要受到社会系统及其构成要素的影响。这就是技术发展的外部因素。盛行于欧洲的"技术的社会塑造理论"（The Social Shaping of Technology，简称 SST），就是基于对这一因素的深入研究而形成的。社会需求是推动科学技术发展的原动力。在技术发展过程中，社会因素的作用集中表现在对技术开发活动的选择、调节和支持等层面。

"技术的社会塑造理论"十分强调技术是由社会因素塑造的，将科学和技术看做社会活动的领域，它们受社会力量的作用，并经受社会分析。技术的发展根植于特定的社会环境，社会的不同群体的利益、文化上的选择、价值上的取向和权力的格局等都决定着技术的轨迹和状况。或者说，我们的体制——我们的习惯、价值、组织、思想的风俗——都是强有力的力量，它们以独特的方式塑造了我们的技术。

SST 主要有三种理论方法：第一种是社会建构主义方法。它认为某一种设计或人工制造物的成功很难说是一个简单的技术问题，而是成型（pattern）或形成（shape）于特定的选择环境。技术和技术实践是在社会建构和谈判中

239

被建造起来的，这经常被看做由各种参与者的社会利益驱动的过程，因此特别关心冲突的利益群体是如何达到问题的解决的。

第二种是系统论方法。该方法很大程度上源于技术史学家托马斯·休斯，用"系统"术语描述大型技术系统生长过程的努力。休斯在研究电力发展过程中认识到两种情况：（1）公用事业公司、研究实验室、投资银行等多种社会要素相互作用构成复合系统，而这种系统应该成为分析的真正焦点；（2）系统建造者并不承认技术与科学以及技术、政治和社会之间的传统区分，认为这种区分会妨碍对技术变化过程的理解。这种方法注重于对不同的因素之间的相互作用进行分析，这些因素包括物质的人工制品、制度和他们的环境，然后提供技术的、社会的、经济的和政治方面的整合性，并使宏观的和微观的分析联系起来。

第三种是操作子网络理论方法。迈克尔·卡隆用一个高度抽象的词"操作子"（actors）定义科学技术和其操作子世界，即各种要素在结合为网络的同时也塑造了网络。卡隆相信，根本就没有什么外部的和内部的（即社会的/技术的）二元区分。

这三种方法的共同点就是，要深入看看一直被视为"黑箱"的技术的"内幕"，都认为技术不仅仅是由自然因素确定的，都主张技术只有同广泛的社会因素建立了联系才能消除人们对它的质疑，并能够被稳定地把握。[①]

（1）社会选择作用。

同自然环境变迁对物种进化的选择作用相似，社会发展对技术进步也存在着选择作用。也就是说，只有具备满足社会需求、功能较强、效率较高、操作简便等特点的技术形态，才能得到开发和推广应用；反之，就不会为社会所开发和采用，或者将被逐步淘汰。社会选择作用是立体的、全方位的，体现在技术发生、发展和消亡过程的各个环节。从这个意义上说，一部技术史就是一部人类技术创新与社会选择的历史。

从技术发生角度看，无论是作为有目的、有计划的技术开发活动的产物，还是作为机遇或非理性思维的创造物，技术在萌发之初就受到了社会选择的作用。且不论来自银行贷款、政府或社会基金支持、同行专家评议、市场潜力诱导等方面的社会选择，单就技术开发者而言，技术开发的立项就是在发展预测的基础上确立的。不仅要考虑技术原理上的可能性、功能或效率上的

---

① 参见肖峰：《技术发展的社会形成——一种关联中国实践的 SST 研究》，24～35 页，北京，人民出版社，1992。

优越性，而且还要考虑该技术的开发成本、市场前景等因素。表面上看，这些考虑是技术开发者个体对该技术价值的理性审视。其实，技术开发者本身就是社会体系的构成部分，其知识背景、思维方式、价值观念等都是在社会化进程中由社会赋予的，它们对技术项目的审查可视为社会选择的转化形态。至于源于机遇或非理性思维的技术创造，尽管在萌发之前很少受社会选择的影响，但一旦该技术构思或技术形态被确认，就必须接受开发者的理性审查与社会选择。

从技术开发或推广应用角度看，技术形态总是在社会场景中开发和应用的，社会对技术开发的支持以及对技术形态的应用过程，就是社会对技术的选择过程。技术功能、技术效率、技术价格或运行成本是影响社会选择的重要因素。一般来说，除个别功能奇特的技术形态外，在同一技术族系中，往往并存着功能相似的多种技术形态，这就形成了社会选择的空间。技术应用者总是从各自需求、经济与技术状况出发，选择适用的或性能与价格比最高的技术形态，这就形成了各种技术形态的市场空间。经济与技术指标越优异的技术形态，就越容易为社会所选择，其市场空间也就越大，反之就越小。当然，技术的市场空间并不是凝固不变的，随着技术的进步与社会的发展，原有的先进技术将逐步退化为落后技术，其市场空间也会随之萎缩。

从技术消亡角度看，技术世界的发展过程就是新技术的不断涌现与旧技术的不断消亡。在技术进步的推动下，先进的新技术形态不断涌现，落后的旧技术形态逐步淘汰，这一过程也是社会选择的结果。一般地说，新技术形态都是经济与技术指标优良的技术形态，否则在投入开发之前就会被选择掉。在同一技术族系中，由于功能上的相似性，各技术形态之间可以相互替代。因此，出于社会竞争、经济收益、未来发展等方面的考虑，人们总是倾向于选择经济与技术指标优越的新技术形态。如此，新技术形态的市场空间就越来越大，传统技术形态的市场空间就越来越小，以至于从技术世界中消亡。

（2）社会调节作用。

社会调节是指社会对技术发展的方向、速度、规模等方面的塑造作用。社会对技术发展的调节作用，就在于保证社会的技术结构与社会需求结构相适应。这种宏观调节和控制，包括通过一系列具体的导向和选择机制而完成的自发过程，还包括采取某些自觉的手段对技术发展施加的干预和影响。就整个社会而言，这种干预和影响通常是由国家和政府来进行的。社会通过立法、行政规划、人事组织、税收、信贷、教育、奖励、价值导向等机制或途径，对技术开发或应用部门的人、财、物的存量和流量进行调控，从而达到对技术发展的调节。

　　社会对技术发展的调节作用体现在技术发展的多个层面，首先表现在对技术发展方向的调节。技术的发展实质上是对于社会需求的响应，随着社会的不断进步，社会需求结构也随之扩张。不断增长的社会物质文化需求引导着技术发展的方向。这种导向作用体现为社会对某些技术发展方向的扶植和激励或者阻挠与抑制。社会按需求不仅调节着对技术发展的各种资源投入，而且以需求为核心对技术成果进行评价。如此，技术开发者的主观动机就被纳入到实现社会需求的轨道上。

　　其次，还表现在对技术发展速度的调节。社会是在内外多重因素的作用下发展的，不同时刻、场合下的社会形势与社会需求各具特点，对技术发展的轻重缓急等要求也不尽相同。例如，战争年代迫切需要军事技术的快速发展，和平时期则需要经济的持续增长；农业地区要求农业技术的优先发展，畜牧业地区对畜牧业技术的发展更为迫切；等等。在这种情况下，社会往往会采取多项措施，促使人、财、物等社会因素向该技术领域流动，从而促进该领域技术的快速发展。例如，在冷战时期，苏联将 2/3 的科研人员投入到军事技术领域，在促进军事技术快速发展的同时，也导致了社会技术发展的失衡。技术研究工作满足社会需求的程度，决定了社会所能对它提供支持的程度以及技术成果在社会中推广应用的程度，因而也就决定了该技术领域未来发展的速度和限度。

　　再次，表现在对技术发展规模的调节。与对技术发展方向、速度的调节相关联，社会要求技术的发展应当与社会需求规模及其发展变化相适应。在社会现实生活中，社会需求不仅形成了一个种类结构，而且还表现为一个数量结构。因此，技术的发展既要与社会需求种类结构及其发展相适应，也要与社会需求数量结构及其发展相适应。就后者而言，这就要求不同种类的技术应具有不同的发展规模，这也是社会调节的重要内容。国家和政府应从社会需求数量结构及其发展态势出发，通过上述种种社会途径或机制，对技术发展的规模进行调节。

　　（3）社会支持作用。

　　作为主体目的性活动的序列或方式，技术从属于社会主体的目的和意志，并按社会需求的变化而发展。今天的技术开发已经从生产实践活动中分立出来，形成了一个相对独立的社会部门。作为社会大系统中的一个子系统，其外围就是它的社会支持系统。技术开发活动既推动着社会的发展，同时，又离不开社会所提供的开发经费、科学技术信息、试验技术装备和技术人才等层面的支持。社会对技术发展的支持作用主要体现在以下几个方面：

经济支持系统：现代技术开发项目普遍具有高投入、高风险的时代特征，这就要求必须有大量的资金投入。除去技术开发者自有资金的先期投入外，还需要来自政府财政、社会基金、银行、风险投资公司等渠道的资金支持。

信息支持系统：技术开发总是在继承前人、借鉴他人成果的基础上展开的。这些成果主要来自于前人留下的图书资料、专利文献、实物资料，以及当今技术开发者之间的情报交流。所以，文献情报部门是技术开发的重要支撑条件，应当建立相对独立的综合性社会文献情报机构。

试验技术装备支持系统：随着技术开发难度的提高，试验技术装备越来越复杂，试验分工也越来越细密。造价昂贵的试验技术设备，如果只为某一专门机构和个别课题服务，就会形成巨大的浪费。于是，面向社会的试验技术设备及其人员，逐步分化发展为相对独立的试验中心、测试中心、计算中心等组织机构，为社会的技术开发提供试验技术装备支持。

教育支持系统：技术开发活动需要大量的高素质技术人才，有赖于教育系统提供的人才支持。教育不仅为技术开发培养后备力量，而且通过提高国民的科学文化素质来提高全社会的科学技术能力，推进技术成果的传播、消化、吸收和应用。

尽管技术有其自身发展的内在逻辑或自我生长机制，但是社会支持系统的作用也不容忽视。作为技术开发的外部因素，社会支持系统在某种程度上甚至决定着技术开发进程。这也是"技术的社会塑造理论"的立足点。

2. 新目标与旧技术形态功能之间的矛盾

任何时代的技术都处于发展变化之中，引起技术变革的直接动力又来源于技术内部的基本矛盾，即技术目标与技术功能之间的矛盾。社会需要是推动技术发展的原动力。社会日益增长的物质文化需要，只有通过新技术目标设定的途径，才能转化为推动技术发展的力量。技术目标是社会需求的技术表达形式，是对技术发展方向和技术系统功能所作的设定。一般地说，技术目标是由技术的性能指标、经济与社会效益指标、环境影响指标等一系列指标构成的一个层级结构体系。

由于任何已有技术形态都有其经济性、安全性、可靠性、适用性以及功能与效率等方面的极限，往往难以满足实现不断翻新的社会需要。如此，在人类新需求与现有的技术形态功能之间，就必然会经常产生矛盾。这种新的技术目的和原有技术功能的矛盾就构成技术发展内在的直接动力。就现有技术形态而言，虽然它具有实现某一类目的的功能，但是其功能或效率总是有限的，不可能一劳永逸地满足不断发展的社会物质文化需求。随着社会物质文化需求的发展，现有技术形态的功能或效率往往难以满足快速或大规模地实现众多社会需求的愿望。这就要求人们必须创建新的技术形态，或者对现有技术形态进行改进，拓展其功能或提高其效率。

矛盾是事物发展的根本动力，新目标与旧技术形态之间的矛盾是推动技术发展的根本动力。新目的源于人类欲望的膨胀和不满足的本性，是这一矛盾的主要方面，并随着社会物质文化需求的发展而变化；而现有技术形态的结构与功能往往相对稳定，多属于这一矛盾的次要方面。技术目标与技术功能的矛盾不断产生又不断解决，在它们之间从不平衡到平衡，又到新的不平衡的过程中，我们不能只把技术目标看成是唯一积极的主动因素，而把技术功能看成总是消极的被动因素。事实上，在一定条件下，技术形态的发展又具有相对独立性，反过来也会推动和唤起新的技术目标的设定。

应当强调的是，除了这一基本矛盾外，在技术发展过程中还存在着技术规范与技术试验等多种矛盾形式。同时，社会生活中的种种矛盾也会反映到技术层面上，并通过技术途径得到解决。这也是推动技术发展的重要力量。例如，黑客对网络的攻击促进了网络安全技术的发展；反过来，网络安全技术的发展也刺激着黑客攻击技术的提高。盗版者对软件、音像制品、书籍等的盗窃与复制，促进了防伪、加密以及相关法律制度等反盗版技术的发展；同样，反盗版技术的发展也刺激着盗版技术的提高。

技术创新活动是主体智慧或主观能动性的具体表现。它会不断创造出效率更高、功能更强的新技术形态，逐步满足实现新目的的需求，使这一矛盾得到暂时解决。但由于技术创新活动的历史局限性，一时的技术创新不可能使这一对矛盾得到彻底解决。此后，在认识和实践发展的推动下，又会产生出其他新目的，形成新一轮的矛盾形态。正是这一矛盾的不断产生与不断解决，滚动或螺旋式地推动着技术的持续发展。

3. 社会竞争与科学研究的推动作用

竞争是在法律、道德的规范下，在广阔的社会领域展开的生存和发展资源的争夺，是社会生活的本质特征，是社会发展的内在动力。"两极分化，优胜劣汰"是竞争的残酷现实。在关系到生死存亡和切身利益的竞争压力下，人们往往会通过各种方式增强竞争实力。引进或开发新技术愈来愈成为增强竞争实力的主要途径。优先拥有先进技术，就意味着掌握了竞争的主动权。

英国学者 E. F. 舒马赫为发展中国家所设想的"中间技术"道路，虽然是美好的，但却是不现实的。对于落后国家或地区而言，中间技术可能是暂时适用的，短期内也许是有效的，但在竞争的社会环境中，它必将一直处于劣势地位，会被不断地边缘化。因此，追求先进技术的社会共识与价值取向，会促使人、财、物等社会资源向技术开发领域汇集，从而刺激和推动着技术创新活动，这是促进技术发展的重要外部动力。如市场竞争推动着产业技术的发展，商业竞争促进着营销技术的创新，军事竞争推动着军事技术的迅速变革，等等。

应当指出的是，由于技术对增强社会竞争力的基础性作用，技术尤其是自然技术开发领域的竞争，开始成为社会竞争的核心或焦点。谁拥有先进技术，谁就掌握了所属竞争领域的主动权，谁就能赢得竞争的全面胜利。因此，社会竞争向技术领域的转移与集中，必然会加大技术开发的投入力度，加快技术创新的速度。这也是现代技术发展的重要社会特征。当然，竞争是相对于合作而言的，没有合作也就无所谓竞争。强调竞争对技术进步的推动作用，并不否认合作对技术进步的重要意义。事实上，许多重大技术创新项目都是通过合作机制完成的，甚至大型技术系统的运行也必须以广泛的社会合作为前提。

技术创新是以解决"如何做"问题为核心的。从逻辑上看，认识是实践活动的基础，"如何做"问题是以"是什么"、"为什么"、"怎么样"问题的解决为前提的。而后者正是科学研究的主要内容。马克斯·韦伯在论及资本主义发展的基础时指出："初看上去，资本主义的独特的近代西方形态一直受到各种技术可能性的发展的强烈影响。其理智性在今天从根本上依赖于最为重要的技术因素的可靠性。然而，这在根本上意味着它依赖于现代科学，特别是以数学和精确的理性实验为基础的自然科学的特点。"[①] 进入现代以来，科学研究对技术开发的作用日益突出。可以说科学是技术的直接基础，科学研究成果规范和指导着技术的发展。这就是所谓的技术科学化趋势。当然，这里的科学既包括自然科学，也包括人文社会科学、思维科学等。

从历史角度看，科学诞生之前的技术创新活动，主要是在经验知识的引导下摸索的。经验知识是科学理论的初级形态，其发展主要来自实践活动的长期积累。由于经验知识的零散性、不可靠性，以及交流难度大等原因，因而对技术发展的指导作用十分有限。科学的分化发展，改变了技术发展的经

---

① ［德］马克斯·韦伯：《新教伦理与资本主义精神》，13 页，上海，上海三联书店，1996。

验摸索方式，成为技术创新的主要源泉。科学理论向技术实践转化，对技术创新起着规范和指导作用；技术按照科学理论来创造，减少了技术创新过程中的盲目性。在现实生活中，由于人类不同活动领域的复杂程度以及相关学科发展的不平衡性，科学对这些领域的规范和指导作用的程度也各不相同。一般来说，科学研究越深入，学科分化发展越细密，对相关领域技术创新活动的指导作用就越明显，反之就越微弱。正是基于这一认识，我们说科学研究是推动技术发展的重要力量。

总之，外因通过内因起作用。外部环境因素只有通过向技术内部矛盾转化的途径，才能真正促进技术的发展。从自然科学理论作用来说，它只有通过技术试验转化为新的技术原理，或通过指导技术发明活动等途径，才能促进技术的发展。而对于社会竞争等因素来说，也只有转化为解决技术内部矛盾的技术创新活动（如技术调研、技术试验、技术设计等），或渗透到这种技术创新活动过程之中，才能真正地把技术的发展不断地推向前进。

4. 技术世界相干性的作用

对技术发展动力的剖析可以从多角度、多层面展开。从技术世界角度出发，技术世界内部的相干性也是技术发展的驱动力。如前所述，技术世界是一个分层次的、立体的、网络状的、开放的巨型系统，其中各技术形态之间存在着相互依存、相互转化的复杂作用机制。任何新技术形态的建构总是在技术世界中展开的，技术世界丰富的技术资源，以及纵横交错的复杂相互作用机制是新技术形态成长的"沃土"。

技术世界的相干性体现在技术开发活动的多个层面。首先，表现在技术试验与技术规范之间的矛盾运动。技术规范是已有技术成果的集成，包括技术原理、技术发明的构想方案与设计思路、技术模型与技术产品，以及人们在技术发明过程中所遵循的模式和法则等。技术试验是指尝试和验证技术设计可行性的种种试验活动，包括揭示科学理论实际应用的条件、途径和方式，确立新技术原理的试验，验证技术发明的构想方案或设计思路可行性程度的试验，技术模型或样机性能试验，以及技术形态的综合性试验等形式。在技术规范和技术试验的矛盾运动中，一方面，技术规范指导着技术试验的设计和进行，制约着技术试验的内容和方向；另一方面，技术试验又是技术规范产生和发展的实践基础。在技术发展进程中，技术试验是指向未知或未行领域的实践活动，处于经常性的变化之中，刺激和带动着技术规范的发展。特别是当技术试验揭示出科学成果应用的新条件、新途径或新方式，确立了超出原有技术规范的新技术原理时，也就提供了在这个基础上取得新技术发明、实现新的技术突破的可能和机会，甚至会导致技术体系的革命性变革。

其次，还表现在不同领域或专业技术形态之间的矛盾。在技术世界内部，各技术领域之间的发展速度或进程是不一致的，这就是技术发展的不平衡性。优先发展的技术领域会通过技术形态之间的联系，辐射和带动后发展技术领域的发展；基础技术的创新会推进专业技术、工程技术的发展；技术单元的革新会导致高层次技术形态的发展；等等。事实上，技术世界内部的相干性总是相互的，在上述同一作用的方向上，也并存着相反方向的作用。即后发展技术领域对先发展技术领域的约束、刺激等性质的作用。同时，即使在某一具体技术形态内部，构成该技术形态的材料、零件、部件、结构等技术单元之间，也存在着复杂的相互依存、相互协作关系。

再次，技术世界的相干性、渗透性还体现在具体技术形态的建构过程之中。任何技术形态的建构总离不开技术世界的支持。即使最单纯的元器件的开发，也需要工艺流程技术、试验操作技术平台等相关技术形态的支持。具体技术形态或者以其他技术领域成果为技术单元，或者以其他技术形态为建构的支撑条件、参考系甚至触发媒介。这些技术形态的发展会通过多种渠道、多种形式，刺激和带动所建构技术系统的发展。也正是由于技术形态之间这种联系，某一技术形态尤其是低层次技术形态的创新或变革，会通过这种复杂的非线性相互作用网络，引起相关技术形态结构的变革与适应性调整，带动相关技术形态的发展。

总之，只有技术的内部矛盾因素与技术的外部环境因素的有机结合与辩证统一，才能真正构成技术不断发展的现实的推动力量。上述三个层面的基本动力构成了技术发展的动力体系，"外推内驱"是它发展的动力机制。其中，新目标与旧技术形态功能之间的矛盾属内部因素，后两个层面属外部因素。这三种动力之间并非相互独立，而是彼此交织在一起的。新目的与旧技术形态之间的矛盾是技术发展的基本矛盾；技术世界内部的相干性是这一矛盾运动的方式和解决的根本途径。科学研究的推动作用是科学理论方法论功能的展现，是解决新目的与旧技术形态矛盾的现实基础，社会竞争是解决这一基本矛盾的社会方式。技术形态之间的相互作用是技术发展的现实轨迹，是新技术形态建构的直接基础。在具体技术形态的建构过程中，这三个层面的动力往往展现为不同的作用方式，循着其内在联系和相互作用机制，推动着技术创新与技术世界的结构变迁。

247

小结

　　技术的本质是人类在利用自然、改造自然的劳动过程中所掌握的各种活动方式、手段和方法的总和。技术哲学中的工程学传统认为，人外在于技术，可以创造、操纵和驾驭技术而不受之约束；人文主义传统认为，人总是在技术系统之中，受外在技术模式或节奏调制。

　　技术的基本功能在于支持主体目的的实现，而社会实践的需要和发展决定着技术系统的构建和演化轨迹，在这个过程中，形成了技术世界的仪器工具系统，使人类超越自然物种限制，实现新进化。

　　技术在开发或运行时总要受到社会系统的影响，其作用集中表现在对技术开发的选择、调节和支持。社会需求是推动技术发展的原动力，技术目标与技术功能之间的矛盾是技术发展的直接动力。社会竞争加强了对技术进步的需求，而科学的分化，改变了技术发展的经验摸索方式，成为技术创新的主要源泉。

思考题

1. 简述技术哲学的工程学传统与人文主义传统的主要区别。
2. 技术有哪些基本要素？它们相互间有什么关系？
3. 简述技术发明过程及其方法论特点。
4. 如何理解技术在人类目的性活动中的地位？
5. 试多角度、多层面地分析技术发展的动力？

延伸阅读

1. 拉普（F. Rapp）：《技术哲学导论》，沈阳：辽宁科学技术出版社，1986年。
2. 武谷三男，星野芳郎：《现代技术与政治》，长春：吉林人民出版社，1986年。
3. 海德格尔：《技术的追问》，见孙兴周选编：《海德格尔选集》，上海：上海三联书店，1996年。
4. 哈贝马斯：《作为"意识形态"的技术与科学》，上海：学林出版社，1999年。
5. 司马贺：《人工科学》（第3版），上海：上海科技教育出版社，2004年。
6. 芬伯格：《技术批判理论》，北京：北京大学出版社，2005年。

第八章 技术创新的理论与实践

重点问题

- 技术进步、技术开发和技术转移
- 市场经济架构下的技术创新
- 创新的风险性与企业家精神

技术创新是技术成果在商业上的首次成功应用。技术创新包含技术成果的商业化和产业化，是技术进步的基本途径。原始创新和继承创新是当前我国科技界和产业界关注的焦点所在，国家创新系统是市场经济构架下企业从事技术创新活动的基础性环境。企业是技术创新的主体，企业家是名副其实的创新者。有效的技术创新激励机制是影响企业技术创新活动持续实现的重要因素。

需要详细考察企业中的创新活动，它的动机、结构与组织，把企业真正当做技术创新的主体。特别应当注意高技术产业化与高技术创新的机制。

一、技术进步、技术开发和技术转移

社会化大生产的发展，为技术进步提供了客观需要，而随着科学技术功能的日益增强，技术进步问题也愈来愈引起人们的重视。在过去，人们曾把自然资源、资本和劳动力等经济因素作为经济发展的唯一决定力量，但近年来人们已经认识到，科学技术等非经济因素在一个国家的经济增长中也具有同样的，甚至是更重要的意义。因为后一种因素往往决定着前一种因素在创造经济增值中的综合效益。所以，在现代工业的发展过程中，经济因素必须依赖于非经济因素这一事实使人们对技术进步的作用有了新的认识和理解，以至于目前世界上许多国家都把技术进步问题作为一项重大的国策来加以研究。

1. 技术进步与技术开发

什么是技术进步？从技术本身的进化角度讲，技术进步应该是指技术的研究与发展（research & development of technology）及其取得的成果，它包括基础性技术研究、应用性技术研究和发展性技术研究这样三个方面或层次的问题。所谓基础性技术研究，实质就是技术原理的发现或基于原理性的技术发明，简称技术发明。例如美国的约瑟夫逊博士在1962年提出的"约瑟夫逊效应"，即用电磁场控制在极低温度下产生的超传导现象，就是一种技术的发现。根据这个原理制作的"约瑟夫逊元件"，可以使它保持通常状态或处于超导状态，从而起到像晶体管一样的作用，此元件即可称做技术发明。像约瑟夫逊效应及元件这样的技术发现和发明都属于基础性的技术研究范畴，它们对技术发展具有放大效应，会引发出该领域乃至其他领域的技术变革，是应用性技术研究及发展性技术研究的基础。

应用性技术研究是在技术发明的基础上使其逐步发展、完善，进入更加实用化的阶段。美国贝尔电话研究所发现了半导体的电流放大原理，并发明了替代电子管的晶体管。但从晶体管到集成电路，乃至从装有1 000个以上晶体管、自身具有完整功能单元这样的大规模集成电路，发展到装有10万至100万个晶体管的集成度更高的超大规模集成电路，却是经过了若干次应用性技术研究才得以实现的。应用性技术研究处于技术进步全过程的中间层次，它以其技术原理的整体性不变与基础性研究相区别，又以其技术功能的局部性变革使某一技术的发展显示出阶段性。

发展性技术研究是对现有成熟技术的改进提高，如改进产品的形状和质量，开发产品的性能和用途，以适应各种需求。这类研究是大量的、广泛的，国外统计资料表明，在技术研究中，大约有50％～60％是属于此类型的。日本在这方面进行了卓有成效的开发，如在微型化的录像机、超薄型的电视机、小型化的汽车等微型化的技术发展方面都是首屈一指的。发展性技术研究有别于前两种研究之处在于其技术原理和功能基本不变，但其产品结构或形状的某些变革、性能或用途的某些增强，不仅可以延长其技术产品的生命期，同时也提高了技术的经济效益，因此它是一种比较实用的技术研究形式。

但是，如果把基础性、应用性和发展性这些关于技术的研究形式看做技术进步的基本过程，那么，人们通常所说的技术开发却是指与技术发明（Technology Invention）这种基本研究相区别的技术革新或技术创新（Technology Innovation）。它是指在原有技术的基础上，人们依据一定的技术原理和社会需要，有计划、有目的地进行应用研究和生产发展的技术开发活动。这种开发主要表现为元件产品和工艺设备等实体形态的技术创新，它既包括研制新元件、新产品、新工艺、新设备这样的应用性技术研究，也包括对原有元件产品、工艺设备进行革新和改造这样的发展性技术研究。技术发明等基础性研究能力强，必然会对技术创新等应用发展性研究产生积极的影响。

2. 技术开发的特点

狭义技术开发即技术创新的特点主要是：

（1）一体化。技术开发主要是利用知识形态或经验形态的技术要素，对元件产品和工艺设备等实体形态的技术要素进行创新的活动，它的这种性质要求技术开发活动必须一体化。一体化表现在两个方面：第一，表现在企业外部，产、学、研形成一体化。企业要进行技术开发，仅靠自己的力量是不够的，还必须和大学、研究所建立广泛的联系，从人才、信息等各个技术环节上相互依托，使大学、研究所的技术开发课题有企业作为基础、后盾，使企业的技术开发项目有科研机构的协助指导，这样既有助于技术开发的顺利实现，又保证了技术开发的水平不至于太低。第二，表现在企业内部，即技术开发部门与生产现场及质量管理和销售部门形成一体化。日本技术开发的长处就在于这种开发、设计与生产现场的出色结合。他们在汽车、家用电器、照相机等新产品的开发过程中，往往根据生产及管理销售部门的意见进行设计，使新技术的开发，从设计、生产到管理销售等环节都能协调一致地进行工作，保证了技术开发的顺利实施。

（2）国际化。由于不同国家间的技术互补性有利于技术开发，而技术开发又需要追求大规模的经济性，这样就导致了技术开发主体的国际化。它也表现在两个方面：一方面是，国际地区性机构的作用或国家间的技术开发合作趋势正逐渐加强。欧洲共同体首脑会议的重要议题之一就是讨论技术开发的有关项目，如关于研究开发的总体政策，欧洲研究开发组织的效率化、研究开发资源的有效利用，调整盟国间的技术政策，推进技术开发和技术进步的社会影响等。国际共同开发的实例更是比比皆是，以航空为例，就有英法合作研究开发的协和超音速飞机，美、日、意合作开发的波音767，日、英合作开发的 XJB 航空发动机等。另一方面是，技术开发机构的多国籍化，即跨国公司技术开发的崛起。20 世纪 60 年代以前，跨国公司一般都是通过投资来推进国际产业的重新组合，现在则是通过技术开发来进行多国间的产业合作。目前许多跨国公司都有自己的中央研究所作为技术开发研究的中心，发展其世界性的技术战略，并将它作为经营战略的中心，保持和强化国际竞争能力。跨国公司的技术开发战略主要表现在三个方面：一是在世界范围内调配和利用包括智力在内的研究开发资源；二是以世界为对象的研究开发目标；三是通过技术开发控制世界市场。现在世界技术输出中约有 50% 是美国跨国公司开发输出的。

（3）连续性与阶段性的统一。技术发展的连续性使技术开发成为一个过程（如电子技术的发展），其突变性又使开发过程分为若干关节点，即分阶段进行（如从晶体管——集成电路——大规模集成电路——超大规模集成电路）。

一般来讲，进入稳定期（两个关节点之间）的技术其连续性较好，因此技术开发的目标明确，途径清楚。如超大规模集成电路，提高其集成度的方向是很明确的，这就是把集成在一块硅片上的晶体管等零件，由 1 万、10 万增加到几百万。为此所需要的技术开发途径就必须将电路的宽度由数微米降到 1 微米，再进一步减到 1 微米以下。

但另一方面，技术发展从原来的关节点到新关节点之间的变化速度很快，技术开发的阶段间歇日趋缩短，因此就要技术开发具有敏锐性。以随机存取存储器的开发为例，从 1K 存储器到 4K、16K，其存储容量增加到 4 倍所需时间仅两年而已。而从 64K 向 256K、向 1 兆 K 的随机存取存储器的发展速度则更快，这就要求我们的技术开发应具有一定的提前量，在进行某种产品生产时，迅速捕捉下一代的开发目标，在产品元件的计划开发、开发设计、试验生产等环节上形成既分阶段又能持续的开发能力。

（4）技术开发经费的差异性。一般地说，三种形式的技术开发经费的比率是有较大差异性的，基础性开发、应用性开发、发展性开发三者的大致比例是 1：10：100。当然，这种比率也因国家和地区的技术经济状况不同而不同，如日本的基础性开发经费为 5.2%，应用性开发经费为 21.8%，发展性开发经费为 73.0%。技术开发经费的差异性对技术开发主体是有影响的。由于基础性开发所需投资少，它主要依靠技术知识和人才来完成技术发现和技术发明，因此这类开发通常是由科研院所、大学或小型高技术企业来完成的。而应用性和发展性开发使技术进入实用化阶段，需要不断投入大量经费添置设备、增加人员，以及开拓应用领域和产品市场，所以这两种开发的主体只能是技术力量强、资金雄厚的大型企业，或由产、学、研形成的技术共同体。

技术开发经费的差异性还表现在不同产业上，如果按技术开发经费占产品销售额的比率计算，电子和医药产业最高，约占 6%～10%，机电产业为 3%～5%，化学产业为 2%～3%，钢铁材料最低，为 1% 左右，根据这个标准，各种产业中的工厂企业如果技术开发效率差别不大的话，那么最低也要保持与其他企业同样的开发投资水平，否则就可能在市场的产品竞争中落伍。

　　当然，由于不同产业在各个国家中的地位不同，所以各产业在不同国家的开发经费总额中所占比率也是有差异的。在航天、航空工业的技术开发上，美国与日本形成了鲜明的对照。美国开发总投资的近 1/4 投向航天技术，其费用大致相当于日本全部产业开发费用的总和。而日本由于航空航天部门不是一个独立的产业，只附属于重工机电企业，因此连单独的统计也没有，估计在 3%～4%左右。正是由于存在这样差别悬殊的技术开发投资，所以日、美两国在航天技术上存在着巨大的差距。

　　（5）技术开发时间的差异性。据统计，大部分技术开发需要 2 年～10 年的时间。工厂企业开发部门从事的发展性开发属于短期开发，一般需要 2 年～3 年，主要是为降低成本、提高质量而进行的现有技术的改进。应用性技术开发属于中期开发，大概需要 5 年左右，如应用电子技术开发出电子手表以替换齿轮机构的手表就属此类。基础性开发由于是技术原理的发现和新技术的发明，所以需要的时间可能较长，为 8 年～10 年。

　　了解了上述技术开发时间的差异性，对于各类开发主体在从事不同形式的技术开发时，制定开发规划，掌握开发进度，评价开发效果是大有裨益的。

　　（6）风险性。技术开发是一项风险性活动，国外统计资料表明，技术开发通常只有 2/3 的成功率，如果说某项开发中止或冻结，即标明该项开发失败了。在技术开发过程中，风险以多种形式出现在开发的各个阶段。首先是选题风险，如开发项目选错了，开发的产品卖不出去，就意味着想法破产了。还有开发战略风险。开发战略一般有两种：一是以现有技术为中心，加强已有市场或开辟新市场；二是通过开发新技术、新功能，去替换以前的技术和产品从而开拓新市场。在后一项开发战略中，虽然包括所谓的产品多方向化，但是以新技术争取新市场的开发战略具有更大的风险。许多开发事例表明，以新技术一下子跳入新市场者多数是要失败的。所以产品开发最好要以现有技术为中心，制定长期战略，按阶段进行，这样风险较小，容易成功。

　　在进行技术开发时，产生风险的原因是多种多样的：没有充分掌握技术开发范围的专门知识及相关知识；在出现异常时，事先制定的代替方案应变能力差；技术开发的信息来源不足或以偏概全；开发成本投资过多，无力追加；等等。如果对上述风险因素处理不当的话，技术开发就可能半路夭折。

　　在技术开发过程中，应尽量避免较大的风险出现。但是否风险较小的技术开发就一定可行呢？也未必。因为技术开发的最终目标不仅是实现技术上的进步，同时还要追求经济上的效益，如果以技术开发投资与利润的比值为标准，那么衡量技术开发的可行性不能以利润/投资＝1 为临界点，因这样无

253

An Introduction to Philosophy of Science and Technology

利可图，事倍功半。如果我们把税金支付、利润留成、股东分红等因素考虑进去的话，那么技术开发的临界点应是利润/投资＝2.5。如果再进一步考虑各种风险因素，那么此比率还应增大。国外一些企业在技术开发时，一般是利润/投资＝3～7时才肯从事该项开发，以增强技术开发的成功率。

3. 技术开发与创造力

技术开发是一个综合性的创造过程，它既包括独创力的发挥，也含有创造力的应用。日本野村研究所主任研究员森谷正规曾将技术开发分为五个阶段，即改良提高型技术开发，应用型产品技术开发，尖端技术的开发，未来技术的开发和革新原理的发现发明。实际上这五个阶段基本囊括了三种形式的技术研究。他认为，发挥创造力的问题在这五个阶段都是存在的，只不过表现形式不同。在基础性技术研究方面的创造力属于"哥伦布型"，它是"对未知原理的发现和发明，是完全独创的成果，是划时代的创造力"。但在应用性技术研究方面也存在一种创造力，森谷正规把它叫做"植树直已型"，因为植树直已曾孤身一人坐狗拉雪橇走到北极，这是一次伟大的探险，但这和哥伦布发现新大陆不同，因为这种创造力是"在已知原理的指导下"目标明确的探索。在发展性技术研究方面存在的创造力叫做"三浦雄一郎型"，三浦雄一郎是从珠穆朗玛峰上一口气滑下来的，从滑雪技术上说，能滑雪的人很多，但关键"是看谁先干"，所以这是一种率先性的探索。[1]

也许有人会提出疑问，上面的论述是否模糊了创造力的界说，因为所谓创造力是向未知的挑战，像应用性和发展性的技术开发研究有许多是属于原理已知的技术，这不能说是创造力的发挥。或者说，基础性的技术研究可以认为是独创（originality），即在未知领域和未知对象中产生新的东西，而应用性和发展性的技术开发研究可以认为是创造（creativity），即不管是未知还是已知，只要创造出新的东西就行。这样的说法不是没有道理。如果我们说基础性的技术研究多是独创力的发挥，那么后两种形式的技术开发研究则主要是创造力的结果，独创与创造这两个概念确实是有些区别的，而且由此产生的整体创造力的强弱将直接影响技术开发的方向。

以美国和日本为例，在1965年以来的重大技术发现和发明中，日本是一片空白，基本上由美国包揽了。这表明日本在基础性技术研究上的独创力的

---

① 参见［日］森谷正规：《技术强国日本的战略》，1、20页，北京，科学技术文献出版社，1985。

确是比较贫困的。但在技术开发研究上，即在已知原理而技术高度困难，在发挥开拓新型领域的创造力上，日本已经取得了不少成就。在重大革新性技术成果中，美国只占 28％，而日本占 51％。另外，通过日、美两国在集成电路方面的技术实力对比，我们也可以看到，虽然两国在开发项目的数量上平分秋色，但美国比较擅长于计划、设计这些技术开发过程的前半部分，而日本则是在生产、制造这些技术开发过程的后半部分领先，这也表明了整体创造力的强弱对技术开发过程方向性的影响。

但不能仅以是否依靠自己的力量进行技术开发这个标准来区分独创与创造，因为在现代社会中，很多技术上的成果究竟是独创还是创造，这样的问题是很难说清的。像新兴的尖端技术，各国都在努力开发研究，已经不能证实谁是技术独创国，谁是技术引进国。在过去，我们可以毫无疑问地指出：喷气式客机和原子能发电起源于英国，尼龙和晶体管起源于美国，但现在很难说超大规模集成电路、光通信和智能机器人究竟产生在哪个国家。像近年的超导技术开发，中、日、美、俄等国几乎同时取得重大突破，谁是独创、谁是创造，这个问题很难回答。所以，独创与创造这两个概念有时并不是泾渭分明的，关键是看我们如何去理解它。

另外，技术开发的方向不仅与创造力有关，还受其他许多因素影响。日本的独创型技术开发较少，这固然与日本民族不太擅长基础性的技术研究有关，但另一方面，它也与日本在这方面的开发投资逐渐减少有关。据统计，日本从 1965 年到 1978 年间，基础性技术研究经费从 30.3％减少到 13.7％，而技术开发经费则从 69.7％上升到 86.3％，所以出现技术基础研究实力较弱，而应用和发展能力较强的现象。

还有，我们也不能从"日本的历史是一部模仿的历史"，就断定"日本势必缺乏独创性"。的确，在第二次世界大战后，日本吸收了欧美的技术，然后加以改造提高，这已成为日本技术开发的主要模式，但这不是造成日本在基础性技术研究方面独创力贫乏的直接原因，因为"创造力是受供需规律严重影响的"。一个国家只有在对发挥创造性产生强烈需求时，才会产生出创造力。从科学技术的历史看，许多国家都是靠技术引进这种发展战略才得以后来居上的，日本也不例外。在 1970 年以前，它从欧美引进了大量的先进技术，采取了"引进、消化、吸收、创新"的技术政策，使日本迅速赶上欧美等发达国家，成为世界上首屈一指的技术大国。正是在这种形势下，它才产生了发挥创造力的真正需要。因为现在它差不多已经吸收了欧美所能提供的全部技术，日本第一次面临着别无其他选择，只有依靠自己来创造新技术的

255

局面了。也就是说，现在是日本需要在基础性开发研究方面发挥独创力的时候了。

4. 技术转移及其方式

对技术转移的理论研究是建立在传播理论基础上的，因为技术转移也就是技术传播过程。1904 年，法国学者 G. 泰特首次用模仿理论研究社会的进展，他用自然的类推法则来考察社会现象的类似性和差异性，探索社会现象的模仿机理，提出了关于通信渠道和过程的 S 型传播曲线。40 年代，美国的通信研究取得了很大的进展，产生了"二级传播理论"，即通过中介的非直接传播。50 年代，信息论迅速地发展起来，又进一步促进了传播理论的研究。

从 60 年代开始，系统地研究技术革新传播的理论已经成为专门领域。在美国的经济学中，重点是研究工业技术的传播，如美国学者曼斯菲尔德阐明了技术革新的传播速度与下列因素有关：企业规模；由新技术利用带来的期望利润；企业增长率；企业的效益水平；企业经营者的年龄；企业的流动性；企业的利益动向等等。

60 年代后期至今，作为国际性的研究课题，技术转移变成国家和地区经济发展战略的重要内容。1968 年在经济合作和发展组织（OECD）科学技术部会议上，提出了"技术级差"的概念，讨论了造成发达国家之间技术级差的原因以及缩小技术级差的政策。1964 年在第一届联合国贸易开发会议上，首次提出了"技术转移"问题，讨论如何将发达国家的技术向发展中国家转移。1972 年第三届联合国贸易开发会议研究了技术转移的主要渠道和机制，以及技术转移的费用。1973 年在国际经济学会召开的国际会议上，提出了经济增长中科学技术的合作问题，对技术转移的研究采用了经济学方法。然而，这些研究的重点都放在形成具体政策上，并没有产生严格的理论。

日本中央大学经济系教授斋藤优，于 1979 年出版了专著《技术转移论》，阐述了技术转移理论的谱系和方法论，指出这个谱系包括许多理论，因而应当采用跨学科的方法，其中"关系过程"或"因果过程"的分析尤为重要。他还指出，在分析有利于经济发展的技术的国际转移时，应当从两方面讨论：一是传播理论的国际推广，在国际性转移中，最初的提供和采用过程，是在两国不同的技术传播机制中进行的，因而要分析各国的传播机构及国际性技术转移的渠道；二是以国际间的经济关系为出发点，把技术看做生产要素，而技术转移则是生产要素的国际流动。在此基础上，斋藤优系统地提出了产业移植的理论。

我国近年来也开始注意技术转移的理论研究。一些学者通过东方（主要是中国，还有近现代日本）与西方（欧洲，还有近现代美国）之间技术发明和转移情况的统计分析，得出技术转移所用的平均时间随着历史的进展在不断缩短的结论，远古要上千年，近代要百十年，现代只要几年，总的呈现出一种加速运动状态，即技术转移加速律。还有一些学者指出，由于经济和社会发展的不平衡，在国内自然形成了一种经济、技术发展的梯度分布：内地、边远一些少数民族地区，资源十分丰富，但是技术力量薄弱，资金不充足，开发较缓慢，相当多的地区仍在"传统技术"的水平上，经济落后；大部分地区处于"中间技术"水平；一部分地区具备了"先进技术"，经济力量雄厚。国内技术应当通过技术服务、成果转让、补偿贸易、合资经营、联合公司等方式，实现技术的梯度转移，即"先进技术"向"中间技术"地带和"传统技术"地带转移。

技术转移是动态的历史现象。在技术发展中，技术之间存在着相互依存的关系，技术在社会生产的部门结构中具有相关性，技术要素在技术体系中的结合是协调统一的，这就使技术转移沿着某种方向、通过某种渠道、采用某种过程进行，即表现为技术转移的不同方式。

（1）技术纵向转移。

人类社会征服自然和改造自然的历史，也就是技术产生、发展和演化的历史，同时也是技术转移的历史。概而言之，在人类文明的最早期阶段，人们使用简单的生产工具，刀耕火种、捕鱼狩猎是最基本的生产技术。进入奴隶社会和封建社会以后，人们逐渐学会了播种、炼铁，随之产生了农业技术和原始工匠技术。产业革命以后，特别是工业近代化的完成，使近代工业技术代替了农业技术和原始工匠技术的核心地位。20世纪70年代以后，以电子计算机和自动化为标志的现代技术，正在国民经济的各个部门中发挥重要作用；信息技术成为科学技术和经济生产最有前途的领域，它带来了新的技术革命。

（2）技术要素的转移。

从技术转移的角度来看，技术包括人、机械设备和情报信息三种要素，这三种要素的一定结合，表现为一定的技术形态。所谓技术转移，就是这三种要素的转移，就是这三种要素结合而成的技术形态的转移。机械设备的转移，实际上是直接引进生产力，尤其引进成套设备，见效很快。人的因素的转移、智力引进是现代技术转移中一本万利的事情。美国第二次世界大战后实行智力引进的开放政策，五六十年代从国外移入科学家、工程师、医生达

22 万人，不仅有力地促进了科学技术和国民经济的发展，并且节约教育投资 150 亿～200 亿美元。技术情报信息在现代技术中的作用更加重要，它可以促进对现有技术要素的结合方式加以适当变更，以制造出新技术。

技术转移的基本类型主要有三种：其一，通过机械装置、建筑工程、成套设备等形态进行的转移，可称为实物形态转移；其二，通过专利、技术保密、基础设计等形态进行的转移，可称为信息型转移；其三，通过科技人才流动进行的转移，可称为能力型转移。

（3）产业的移植。

斋藤优在 1979 年系统地提出了产业移植理论。他区分了两种技术转移：国际间的转移和国内的转移。在他看来，国际间的技术转移涉及技术提供国和技术引进国的各种政治、经济、宗教和民族的关系，因此，技术转移在某种程度上也是经济要素、社会制度、政治要素、文化环境的发展和变化。同样，国内的技术转移也要涉及部门、企业之间的各种关系。所以，从经济学出发，技术是生产要素，而技术转移是生产要素的流动。

技术革新分为工艺型和产品型两种，它们都是通过技术转移而被接受、改进、应用和推广的。产业移植通常是产品型的技术转移。从历史上看，新产品作为生长中的产业而出现，并取代传统产业成为主导产业，然后又可能被随后出现的更新的产品所取代。在工业化初期，纺织工业是主导产业。随着工业化向纵深发展，主导产业转向原材料和机械工业，进而向重化学工业发展。在工业化的历史进程中，发达国家向不发达国家进行产业移植。产业移植促进了技术的国际传播，缩短了技术差距。

技术转移从战略角度上看，就要研究技术的选择问题。以实物形态体现的技术主要从发达国家流向发展中国家。1963 年英国学者舒马赫提出了中间技术概念。他认为，在创造必要的就业机会方面，最有效的技术转移应当适合发展中国家的实际经济水平，因此引进技术不能超过技术的吸收能力。后来，又有人提出了适用技术和累进技术的概念，它们分别从不同角度说明了产业移植的条件和特殊性。

5. 技术转移的经济效果和战略选择

马克思曾经说，整个生产过程不是劳动者的直接技巧，而是科学在技术上的应用。在这里，"科学在技术上的应用"是指科学向技术转移，它的后继环节是技术向生产的转移，最后才能取得经济效果。技术转移在这种链式反应中，起了极为重要的作用。技术转移的实质是技术转化为直接、现实的生产力，改变人类生产方式的过程。从经济学角度上看：技术转移是新技术流向生产过程，使建立在原有技术水平上的生产力要素发生变化，造成生产要素在不平衡状态下趋向平衡的流动，提高了经济水平和生产水平，甚至可能形成规模庞大的产业革命。技术转移也需要一定的经济基础，斋藤优称之为"经济诱因"。他指出，所谓现代化技术，都要花费巨额的研究经费，才能构成资本密集型技术和知识密集型技术。所以，技术转移要想成功，就必须筹措巨额的资金，拥有许多技术转移的专家以及相应的广大市场。

日本是利用技术转移迅速提高经济实力最有效的国家之一。斋藤优的另一部著作《日本企业成长的技术战略》论述了日本技术转移的经验和政策。明治维新以前，技术转移几乎都是古老的交易品和贡品，以珍贵物品和所谓文明物品为中心；从明治维新开始的工业化时期，以引进动力、无机化学技术、采矿技术和纺织机械技术为主；重工业化时期，引进的技术都与交通机械和动力的发展密切相关，它们是推动工业化前进的重要基础。第二次世界大战以前，日本的技术引进处于基础时期，第二次世界大战以后，是成功时期。从1950年到1975年，日本引进外国的先进技术达25 800件，花费了约2 000亿美元，是世界上引进技术最多的国家。在短短的25年内，日本把全世界半个世纪所发明的大部分技术成果据为己有，使主要工业产品的数量和质量达到世界先进水平。

日本技术转移的经验是：第一，技术转移的选择要从现实的历史条件和国内外条件出发，使必要的资源消耗和技术吸收能力相适应；第二，技术转移的现代化可用技术转移时间这个指标来衡量，转移离现代越近，所用的时间也越短；第三，产业移植的形式是多种多样的，要保持它们之间的平衡和协调；第四，对引进的技术要进行加工、吸收和改造，以适于自己的技术体系；第五，要通过技术教育、技术交流和技术立法等手段，使转移的技术在产业中固定下来。

为了保证技术转移的顺利进行，并且取得经济效果，应当实现几个良性循环：在经济结构上建立科学—技术—生产的联合体；在技术分布上实行沿海与内地相结合全国合理分布的工业区；在企业管理上实行人—工具—环境的综合系统管理方法；在国外技术引进上实行引进—消化—配套生产的系统决策方针。从这一系列基本原则出发，调整、改革现有的组织机构和管理机构，加速实现技术转移，是历史给予我们的有益启示。

技术转移的形式多种多样，有企业之间的技术转移、行业之间的技术转移和国家之间的技术转移等，但无论哪种形式的技术转移，其实质都是技术开发成果从发生源向吸收源的转移过程。造成技术转移的原因，则在于技术发生源和技术吸收源之间存在着技术位差，即两者之间技术水平存在差距，这样就有可能使作为技术发生源的一方将技术开发的成果转移，输送出去，而作为技术吸收源的一方则利用技术转移，引进所需要的技术来促进自己的技术开发。

就技术发生源而言，技术开发本身不是目的，它除了要满足社会需要外，在很大程度上还是技术开发主体谋求经济收益的重要手段。在技术开发的竞争中，占有开发成果的企业或国家（即开发主体）通常要采取各种手段来维持其技术垄断地位，以获得最大的经济效益。一般来说，最能维持垄断地位的手段是商品输出，即出口作为技术开发成果的商品，因为此时尽管技术已物化在商品中出口到技术吸收源一方，但技术开发的水平不是简单就能从商品中提取出来的，这样就可以通过长期输出技术开发成果以谋取较大的经济收益。当持续一段时间以后，对方已初步了解了技术开发的基本状况，这时为利用当地生产要素的有利性以及提高技术开发成果的适应性并扩大当地的产品市场，作为技术开发发生源的一方就应用海外直接投资取代简单的商品输出，这样能获得更多的收益。此时技术是资金的附属品，技术吸收源对转移引进的技术是难以选择的。在当地生产持续一段时间后，作为技术吸收源的一方技术水平已明显提高，进一步提出了技术开发整体水平的转移要求，或者这时它们已接近了自主开发出类似产品的时候，在当地投资生产的效益就明显下降。所以从这时起，技术发生源就应当转移进行生产所需的技术开发的成套技术（包括专利、许可证等软件和生产设备等硬件）。只有在此时，真正含义的技术转移才开始进行，这就是作为发生源一方的技术开发主体的技术转移战略。

在技术开发之战中，作为技术吸收源一方应采取什么样的技术转移战略呢？技术吸收源之所以要利用技术转移引进所需的技术，一般有以下几种原因：一是本企业或本国的技术水平较低，无力进行开发；二是技术开发所需的资金耗费巨大，企业或国家负担不起；三是出于技术发展目标的选择，不愿要开发周期长、风险大的项目。而技术引进由于具有花费少、见效快的特点，所以被许多发展中国家采用。但根据实践的结果看，有些国家或企业的技术引进虽然也提高了自己的技术水平，但其副作用也是相当大的，即对引进技术产生了依赖性。这不仅抑制了其技术自主开发能力的发展，而且导致了重复引进的恶性膨胀。为了克服这种消极性，必须明确，衡量技术转移成功与否的标准，不是看其引进了多少技术开发成果，而必须是立足于技术主体开发能力和水平的发展提高。日本战后所采取的"引进、消化、吸收、创新"的技术战略，其主要形式是技术引进—改良提高—创新输出，是值得借鉴的成功经验。

另外，针对技术发生源一方技术转移的"三步曲"（即商品输出、资本输出和技术输出），作为技术吸收源一方的企业或国家最好采取"一步到位"的措施，即通过建立合资企业来实行"动态技术引进"。一般意义上的技术引进多是一次性的"静态引进"，这样做的结果难以追踪技术发生源的新技术开发。而动态引进可以利用合资的有效期，在几十年内，由技术发生源系统地、连续地提供先进技术的开发成果，使自己始终保持在较高的技术起点上，这样有利于今后提高自主技术开发的水平。

在技术发生源和吸收源之间存在着技术位差，它不仅是造成技术开发成果转移的基本条件，同时也是衡量转移双方技术相容性的一个尺度。如果技术发生源与吸收源二者的技术差距过小，也就是说二者具有相近的技术开发能力，那么它们之间就不存在技术转移的必要性。但如果二者间的技术位差过大，那么技术吸收源就难以消化吸收引进的技术开发成果，技术转移成功的可能性也不存在。所以在上述两个极端之间，应该选择一个可以促成技术转移的位差范围，使转移双方既存在一定的差距，同时吸收源又能消化吸收引进的技术。这就要求技术开发和转移的只能是对双方都"适用"的技术。

最后需要指出的是，在技术转移中，作为吸收源的一方只能在引进、消化吸收的基础上开发创新，这样有时候就难免要经历模仿过程。有人认为模仿缺乏创造性，是没有技术开发能力的表现，这种看法不太全面。首先应该看到，在所有的技术主体中，有独立开发创新能力的主体只是极少数，仅占2.5％，而大部分都是技术开发主体的追随者，因此要在技术开发过程中排除模仿是不可能的。如美国的化工企业，除杜邦公司外，其余都比较落后，它们在相当一段时间内是德国（法本）和英国（帝国）公司开发出的新技术的模仿者和采用者。其次，应当承认，模仿能力也是测量一个技术主体综合开发的最好尺度。模仿战略的成功，与模仿所花费的时间有关，一般保持最高技术开发率的国家或企业，同时也是模仿所花时间最短的。日本的一些企业开发效率高，正是与它们能在较短的时间内，紧紧追随海外的技术进行模仿有关。再次，模仿与开发创新是相辅相成的。模仿手段不只是落后国家或企业的技术开发战略，在国际技术开发竞争中常用模仿战略的企业，在国内的开发竞争中是常常获胜的，我们对技术转移过程中的模仿手段不能一概而论。

二、市场经济架构下的技术创新

技术创新不同于技术发明，它主要是指技术成果在商业上的首次成功应用。技术创新包含技术成果的商业化和产业化，它是技术进步的基本形式。原始创新和集成创新是当前我国科技界和产业界关注的焦点所在，国家创新系统是市场经济构架下企业从事技术创新活动的环境。

1. 创新与技术创新

在技术创新论和经济学中，创新特指一种赋予资源以新的创造财富能力的活动。任何使现有资源的财富创造能力发生改变的行为和活动都可以称为创新。创新并非一个主意，只有创新的主意或构想寻找到新的商业用途之后才是真正的创新。创新可能改变资源的产出水平和利用效率，增加消费者对其所获资源的价值和满足程度，因而它是企业家或者创业家改变社会经济的有力杠杆。

1912 年，经济学家约瑟夫·熊彼特（J. A. Schumpeter）在《经济发展理论》中，首次将创新视为现代经济增长的核心，并将其定义为"生产函数的变动"[1]。1928 年，它在《资本主义的非稳定性》中首次提出创新是一个过程的概念，并在 1939 年出版的《商业周期》中全面地提出了创新的概念和理论。他认为，创新是生产要素和生产条件的新组合，是人们"用他们的智慧去改进生产方法和商业方法，也就是说……改进生产技术，占领新的市场，投入新的产品等等"。"所谓创新，就是建立一种新的生产函数，也就是说，把一种从来没有过的关于生产要素和生产条件的'新组合'引入生产体系。"[2]这种新组合包括以下内容：（1）采用一种新的产品或者一种产品的新的特性；（2）采用一种新的生产方法；（3）开辟一个新的市场；（4）控制原材料或制成品的一个新的供应来源；（5）实现任何一种工业的新的组织。总之，在生产体系中能够做到推陈出新就是一种创新。在熊彼特看来，创新概念不仅包括产品、工艺的创新，也包括市场、供应和组织的创新。

为了对创新的涵义有更明确的把握，熊彼特还将技术发明与技术创新加

---

① ［奥］约瑟夫·熊彼特：《经济发展理论》，290 页，北京，商务印书馆，1991。

② 同上书，73～74 页。

以区分，他说："只要发明还没有得到实际上的应用，那么在经济上就是不起作用的。而实行任何改善并使之有效，这同它的发明是一个完全不同的任务，而且这个任务要求具有完全不同的才能。尽管企业家自然可能是发明家，就像他们可能是资本家一样，但他们之所以是发明家并不是由于他们的职能的性质，而只是由于一种偶然的巧合，反之亦然。此外，作为企业家的职能而要付诸实现的创新，也根本不一定必然是任何一种发明。因此，像许多作家那样强调发明这一因素，那是不适当的，并且还可能引起莫大的误解。"①

　　技术发明指的是完成一种设计构想、一种技术方案或一种新的改进了的装置、产品、工艺或系统的模型，它可以像萨弗里的蒸汽机那样是首创的，也可以像瓦特蒸汽机那样只不过是一种改进，总之，必须包含着新的构想或者新的技术设计方案。但是，技术发明仅仅只是一个构想或设计，它并不一定在商业上应用。它可以是一种创新，但不一定申请专利，也未必能带来适合市场的产品和服务。可是技术创新却是一个新想法或新的技术方案在商业上的实现，只有当新构想、新装置、新产品、新工艺或新系统第一次出现在商业交易中时，才算是一项技术创新。技术发明仅仅是一种技术活动，只考察技术的变动性，强调的是以技术解决问题；而技术创新则不仅包含技术活动，更关注技术方案的商业价值，强调的是以技术推动经济发展。

　　1951 年，经济学家索罗（S. C. Solo）在《在资本化过程中的创新：对熊彼特理论的评论》一文中对技术创新理论进行了较全面的研究，首次提出技术创新成立的两个条件，即新思想来源和以后阶段的实现发展。这种"两步论"被认为是技术创新概念界定研究上的一个里程碑。

　　几乎同时，美国当代著名的管理学家德鲁克将"创新"概念引入管理领域，提出赋予资源以新的创造财富能力的行为都属于创新活动。他认为，这样的创新活动有两种：一种是技术创新，它为某种自然物找到了新的应用，并被赋予新的经济价值；另一种是社会创新，它创造一种新的管理机构、管理方式或管理手段，从而在资源配置中取得很大的经济价值与社会价值。技术创新必须以科学和技术为基础，而一些社会创新并不需要多少科学和技术。但社会创新的难度比技术创新的难度要大，其发挥的作用和影响也更大。他分析说，日本的成功完全来自于社会创新，从根本上说就是自 1867 年以来实行的门户开放政策。在他看来，"创新"与其说是一个技术性的词汇，不如说是一个经济学的或社会学的术语更为贴切。德鲁克所谓的社会创新，接近于

---

　　① ［奥］约瑟夫·熊彼特：《经济发展理论》，99 页，北京，商务印书馆，1991。

我们现在所讲的组织创新。

简言之，技术创新是以技术成果的商业化为目的，与研究与开发活动密切相关，向市场推出新产品和新服务的活动或过程。技术创新本质上是技术资源和产业资源整合配置的过程和结果。20 世纪 90 年代之后的技术创新活动表明，多数技术创新是在诸多创新主体，特别是研究型大学、高技术创业型企业等组织中，从事创新活动的技术专家和市场高手的相互作用的过程中实现的。个人电脑的设计、软件系统的开发和网络产品的创新等就是例证。

2. 原始创新与集成创新

原始创新和集成创新是当前我国科技界和产业界追求的主要创新目标，二者都是技术创新活动的具体表现形式。原始创新和集成创新对现代社会经济活动产生了深远的影响，具有十分重要的意义。

（1）原始创新。

首先，就技术创新过程中技术变化的强度而言，原始创新是相对于改进创新而言的。一般而言，改进创新又称渐进性创新（incremental innovation），是指对现有技术进行局部性的改进而引起的渐进的、连续的创新。在现实的经济技术活动中，大量的创新是渐进性的。如对现有的彩色电视机进行改进，生产出屏幕更大、操作更方便、能收视更多频道的电视机。改进创新是在技术原理没有重大变化的情况下，基于市场需要而对现有产品所做的功能上的扩展和技术上的改进。如由火柴盒、包装箱发展起来的集装箱，由收音机发展起来的组合音响、"随身听"等。原始创新也称根本性创新（radical innovation），是指技术有重大突破的技术创新，它常常伴随着一系列渐进性的产品创新和工艺创新，并在一段时间内可能引起产业结构的变化。如美国贝尔电话公司发明的电话和半导体晶体管、美国无线电公司生产的电视机、德克萨斯仪器公司首先推出的集成电路、斯佩里兰德开发的电子计算机等。此外，杜邦公司和法本公司首创的人造橡胶、杜邦公司推出的尼龙和帝国化学公司生产出的聚乙烯这三项创新奠定了三大合成材料的基础，波音公司推出的喷气式发动机创造了"高速客车"空中飞行的奇迹。原始创新一般利用新的科学发现或原理，通过研究开发设计出全新产品。

其次，就企业技术创新战略而言，原始创新是相对于模仿创新而言。原始创新在企业技术创新战略中具体表现为领先战略，它主要依赖于技术上的突破和优势，技术突破的内生性是领先战略的最基本的特征。与之相对应，模仿战略或者跟随战略的技术来源以模仿、引进为主。长期以来，我国相当一部分产业技术和高技术领域的发展，主要立足于跟踪和引进国际上的先进技术，但面对加入世贸组织后国际技术和经济竞争的巨大挑战，我们必须改变以跟踪和模仿为主体的技术创新思路，重视和支持各类原始创新活动。

江泽民同志指出："原始性创新孕育着科学技术质的变化和发展，是一个民族对人类文明进步作出贡献的重要体现，也是当今世界科技竞争的制高点。"① 原始创新已成为国家间科技乃至经济竞争成败的分水岭，成为决定国际产业分工的基础条件。如果没有自己的原始创新，一个民族就难以在科技和商业中找到自己的位置，也不可能有真正意义上属于自己的产品或产业。

（2）集成创新。

集成创新（integration innovation）是就技术基础的复杂程度而言的，其核心在于"集成"。"集成"的本义是指"将独立的若干部分加在一起，或者结合在一起成为一个整体"，从管理学的角度看，集成是指一种创造性的融合过程，即在各要素的结合过程中注入创造性思维。② 一些研究者指出，集成是一种特定的技术资源围绕某个单一产品（或产品体系）逐渐体系化或"固化"的过程。在这样的一个过程中，相关的技术资源"融合"于以专门设备和专用生产线、特定生产供应链、生产规则和管理体制为特征的生产体系，以获得最经济、最稳定和最可靠的产出效果。③

技术活动的真谛就在于组合和集成。一项技术发明就是把以前未结合的各类有效的构想和发明资源，用新的方式整合或拼凑起来；而且一项技术发明中包含的技术因子越多，技术因子的结合方式越出人意料，这项技术的创造性或原创性就越高。如集成电路和核导弹的发明。从某种程度上说，计算机至少是由三种技术组成的：数据输入，数据处理、记忆和存储，视频播放。此外，还需要软件来支持计算机的运行；一些外围设备，如打印机、扫描仪和复印机等，使计算机更好地满足用户的需要。所有这些组成部分还能被分解为更专业的技术。技术集成是一种通过对现有技术的结合与改造而进行的技术开发活动。日本的索尼、东芝等公司通过对与其竞争对手的技术集成的重视，来强化自己在电视和录像机设备方面的竞争力，结果获得了巨大创新收益。

技术创新的实现，不仅需要产品创新的相关知识，而且需要一些过程技

① 《江泽民论有中国特色社会主义（专题摘编）》，251 页，北京，中央文献出版社，2002。
② 参见李宝山等：《集成管理——高科技时代的管理创新》，北京，中国人民大学出版社，1998。
③ 参见陈向东等：《集成创新和模块创新——创新活动的战略性互补》，载《中国软科学》，2002（12）。

术如制造、营销、售后服务技术的支持。技术集成是技术商业化的必备条件，一项技术的商业化成功，即技术创新需要许多补充性技术。许多技术创新活动之所以没有成功，主要是因为缺乏相关的补充技术。"核心竞争力的形成不仅是一个创新过程，更是一个组织过程。使各种单项和分散的相关技术成果得到集成，其创新性以及由此确立的企业竞争优势和国家科技创新能力的意义，远远超过单项技术的突破。因此，我们更应当注重技术的集成创新，注重以产品和产业为中心实现各种技术集成。"①

3. 国家创新系统及其意义

随着高技术产业创新在国家竞争力中地位的增强，促进技术创新，加速科技成果产业化和商业化的竞争，也开始在国家层面上展开。在一定意义上，国家创新系统是针对市场经济构架下的市场失灵，而提出的一种调集整个国家资源来推进技术创新的新体制、新思路。

1987年，英国经济学家弗里曼在研究日本案例时提出国家创新系统的概念。他指出，技术领先国从英国到德国、美国，再到日本，这种追赶、跨越是一种国家创新系统演变的结果。在现代社会中，虽然企业是创新的主要参与者，但由于创新所需要的要素日益增多和复杂化，许多创新并非仅靠企业自身就可以完成，还涉及政府、研发机构、中介组织、金融机构等，以及有助于创新的政策体系和制度框架。国家创新系统是"公共和私人部门中的机构网络，其活动和相互作用激发、引入、改变和扩散着新技术"②。

1993年，美国经济学家纳尔逊在其主编的《国家创新系统》中指出，国家系统是指"一系列的制度，它们的相互作用决定了一国企业的创新能力"。这种制度不只是针对研究开发部门，它也包括企业、政府和大学等。1994年，帕维蒂强调说，国家创新系统"决定着一个国家内技术学习的方向和速度的国家制度、激励结构和竞争力"③。

1997年，经济合作与发展组织在出版的《国家创新系统》中提出："创新是不同主体和机构间复杂的互相作用的结果。技术变革并不以一个完美的线性方式出现，而是系统内部各要素之间的互相作用和反馈的结果。这一系统

---

① 徐冠华：《加强集成创新能力建设》，载《中国软科学》，2002（12）。

② C. Freeman, *Technology Policy and Economics Performance：Lessons from Japan*，London：Frances Printer，1987.1.

③ 王春法：《技术创新政策：理论基础与工具选择——美国和日本的比较研究》，94～95页，北京，经济科学出版社，1998。

的核心是企业，是企业组织生产和创新，获取外部知识的方式。外部知识的主要来源则是别的企业、公共或私有的研究机构、大学和中介组织。在这里，创新企业被假定为是在一个复杂的合作与竞争的企业和其他机构组成的复杂网络中间进行经营的，是建立在创新产品供应商与消费者之间一系列合作或密切联系的基础之上的。"因此，"国家创新系统是一组独特的机构，它们分别和联合地推进新技术的发展和扩散，提供政府形成和执行关于创新的政策的框架，是创造、储备和转移知识、技能和新技术的相互联系的机构的系统"。"国家创新系统可以定义公共和私人部门中的组织结构网络，这些部门的活动和相互作用决定着整个国家扩散知识和技术的能力，并影响着国家的创业业绩。"[1]

国家创新体系是由政府和社会各部门组成的一个组织和制度网络，它们的活动目的旨在推动技术创新。企业、科研机构、高校以及致力于技术和知识转移的中介机构是创新体系的主要因素，其中企业是创新体系的核心。国家创新体系的概念具有以下几个层面的意义：

（1）单个企业深深根植于其所在国家的创新系统之中，国家创新系统制约着单个企业应对机会和挑战的技术选择范围，对单个企业的创新方向和创新活力具有深远的影响。波特和纳尔森等认为，跨国公司的核心能力及技术战略原则受到其母国创新条件的制约，因为即使是大型的跨国公司，也主要是在一个或两个国家内制定和发展执行创新战略所需的战略技能和专业知识。[2]

（2）国家创新体系的效率取决于以下两个方面：创新体系内各要素的构成在创新中的功能定位是否恰当，以及创新体系内各要素之间的联系是否广泛与密切。因此，一国推动技术创新活动的重要举措就是建设完善国家创新服务体系，搭建各创新要素互动交流的体制平台，特别是产学研创新体制平台。

（3）政府在企业技术创新活动中具有举足轻重的作用。

4. 企业作为技术创新的主体

企业是技术创新的主体，企业家是名副其实的创新者。企业技术创新活动是不同的创新参与者共同作用的结果，这些不同创新参与者分别担当创新

---

① OECD：National Innovation System，1997，p. 12.

② 参见［英］玖·笛德等：《创新管理——技术、市场与组织变革的集成》，55 页，北京，清华大学出版社，2002。

活动中的不同角色，对整个创新活动的实现发挥着不同的作用。有效的技术创新激励机制是企业技术创新活动持续实现的重要因素。

技术创新涉及新思想和新发明的产生、产品设计、试制、生产、营销和市场化等一系列活动，涉及多个部门和组织，企业、大学、科研机构、中介组织和政府部门都是组成创新系统的重要部门。但在市场经济的条件下，企业却是真正的技术创新的主体。

首先，技术创新的本质在于实现技术构想的商业价值。作为一项与市场密切相关的技术研发活动，技术创新能给企业带来巨额的收益，企业会在市场机制的激励下持续地从事技术创新活动。企业作为技术创新的主体主要表现在，它正在成为技术创新活动的投资主体和研发主体，并且能够将研发成果迅速地转化为商业成果。在激烈的市场竞争中，许多主动地从事技术创新，并看准市场需求、注重顾客导向的企业，越来越感受到作为创新主体的现实迫切性和必要性。

其次，根据新古典学派的创新理论，技术创新是生产要素的重新组合。这种组合只有企业和企业家通过市场才能实现，这一作用是其他组织和个人无法替代的。创新者未必是发明家或科学家，但必定是一个企业家。创新者能够赏识一个技术方案的商业潜力，并创造出一个有效的资源整合计划和市场营销方案，并将这些方案转变成消费者欢迎的产品和服务。这与仅仅提出一个技术方案或发明设计的科学家和发明家所从事的工作是完全不同的。

再者，技术创新需要很多与产业有关的特定知识，它们是产业技术创新的基础。唯有企业家才能够将各种不确定的市场因素和技术因素有效整合，并予以现实化。因此，企业家是真正的创新主体。

更重要的，就现有的各种社会组织而言，还只有企业具备实现技术创新活动所必需的组织体制。由于技术创新活动涉及研究与开发、生产制造和营销等多个必要的环节，并且各个环节相应的职能部门保持相对的稳定和必要的协调。这样严格的体制条件对一般的研究机构是不适合的，因为研究机构虽然有强大的研究和发展能力，但其生产制造能力、营销能力一般较为薄弱，难以开展全过程的技术创新工作。目前，除一些具有公益性的研究机构有保留的必要外，一般的独立研究所均需要改制成公司，或进入企业，实行商业化运作。即使是具有强大科研能力的研究机构，如果不能更多地面向市场，也无法长期承担纯粹的没有商业利益的研究与发展活动。因为当今真正的科学研究活动无不依赖于巨大的科研经费投入。著名的贝尔实验室最终改制为朗讯公司，我国努力推行的科研院所转制，都旨在强化企业作为技术创新主体、加速实现科技成果的商业转化，推进科技与经济持续发展。

由于企业一般都拥有研究与开发部门、生产制造部门和营销部门等基本职能部门，这些关键的职能部门之间的协调机制也相对健全，而且由于企业直面激烈的市场竞争，多数已确立起以用户为导向，重视和用户、供应商等之间进行知识交流和合作创新的企业战略。这就为企业及时有效地根据市场变化和技术变革等进行技术创新，提供了得天独厚的体制平台和企业文化环境。

在一定意义上，我国技术创新能力薄弱的主要原因在于企业制度和功能不完善。我国的绝大多数企业，特别是国有企业是从计划经济转变过来的，带有很强的计划生产的痕迹。它们对市场的关注不够，研究和发展能力不足，特别是在研究与发展的投入上难以与世界先进企业相匹敌；加之，许多企业（特别是大企业）的职能部门之间分割严重。因此，就总体而言，许多企业的技术创新和财富创造能力相对较弱。我国拥有自主知识产权的技术创新成果太少，原始创新和集成创新不足。所有这一切，都直接影响到我国产业竞争力和综合国力竞争的提高。

当然，这里说企业是创新的主体，并不等于说企业必须在技术创新活动中"单打独斗"。事实上，在以知识为基础的高技术产业中，高风险和高投入决定了合作的必要性。为了降低研究开发成本，分散风险，弥补技术、资金、人力等资源的不足，以及形成产品的技术标准，降低过度竞争等，企业必须积极寻求多方面的合作。这种合作表现在合作方式的日益多样化方面。既有传统的专利许可制度、委托研究，也有合作开发、人员交流、设备共享，直至组织研究开发联合体等等；也表现在合作伙伴的不断扩展上，即在技术开发过程中，就充分融合了用户的要求以及产品生产者对材料供应者的要求。因此，企业作为创新主体的作用体现在，企业对各种内外部创新资源的运筹和使用之中。

企业是技术创新的主体，但是在企业中，每个创新活动的参与者却承担着不同的任务，扮演着不同的角色。在企业的技术创新过程中，有一些角色起着关键性的作用，他们是创新组织高效运作所必不可少的。他们主要是：

（1）信息守门人。他们往往是科学家、工程师，也可能是具有技术背景、关注相关市场信息，并能有效地与从事技术工作的同事进行沟通的营销人员或企业家。信息守门人通常是懂技术、善交际的人物。这些人注意阅读技术文献和商业杂志，经常参加各类展示会，对竞争信息比较敏感，是创新组织与外界联系的纽带。即使在内外部信息系统比较发达的企业，信息守门人仍然发挥着很大的作用。

（2）创新倡导者。他们通常是比较有经验的、长期的项目领导者或企业家，具有创新精神，兴趣和活动范围广泛，善于将创新构思向他人宣传并使之接受。作为企业高层人员，他们能指导和帮助创新组织中的其他成员，并代表他们与高层领导对话，激励创新组织成员积极工作，使创新计划能够有条不紊地推进。一些经济学家指出，如果没有这类担当创新倡导者角色的高级人员的微妙的、常常是表面上看不到的帮助，许多创新项目将无法取得成功。

（3）创新构思者。他们通常是创造力旺盛的科学家或工程师，具有创新精神，并受过良好的技术教育，喜欢解决前沿技术问题，并能够在综合分析有关市场、技术生产等方面信息的基础上，提出解决挑战性技术难题的新方法或新产品构思。

（4）技术难题解决者。技术创新活动的有效实施，还需要能够解决大量设计和生产中的技术难题的核心技术骨干。他们不一定具有很高的创造力，但必须拥有较高的专业修养和技术能力，能够在技术上实现别人提出的一些创新构思，将这些创新构思变成富有"亮点"的技术原型、现实产品或服务。

（5）项目管理者。项目管理者的职能是对企业组织内部的创新活动进行计划和协调，他们应具有较高的技术水平和管理能力，对创新项目有深刻的了解，能够全面把握创新项目的整体运行状况，随时掌握市场需求变化和技术发展的新情况，对创新项目的费用和进度进行有效控制，并有能力在关键技术环节上做出正确决策。项目管理者还要善于与创新者进行沟通，善于对创新者进行激励，并解决创新过程中的各种矛盾和冲突。

创新组织中的上述5个角色是成功创新所必须具备的，但各个关键角色的相对重要性会随着项目的进展有所变化。有些角色只在创新过程的某个阶段重要，有些角色的重要性却贯穿创新的全过程。如果在创新过程的某个阶段缺少重要的关键角色，将会严重地影响创新成功的可能性。还有，企业创新组织内的有些人可能具有担当一个以上关键角色的技能、特征、爱好和机会。比如，信息守门人和创新构思者的角色，有时是由同一个人担任的，创新构思者也可能同时担当创新倡导者，而创新倡导者有时也会成为项目管理者。一个人担当多个关键角色，有利于保证项目的一致性和连贯性，在某些情况下，创新组织常常选择数量较少的多重角色担当者来实现创新目标；但在另外一些情况下，创新组织常常由多人来分担同一角色，以保证项目的顺利完成。

5. 企业技术创新的激励机制

企业技术创新的高风险和高回报并存的特点使得对创新的激励成为必要。对技术创新活动的激励可分为两个层次：国家对企业技术创新活动的宏观激励和企业内部对技术创新活动的微观激励，主要包括产权激励、市场激励、政府激励和企业内激励四个方面。

（1）产权激励。它主要通过确立创新者与创新成果的所有权关系来推动技术创新活动的持续进行。所谓产权，是指一个社会所强制实施的选择一种经济品的权利。由于产权规定了创新者与创新成果的所有关系，这就使产权成为激励创新的一个重要制度保障。可以这样说，技术创新的层出不穷，在很大程度上归之于产权激励机制的不断完善。

产权包括有形资产产权与无形资产产权两种。有形资产产权是指对实物形态的物品的使用权，无形资产产权则指对非实物形态的信息、技术和知识等的处置权和拥有权。随着专利制度等知识产权制度的不断完善，企业通过技术创新获得收益的行为得到了强有力的激励。

专利制度是一种从产权角度对发明创新进行激励的制度，它以有效和充分保护专利权等知识产权为核心，使知识产权的激励机制得以充分发挥。美国总统林肯说，专利制度"为天才之火添加利益的燃料"。专利制度明文规定，发明者对其发明产品有一定年限垄断权，这就排除了模仿者对创新者权益的侵犯。一些产业革命史的研究者假定说，如果没有专利制度，18世纪60年代英国的产业革命很可能难以发生。因为在当时的领先产业——棉纺织业——中，许多发明，如水力纺纱机等都是在专利保护下做出的。一些研究者甚至说，没有专利权的激励，瓦特可能就不会对蒸汽机做出重大改进。

一般而言，技术创新活动主要体现为一种无形的知识，或者说一种生产某种创新产品或服务的方法或构想。它们通过创新产品或服务这些具体载体可以呈现出来，并为其他厂家通过正常或非正常的渠道或方式加以掌握。由于复制或者模仿这些技术、知识和方法要比创造这些技术、知识和方法容易得多，模仿者可以用较少的研制经费来与创新者分享创新的收益。这就使技术创新的收益具有非独占性，并使不少企业滋生"搭便车"的机会主义想法，从而不利于技术创新活动的持续进行。经济学家诺斯说："一套鼓励技术变化，提高创新的私人收益率使之接近社会收益率的激励机制，仅仅随着专利

制度的建立才确立起来。"① 他认为，包括鼓励创新和随后工业化所需的种种
诱因的产权结构，致使产业革命不是现代经济增长的原因，而是提高发展新
技术和将它应用于生产过程的私人收益率的结果。

当然，任何制度设计有利也有弊。知识产权制度也不例外。日本学者富
田彻男曾告诫：初看起来知识产权是一种先进制度，然而实际却是一种既能
促进也能延滞国家产业的制度。因此，人们在进行技术转移时既应积极利用
这一制度，又应对其加以适当限制，做出全面考虑。中国目前正在大力关注
于技术转移和技术开发，能否有效利用这一制度将是决定中国发展至关重要
的一环，应当慎重利用这一必要制度。一方面，出于促进和保障技术进步和
经济发展的客观需要，我们应遵行国际规范，建立和完善知识产权法律制度；
但另一方面，我们的知识产权法律制度在向国际规范靠拢时，也要注意防止
因过分保护发达国家的知识产权，而给本国的科技进步和经济发展造成的消
极限制。

（2）市场激励。它主要通过市场竞争机制来实现对创新者的激励。许多
研究者指出，市场和产权一样，也是一种实施费用低、效率高的激励制度。
许多重大的技术创新活动首先发生在市场经济发达的资本主义国家，这并不
是一种历史的偶然现象。美国的经济学家纳尔逊认为，是市场机制决定了资
本主义国家技术进步的速度。

市场机制对技术创新的激励作用主要是：（a）市场机制将公平地决定技
术创新者的利益回报，其前提是一个良好的知识产权体系。这一体系的有效
作用是使企业从创新中获得垄断优势。尽管知识产权制度在创新利益保护方
面的不完全性导致创新收益的非独占性。但在一个完善的市场经济体制下，
创新者的回报主要体现为消费者对创新的接受程度，这本身就是一种最有效
的创新激励方式。（b）市场机制可以消除由于技术创新的不确定性而产生的
消极因素。它强制性地要求所有的企业直面消费者的现实需求，创造性地整
合各种必要的生产要素和技术资源，为社会提供各类具有"卖点"的创新产
品和服务。更重要的是，市场机制还通过企业之间的技术创新竞争来推动某
个行业或者特定社会中的创新活动，这在不确定性很强的高技术产业领域中，
无疑是一种很有效率的资源整合机制。数家企业从多个途径同时进行一项创
新，可能形成一个竞争性的创新环境，并开发出各种互补性的技术，进而有
利于技术创新活动尽早实现。所以，市场机制的作用不在于消除单个企业技

术创新的不确定性，而在于从总体上消除创新的不确定性给整个产业系统带来的影响，使系统内技术创新的速度大大提高。

在我国，由于市场机制及其相应管理制度的不完善，各种创新资源的价值未能充分体现，结果使一些做出重大创新成果的科学家、发明家和企业家，以及其实现创新成果的企业得不到应有的创新激励和收益回报。我国拥有自主知识产权的创新产品不足，企业家和创新者资源不足，多数企业满足于引进、模仿和"盗版"别人的技术，就与优胜劣汰的市场竞争机制至今未能健全运行有关。因此，我国提高技术创新效率和能力的基本举措应放在市场机制的建设和完善之上，而不是放在由政府直接主导的各种各样的"计划"和"行动"上。产权明晰和市场机制，二者相辅相成，将打造一个良好的社会创新环境，并以各种方式激励企业的技术创新活动永续进行。

（3）政府激励。由于技术创新成果的公共产品特性和较强的"外部效应"或"外溢性"特点，市场机制引致的技术创新不一定就是社会发展最优化的技术创新。经济学家阿罗曾在1962年分析说，无论是完全竞争还是垄断结构下的创新，其创新水平都将低于社会最优水平。这就提出一个"市场失灵"或非市场激励的现实问题。就目前各国创新激励的实际运作来看，非市场激励主要表现为政府激励。

政府激励具体表现在：（a）政府给技术创新者以某种津贴。这是当今许多国家都在采用的创新经济手段，它包括税收优惠、关税优惠、创业信贷优惠等。我国为高科技产业化及高技术创新活动制定了各种各样的税收减免政策，并设立了各种各样的创业基金，其目的就在于激励各类技术创新的持续进行和蓬勃发展。（b）技术创新平台等基础设施建设。这包括促进基础研究活动的实验室建设，促进技术成果转化的中试基地建设，以及各类共性技术的研发技术条件和平台的建设，创新资源共享平台和数据的建设，各类教育培训机构的建设等。这些基础设施具有规模经济和公共产品的特点，市场机制无法提供各类技术创新活动所必需的基本条件。现实要求国家应从社会整体利益出发，加强这些技术设施的建设，以降低企业和企业家从事技术创新活动的风险和基础"门槛"。（c）政府对事关国家安全和社会经济长远发展利益的重大技术项目转化和关键产业进行引导性投资，以激活这些领域中的企业技术创新活动。（d）通过政府采购强化技术创新成果的市场激励效应，持续稳定地推动产业和技术创新活动的进行。美国的微电子技术和电子计算机产业的技术创新，韩国产业领域的技术创新以及发展都曾受益于政府的采购政策。（e）设立风险投资基金和各类创新转化基金，鼓励企业和企业家大胆

273

地进行各种技术创新活动。美国硅谷的技术创新活动层出不穷，高效运作的风险投资机制功不可没。我国政府目前正在通过设立政府主导的各类创业投资基金，积极探索适合国内高技术产业发展实情的风险投资机制。

（4）企业内激励。企业内激励主要表现在两个方面：（a）企业对做出技术创新成果的创新者给予股权等各种形式的物质激励和精神激励，将这些富有创新精神的科学家、发明家和企业家视为企业的人力资本，在各种利益分配上区别对待。（b）企业为适应技术创新活动开展的需要，大胆进行各种组织结构调整，通过充分授权、弹性管理等方式激励企业员工的技术创新活动。如一些企业实行的内企业机制，允许企业员工在一定的时限内离开本职岗位，从事自己感兴趣的技术创新活动，并且可以利用企业的资金、设备和销售渠道等现有条件。

三、创新的风险性与企业家精神

1. 高技术创新的高风险性

必须看到，经济体制对科技进步的作用力是双向的。一方面，经济体制内在地产生着促进科技创新的动力；另一方面，经济体制中必然存在的风险又限制了经济主体进行技术创新的热情。竞争与风险的相互关系，是科技与经济关系中充满辩证意味的一个环节。

高技术是建立在最新科技成就基础之上的技术，实现高技术创新需要高科技人才。开发高技术产品常常需要跨学科的知识，只有那些具有高技术知识的科学家和工程师等学者型人才才能胜任此工作。高技术产品生产所需的技术水平也较高。另外，高技术创新企业家也必须具备高科技知识和高科技管理才能。因而，高技术创新所需人才素质是极高的，人才是实现高技术创新的基本保障。

任何规模、层次的技术创新，都需要一定数额的资金投入，用于添置、更新、改造设备和设施，购买原材料进行生产、技术开发研究工作以及市场销售等。高技术创新所需资金投入往往更大。各国政府、企业也常常投入巨额资金用于高技术及产品开发。高技术产品的试制和生产更需要巨额资金。因而，高技术产品成本一般较高。

高技术创新成功的可能性远比一般创新低。据美国曼斯菲尔德 1981 年的一项统计，在高技术项目中，只有 60% 的研究与开发计划在技术上获得成功，其中只有 30％能推向市场，在推向市场的产品中仅有 12％是有利可图的。这说明高技术创新的风险极大，风险主要包括技术、市场两方面。

技术风险主要来自有关的不确定性，包括：

——技术上成功的不确定性。一项高技术能否按照预期的目标实现应达到的功能，这在研制之前和研制过程中是不能确定的，因技术上失败而中断创新的例子很多。

——产品生产和售后服务的不确定性。产品开发出来如果不能进行成功的生产，仍不能完成创新过程。工艺能力、材料供应、零部件配套及设施供应能力等都会影响产品的生产。产品生产出来以后，能否提供快速、高效的售后服务也将影响产品的销售和生产。

——技术效果的不确定性。一项高技术产品即使能成功地开发、生产，在事先也难以确定其效果。例如，有的技术有副作用，有的会造成环境污染等。

——技术寿命的不确定性。由于高技术产品变化迅速、周期短，因此极易被更新的高技术产品替代，而且替代时间难以确定。

市场风险主要是由高技术产品市场的潜在性引起的，包括：

——难以确定市场的接受能力。高技术产品是全新的产品，顾客在产品推出后不易及时了解其性能而往往持观望态度或作出错误判断，对市场能否接受以及有多大容量难以作出准确估计。

——难以确定市场接受的时间。高技术产品的推出时间与诱导出需要的时间有一时间滞后，这一时滞如过长将导致企业开发新产品的资金难以回收。

——难以确定竞争能力。高技术产品常常面临激烈的市场竞争，如果产品的成本过高将影响其竞争力；生产高技术产品的往往是小企业，它们缺乏强大的销售系统，在竞争中能否占领市场、能占领多大份额，事先是难以确定的。

高技术创新的上述特点使得其动力机制不能简单地纳入通常的"科技推力与需求拉力"模式。政府在推动高技术创新方面有难以替代的地位，如进行产业规划、提供优惠经济政策、建设高技术开发区、建立高技术创新部门和协调高技术创新的职能部门等等。然而，不能忽视的是高技术创新动力机制的另一极：独特的高技术企业家精神。

企业家并不是普通的企业管理者，他是技术创新的组织者，对技术创新作出决策。熊彼特认为，企业家的职能就是创新。美国经济学家阿罗认为，有充分的理由相信，企业家个人才能甚至比企业作为一个组织的作用还要大。

275

企业家以下述四种精神素质对高技术创新起着重要的激励作用。

（1）创新精神。

企业家的创新精神反映了市场经济的本质要求，是促进企业发展的原动力。企业家时时刻刻都处在充满机遇和风险的环境中，只有不断地进行创新，才能以"奇"制胜，使企业永葆长盛不衰的势头。

熊彼特最早研究企业家精神。他认为，企业家应该是有信心、有胆量、有组织能力的创新者，企业家的任务就是"创造性的破坏"，就是永不安于现状，不断地打破常规。美国管理学家德鲁克给企业家精神的定义是：企业家始终要求变革，对变革作出反应，从变革中利用机会。他把创新和变革联系了起来，创新必然导致变革，而变革的结果则是创新。

（2）追求卓越精神。

美国管理学家劳伦斯·米勒在《美国企业精神》一书中指出：卓越并非一种成就，而是一种精神。这 精神掌握了一个人或一个企业的生命和灵魂，它是一个永无休止的学习过程，本身就带有满足感。追求卓越是一种永不满足的追求出类拔萃的进取精神，从而推动企业家大胆开拓，不断创新。

（3）冒险精神。

冒险精神也是企业家的一种精神素质，体现了企业家求新求变、不断创新的心态，永攀高峰的事业追求，强烈的竞争意识。风险是现代市场的基本特征，市场的多变性、开放性使企业家的活动充满了曲折和风险。企业家需要在没有成功把握的情况下进行决策，这就是冒险。风险为企业家的成功提供了机会，又为他们的失败埋下了陷阱。企业领导只有把风险视为压力并转化为冒险精神，充分利用风险机制，才能真正成为企业家。

（4）求实精神。

所谓求实，即实事求是，用日本经营大师松下幸之助的话来说，就是内心不存在任何偏见，它是一种不被自己的利害关系、感情、知识以及成见所束缚的实事求是看待事物的精神。真正做到实事求是决不是轻而易举的，它涉及一个人的思想、知识、道德、心理等多方面的素质修养。企业家的求实就是要了解市场、技术、企业等事物的真实状态，据此作出正确的创新决策。

求实精神要求把企业的创新目标和实际行动结合起来，通过制定有效的措施，使创新设想转化为现实。因此，企业家必须是一位务实派和一位实干家。

2. 企业家精神

值得指出的是，技术等方面的变革仅仅是潜在的创新，只有通过企业家不断寻求变化、利用变革，才能使之展开为现实的创新。熊彼特指出，企业家的工作就是创造性破坏。换言之，创新是企业家特有的工具，是一种赋予资源以新的创造财富能力的行为，企业家的职责就是进行创新。随着市场竞争的白热化，企业必须根据市场的变化而变化，企业的生存与发展越来越依赖于创造性变革和新的特殊能力的形成，缺乏企业家和企业家精神的企业将难以生存。为了创造新的市场价值，企业家必须依据企业的资源配置状况，采取灵活的创新战略，通过有所侧重的创新组合，获得最大的创新效益。

最能体现企业家精神的是在企业中建立一种激励创新的机制，并通过激励管理方式形成企业的创新文化。丰田公司宣称他们的员工每年提出大小 200 万个新构思，平均每个员工提出 35 项建议，其中 85% 以上被公司采纳。在这方面，最值得称道的是富有创新精神的美国 3M 公司。为了激励创新，美国的 3M 公司每年拿出年收入的 6.5% 作为研究开发经费，较其他公司平均多 2 倍。3M 公司不仅鼓励工程师，而且鼓励每个人成为"产品冠军"。为了鼓励每个关心新产品构思的人，公司让他们做一些"家庭作业"，以发现可用于新产品开发的新知识，并对新产品的市场和获利性进行深入的探讨。为此，公司允许员工有 15% 的时间去做自己感兴趣的事情。一旦新产品的构思得到公司的支持，就可以建立一个新产品试验组。该组由来自公司的新产品研发部门、制造部门、销售部门、营销部门和法律部门的代表组成。每组由"执行冠军"领导，他负责训练试验组，并保护试验组免受官僚主义的干扰。如果研制出"式样健全的产品"，试验组就会一直工作下去，直到将新产品推向市场。如果产品失败了，试验组的成员仍回到原来的工作岗位上去。有些开发组反复 3 到 4 次才获得成功，有些开发组则十分顺利。3M 公司深知，成千上万个新产品构思可能只成功一个，而一旦成功就有可能带来丰厚的回报。为 3M 带来了巨大利润的专利产品利贴便条就是一个明显的例证。

对于创新和企业家精神，人们通常有一些误解。其一，人们常常将创新与风险、企业家精神与甘冒风险联系在一起，而实际上与不创新和没有企业家精神的人比起来，创新者和有企业家精神的人的风险相对要小得多。试想一下，在第二次世界大战之后的混乱时局中，像索尼那样的小公司的生存何其艰难，如果没有盛田昭夫的创新决策，索尼很有可能像泡沫一样销声匿迹，根本不可能成为世界级的大公司。在市场竞争的条件下，创新和企业家精神就是寻求新的发展机遇，不创新和缺乏企业家精神者只能坐以待毙。

其二，人们误以为创新和企业家精神只是与高科技有关的事情，与一般的企业和个人无关，这其实是莫大的误解。实际上，由于传统的产业的利润率逐渐下降，甚至降至零利润以下，这就要求传统产业的经营者必须通过要素的巧妙重组提高效益。传统产业创新的成功事例不胜枚举，从可口可乐到麦当劳，从沃尔玛到迷你钢铁企业都是典型的范例。它们有的以市场创新为突破口，有的则通过新技术和管理方式的嫁接而略胜一筹。实际上，创新已经成为现代社会的一种常规活动，不同背景的人和组织都可以由此获得成功。创新不仅使创新者获得超常规的收益，还因知识的外溢等外部性使整个行业和社会受益。

特别值得强调的是，如果我们用科技含量将创新划分为低科技创新、中科技创新和高科技创新之类的序列，那么创新实际上是一种梯队式的活动，即处于金字塔塔尖的高科技创新，必须依靠较低层次的创新活动的支持。这是为什么呢？因为高科技创新活动一方面需要大量的投资，另一方面高科技创新对就业率的贡献往往是负面的（尤其是在初期）。试想，如果没有传统领域的大量创新活动，一方面既难以克服发展高科技的巨额投资所导致的资本短缺，无法为高科技创新提供更多的资金，另一方面也无法消化由高科技创新导致的就业问题。简言之，只有创新在全社会蔚然成风，高科技创新才可能得到有效地展开。

3. 创造性模仿和学习

产业竞争中的领导者为了占据市场或产业的领导地位，实现对市场和产业的控制，往往甘冒风险，带头发起"自食其子"式的颠覆性创新。同时，具有创新能力的各类企业也不断地启动大大小小的创新。而真正使得各种创新连接为一个整体，带动产业或市场全面发展的是竞争者之间的模仿、学习和追赶。

一般的创新理论往往从产品的生命周期出发假定：由于技术极限和模仿者的跟进，创新在增值阶段之后会进入收益递减阶段。由此容易产生的一种误解是，模仿仅仅是一种搭便车行为，而实际上模仿与创新是一种相反相成的关系。如果说创新的目的在于垄断，那么模仿则意味着竞争机制的引入。在经济活动中，尽管有专利制度保护创新，模仿依然大量存在的，也是一种常见的谋利策略。除了简单的模仿和仿冒之外，管理大师德鲁克认为存在一种有价值的模仿，他称之为创造性模仿（最早由哈佛商学院的 Theodore Levitt 所创）。从字面上看，创造性与模仿相互矛盾，但它却是一种重要的创新战略。

所谓创造性模仿是指当一种创新刚刚出现之时积极跟进，抓住其有待改进和完善之处，以获取巨大利益甚至占据市场、领导行业。创造性模仿之所以存在的合理性在于，第一个创新者的首创不一定尽善尽美。值得指出的是，这里所说的尽善尽美不是指技术上的无懈可击，而是指对市场和行业的绝对控制能力。也就是说，任何创新从一开始绝不可能对其市场发展有一种完备的认识。典型的例子是，1877 年，爱迪生发明留声机后，并不知道他的市场用途，为此，他专门发表了一篇文章，详细地构想了留声机的 10 大用途，以证明它是一个对公众有用的物品；七十多年后，美国人发明磁带收录机时也遇到了类似的困惑，有人专为此著书名曰《磁带收录机的 999 种用途》。尤其值得指出的是，创造性模仿在高技术领域往往更具针对性，除了技术的市场前景高度不确定之外，最显著的原因在于高技术的创新者大多以技术为中心，而不是以市场为中心。

虽然创造性的模仿者利用了他人的创新，但往往使创新更加完善，并能够创造新的市场价值，实质上可视为创新的发展和延续。当某种创新最初进入市场时，产品特性、产品与服务的市场划分等与市场定位有关的因素并未明晰。创造性模仿的积极意义在于，创造性模仿完全受市场驱动，以市场为中心，从客户的角度来看待产品和服务，而这往往是首创者所缺乏的。因此，尽管创造性的模仿者并未发明一项产品或服务，但由于他们能够发现其市场构想中的缺陷，完善甚至改写其市场定位，创造性的模仿者经常能够获得巨大的利益回报。总之，创造性模仿是对市场需求的灵活把握，它促进了整个行业通过创造性的想象寻求或制造新的市场需求。

一个创造性模仿的例子是品牌镇痛剂泰诺（Tylenol）。泰诺所含的成分醋氨芬多年来一直被用作镇痛剂，其药效类似阿司匹林。近年来，阿司匹林被确认为一种安全的镇痛剂，而醋氨芬因没有阿司匹林具有的抗炎和血凝作用，其副作用更小。醋氨芬成为非处方药之后，第一个进入市场的醋氨芬品牌产品主要强调它能够免除服用阿司匹林所致的副作用，并在市场上获得了巨大的成功。推出泰诺品牌的模仿者意识到，这一创新的成功之处是取代阿司匹林，但阿司匹林仅局限于需要抗炎和血凝作用的市场。因此，他们对泰诺的市场形象定位是安全和"万能"镇痛药，并在短短的一两年间就占领了市场。

颇耐人寻味的是，许多行业的领军企业和市场的控制者也常常通过模仿保持其优势。最典型的例子 IBM。早在 20 世纪三四十年代，IBM 就开始计算机的研制，并曾在世界上最早制造出高级计算机，这一事实之所以很少为历史书籍提及，是因为它在完成研制工作的同时发现宾夕法尼亚州立大学的 ENIAC 更具商业前景，便果断地放弃了自己的设计，转而采用竞争对手的方案。1953 年，IBM 生产的 ENIAC 面市，立即成为多功能商用计算机的标准。进入 80 年代，IBM 再次运用创造性模仿战略，改进了苹果机不重视客户对软件的需要的缺陷，并开发出更多的销售渠道，结果在个人电脑领域取代了苹果公司的领导地位，成为销售量最大的品牌和行业标准的制定者。由此可见，创造性模仿与创新的并存使创新不断受到挑战，产业竞争的局面更为复杂多变。

然而，创造性模仿也是有条件的，即需要有一个快速成长的市场。创造性模仿获得成功的关键不是抢夺创新者的客户，而是在创新者的基础上创建新的需求，这也是一个充满风险的过程。其中最大的危险有二，其一是模仿流于平庸，其二是对失去市场价值的创新进行不合时宜的模仿。

与创新紧密相关的另一项活动是学习。学习是提高人类活动效率、降低活动成本的最有效的活动，学习能力是人类最为重要的能力。学习反映了创新过程的积累性。任何创新，都有一个知识的形成、积淀、扩散和共享的过程，没有这些积累，就不可能形成具有竞争力的创新能力。

20 世纪 50 年代以来，关于学习与创新的研究有两个重大成果。其一是"干中学"，即人们可以在创新活动中不断总结经验，通过掌握技术诀窍（know-how）提高创新的效率。其二是日本的野中和竹内有关群体知识转换和共享的研究，即通过群化（socialization）、外化（externalization）、综合化（combination）、内化（internalization）等过程实现隐性（隐含）知识和显性（明确）知识、个人知识与群体知识的转化和团体知识共享。这两个方面综合起来表明，学习是个体和团体积累和共享技术诀窍的必由之路。

从某种角度上讲，创新就是广义的技术诀窍（技术、管理、市场）的积累过程，创新对于知识和学习能力的要求越来越高，学习已经成为创新战略的一部分。就创新战略而言，学习包括内部学习和外部学习两个方面。其中，内部学习包括从研究开发中学习、从试验中学习、从生产中学习、从失败中学习、从项目中学习、向公司内其他部门学习，外部学习包括向供应商学习、向主要用户学习、通过横向合作学习、向竞争者学习、向科技基础学习、向文化学习、向逆向工程学习、通过服务学习等。

鉴于学习对于创新的极端重要性，成功的模仿者往往从学习入手，而学习的重点又是创新者在创新活动中积累的隐含知识。所谓隐含知识不单是简单的经验，而是对理论和实践知识的综合。由于它是运行于现实创新活动的潜在的知识流，如果不进行参与式的学习是无法掌握的。日本和韩国的模仿战略的成功在很大程度上取决于他们对于隐含知识的参与式学习的重视。以韩国现代公司为例，为了获取汽车开发技术，现代公司接洽了 5 个国家 26 家企业，分别派员工到这些企业实地培训，以掌握车型设计、冲压、铸造锻造、发动机等方面的隐含知识，并及时地将工程师派往供应商处接受培训。

　　隐含知识的掌握不仅是成功模仿的关键，也是实现从模仿者到创新者转换的必要环节。在半导体研发过程中，韩国三星公司获得成功的关键也是重视对隐含知识的学习和积累。1983 年，为了开发 64K 动态存储器，三星公司直接在硅谷设立了研发工作站，从斯坦福等名校聘请了 5 名具有在 IBM 等知名公司从事半导体开发经验的韩裔电子工程博士，在韩国国内则设立了一个由两名韩裔美籍科学家和曾在国际供应商处接受培训的工程师组成的特别工作小组。通过这些拥有较高的隐含知识水平的工作团队的努力，仅用 6 个月就完成了开发任务。此后，三星又采取这种双工作队的办法成功开发了 256K 和 1M 等大容量的动态存储器。通过不断的学习和积累，三星积累起自己的隐含知识和明确知识，创新能力迅速提升，在 1995 年竟领先美、日两国制造出 256M 动态存储器，实现了从模仿到创新者的转换，成为动态存储器行业的领先者。

小　结

　　技术进步是指技术的研究与发展，包括基础研究、应用研究和发展研究，及其取得的成就。后两者通常称之为技术开发。技术开发是一个综合性的创造过程，包括独创力的发挥和创造力的应用。技术转移则是技术开发成果通过不同方式从发生源向吸收源的转移过程。

　　技术创新包含技术成果的商业化和产业化，它是技术进步的基本途径。原始创新和继承创新是当前我国科技界和产业界关注的焦点所在，国家创新系统是市场经济构架下企业从事技术创新活动的基础性条件和环境。企业是技术创新的主体，有效的技术创新激励机制则是影响企业技术创新活动持续实现的重要因素。

　　创新具有风险性，高技术创新具有高风险性，其动力机制除了政府的推动外，还包括以追求卓越精神、冒险精神、求实为内容的企业家精神。模仿与创新是一种相反相成的关系，创造性模仿可视为创新的发展和延续。

思考题

1. 什么是技术进步？

2. 技术转移有哪些方式？

3. 什么是技术创新？它与技术发明有何不同？

4. 简述科学家，发明家和企业家在技术创新中的重要作用。

5. 如何形成企业创新的激励机制？

延伸阅读

1. 米切姆：《通过技术思考：工程与哲学之间的道路》，沈阳：辽宁人民出版社，2008 年。

2. 阿尔温·托夫勒：《第三次浪潮》，北京：三联书店，1983 年。

3. 星野芳郎：《未来文明的原点》，哈尔滨：哈尔滨工业大学出版社，1985 年。

4. 马尔库塞：《单向度的人》，第 2 版，上海：上海译文出版社，1989 年。

5. 利奥塔：《后现代状态：关于知识的报告》，北京：三联书店，1997 年。

6. 波斯特：《信息方式》，北京：商务印书馆，2000 年。

第九章 社会科学的哲学反思

∙∙∙

重点问题
- 社会科学和人文学科的界定
- 文科的基本功能和迫切问题
- 问题意识和超越情怀

随着知识与技术的进步，社会科学以及人文学科迅速发展并走向科学前沿，是当代科学发展的重要趋势。作为人类知识体系相对独立的组成部分，社会科学和人文学科既具有一般科学的共性，又表现出不同于自然科学的特殊性。这里简要地就社会科学和人文学科的界定、社会科学的活动与方法等问题，以当代的视野作一个概括性的阐述。

一、社会科学和人文学科的界定

相对于自然科学而言，近代以来社会科学显现出发育的滞后性、学科边界的模糊性、发展的非规范性、体系结构的复杂性等特点；人文学科虽然非常古老，但也受到唯科学主义的巨大冲击，至今在许多基本问题上尚未取得共识。其中最重要的有关社会科学和人文学科的界定问题，就仁智各见，莫衷一是，需要予以梳理。为方便计，当我们相对于自然科学讲到社会科学和人文学科时，就统称人文社会科学，或简称文科。

1. 人文社会科学的历史发生

人与动物的分野是以意识的出现与主客体的分化为开端的，这也是认识与实践活动展开的前提。不过在漫长的史前时期，由于人类智力提升缓慢，加之社会生产力水平低下，生产与生活规模狭小，先民们对自然、社会以及自身的认识狭隘、肤浅，长期停留在感性经验层次，所积累起来的知识大多直接源于生产与生活经验。如关于日月星辰运行周期、所猎取动物的生活习性、人的生老病死、图腾崇拜与祭祀仪式等方面的知识。这些知识主要是通过血缘氏族公社内部的世代口头传承方式积累起来的，多是零散的、常识性的、经验性的感性认识成果，其中包含着日后众多学科的萌芽。

在原始社会末期，随着社会生产力水平的提高，逐步出现了物质生活资料的剩余，为脑力劳动与体力劳动的分工创造了条件。进入阶级社会以来，脑力劳动者群体的形成加快了人类对客观世界的认识进程，尤其是文字符号的发明使认识活动发生了质变，改变了以往知识的记录与交流方式，使知识流量与总量累积速度明显加快。一般认为，"人文学科起源于西塞罗提出的培养雄辩家的教育纲领，而后成为古典教育的基本纲领，而后又转变成中世纪基督教的基础教育"①。这一时期产生了许多著述与文艺作品，形成了天文、历法、力学、医学、军事、哲学、历史、文学等较为系统的具体知识体系，出现了近代自然科学与人文社会科学的学科雏形。其中，人文学科与自然科学的个别门类发育相对成熟。作为人类精神表现的组成部分，早期的自然科学也带有浓厚的人文学科色彩。必须指出，这些早期知识与我们今天所理解的知识之间尚有较大差异：

——成熟程度不同。前者在深度与广度上远远落后于后者，知识的系统性、理论性、科学性程度相对较低。

——学科内容与边界不同。前者往往是多门知识浑然一体，尚未完全分化。如古代哲学对客观世界采取一种百科全书式的研究，蕴涵着许多学科的萌芽；天文学中既有天象规律的体察，又有占卜吉凶，指导日常生活的神秘规则等。

——研究方法不同。前者多以直观、猜测、思辨为主，后者多以实验、假说、经验归纳、数理演绎为主。

经过以基督教文化为主体的漫长中世纪，资本主义生产方式开始在欧洲萌发。为了推翻封建主义的生产关系，新兴的资产阶级在政治、经济、思想文化等领域向落后的封建贵族势力发起了全面进攻。他们首先在古希腊、古罗马文化中找到了反对宗教神学和封建统治的武器，在思想文化领域掀起了以复兴古典文化为标志的"文艺复兴"运动。文艺复兴运动高扬"人文主义"旗帜，提倡人性，反对神性；崇尚理性，反对神启；鼓吹个性解放和自由平等，反对中世纪的禁欲主义、蒙昧主义。这就极大地促进了以人自身为核心的人文学科的分化发展。与此同时，自然科学各学科相继从自然哲学中分化独立出来，进入了全面快速发展时期，并且为认识人文社会现象提供了新的

---

① 《简明大不列颠百科全书》，761页，北京，中国大百科全书出版社，1986。

模式、方法和工具。19世纪中叶以来，研究具体社会运动的经济学、政治学、社会学等社会科学门类相继发育成熟，又从哲学及其他人文学科中分离出来，取得了独立的学科地位。除国家研究院和大学提供的少数职位外，人文学者与社会科学家的职业角色的社会分化逐步加快，人文社会科学研究的社会建制开始形成。至此，人文学科、自然科学、社会科学相互促进、彼此交织的大科学体系开始形成。

中国是世界上最早由奴隶制发展到封建制的国家，长达两千多年的封建社会一直奉行重农抑商、重道轻器、重文轻技、贵德贱艺的基本国策，因而，以农业文明为基础的封建文化的伦理特质明显，蕴涵着丰厚深邃的人文思想。"人文"一词最早见于《易经》："文明以止，人文也。观乎天文，以察时变；观乎人文，以化成天下。"早在春秋时代就形成了文史哲浑然一体的学术传统，人文学科相对发达，带有鲜明的民族特色，处于古代文化的核心地位。然而，作为一门统一性学科的名称，"人文学科"是20世纪初才从英文翻译过来的，此后这一称谓才为学术界所认同。这一状况是与古代科学技术的被压抑地位和社会科学发育迟缓密切相关，从而使先哲们难以意识到人文学科与其他知识门类之间的差异。虽然明初以前，我国科学技术一直走在世界前列，形成了农学、医学、天文学、算学等自然科学体系，产生了指南针、造纸术、印刷术、火药等技术发明，为人类文明做出了巨大贡献。但古代科学技术一直处于文化支流地位，近代以来陷于停滞，日渐衰落。严格意义上的近代社会科学与自然科学基本上是从西方移植的。西学东渐始于明末清初欧洲传教士在我国的文化传播活动，后受清朝闭关锁国政策影响和古代人文传统的抑制，中西文化交流受阻。西方社会科学从清末严复等人的译介才开始大量引入，加上派往欧、美、日等地留学生的归国传扬，更由于五四新文化运动的推动，现代社会科学逐步在我国发展起来。

2. 在概念界定上的推敲

作为相对独立的知识体系，人文社会科学是一个界定模糊、争议颇多的基本概念，其中涉及对认识活动、科学划界标准与知识分类等基本理论问题的理解。

（1）对科学概念的两种理解。

吴鹏森等概括指出："现在世界各国对科学的理解大体上有两种：一是英美的科学概念，认为科学应是具有高度的逻辑严密性的实证知识体系，它必须同时满足如下两个条件：（a）具有尽可能严密的逻辑性，最好是能公理化；其次是能运用数学模型，至少也要有一个能自圆其说的理论体系。
（b）能够直接接受观察和实验的检验。二是德国的科学概念，认为科学就
是指一切体系化的知识。人们对事物进行系统的研究后形成了比较完整的
知识体系，不管它是否体现出像自然科学那样的规律性，都应该属于科学
的范畴。按照英、美的理解，只有自然科学属于严格意义上的科学，社会
科学勉强可以算科学，而人文方面则不能看成是科学。因此，英、美等国
把所有的学科分为三类：自然科学、社会科学和人文学。人文学只能是学
问，是一门学科，不能称之为科学。但按德国的理解，则人文科学也应当
属于科学。德国人把所有科学只分为两类：自然科学和精神科学（文化科
学）。显然，这里的精神科学或文化科学包括我们现在所说的社会科学和人
文科学。"[1] 吴鹏森本人倾向于德国传统的理解，认为人文社会科学由人文科
学与社会科学构成，人文科学是以人类的精神世界及其积淀的精神文化为
对象的科学。

　　魏镛认为："关于人类知识的区分，有很多不同的分类法。最普通的分法
是把人类知识分成四类：即以物理现象为研究对象的物理科学，以生物和生
命现象为研究对象的生物科学，以人和人类社会为研究对象的社会科学，和
以人类的信仰、情感、道德和美感为研究对象的人文学。在以上四类知识中，
人文学通常都只当作一种学科，而不当作一种科学。因为人文学科中的宗教、
哲学、艺术、音乐、戏剧、文学等学问都是包含很浓厚的主观性的成分，着
重于评价性的叙述和特殊性的表现。"[2] 这是一种以认识对象特点为依据的划
分方式，它将我们所理解的自然科学一分为二，物理科学就是无机的自然科
学，生物科学就是有机的自然科学；而将我们所理解的人文社会科学也一分
为二，社会科学可当作科学，人文学只是学科类概念，并不当作一种科学。
魏的知识划分及对人文学科的理解与英美传统接近。上述英美传统与德国传
统以及吴、魏二人的看法是这一问题上的主流观点，其分歧主要集中在对人
文学科的理解上。

　　（2）人文学科还是人文科学？

　　人文学科的英文词 humanities，源出于拉丁文 humanists，意即人性、教
养。原指与人类利益有关的学问，如对拉丁文、希腊文、古典文学的研究，
后泛指对社会现象和文化艺术的研究。而人文科学的德文词 Geisteswissen-

────────

[1] 吴鹏森、房列曙：《人文社会科学基础》，1 页，上海，上海人民出版社，2000。
[2] 转引自王云五：《云五社会科学大词典》（第一册），37 页，台湾，商务印书馆，1973。

schaften 的意思既包括社会科学，也包括人文学科，相当于我们通常所理解的人文社会科学。① 在我国翻译的西方文献中，英文 humanities 一词有时被翻译成人文科学，有时也被翻译为人文学科，即使在同一段落中，这两种译法也常常并行。这表明在译者心目中人文学科与人文科学是同义词，可以不加区别的混同使用。

可以认为，人文学科与人文科学都以人类精神生活为研究对象，都是对人类思想、文化、价值和精神表现的探究，目的在于为人类构建一个意义世界和精神家园，使心灵和生命有所归依。在汉语言中，"人文学科"与"人文科学"的词源意义是有区别的，前者直接就是人类精神文化活动所形成的知识体系，如音乐、美术、戏剧、宗教、诗歌、神话、语言等作品以及创作规范与技能等方面的知识。后者则是关于人类生存意义和价值的体验与思考，是对人类精神文化现象的本质、内在联系、社会功能、发展规律等方面的认识成果的系统化、理论化，如音乐学、美术学、戏剧学、宗教学、文学、神话学、语言学等。实际上，前者（人文学科）形成于先，后者（人文科学）发展在后；前者是后者展开的基础，后者是前者的深化，二者虽各有侧重，但也很难截然区分。

但须指出，用"人文学科"还是用"人文科学"来称呼这一知识集合体，并非只是文字游戏，而是涉及如何看待和评价这一知识形态的重大问题。"人文学科"的称谓，一方面侧重于这一知识体系的特殊性与传统形态，与科学各异其趣；另一方面认为该知识体系发育虽历史悠久，却仍不成熟，与"科学"标准尚有较大差距。不过，我们今天在使用这一称谓时，应看到这一知识体系的科学化趋势。"人文科学"的称谓则侧重于这一知识体系的最新发展和某些学科的相对成熟性，认为该知识体系的发育日渐成熟，已具备了"科学知识"的基本特征。但人们在这样使用这一称谓时，应注意"科学"一词已经比习见的意义更泛化了。

从该领域知识发育整体看，我们倾向于使用"人文学科"称谓。因为，在使用这一称谓时，不应忽视该知识体系发展的历史状况。目前这一知识体系的发展，与一般公认的"科学"标准（可检验性、解释性、内在完备性、预见性）尚有较大差距。而且，该知识领域还有一些重要的不能以"科学"来涵盖的特点，这些特点是古老而常新的，也是永远不会消失的。以"人文学科"称之，比较严谨也比较切合目前该学科群的发展实际。

---

① 参见尤西林：《人文学科及其现代意义》，16 页，西安，陕西人民教育出版社，1996。

（3）人文学科与社会科学。

社会科学是研究社会现象的科学。19世纪下半叶以来，人们仿效自然科学模式，借鉴自然科学方法，研究日趋复杂的社会现象，形成了政治学、经济学、社会学、法学、教育学等现代意义上的社会科学。社会科学从多侧面、多视角对人类社会进行分门别类的研究，力图通过对人类社会的结构、机制、变迁、动因等层面的深入研究，把握社会本质和发展规律，更好地建设和管理社会。与"人文学科"相比，社会科学的科学性较强；而与自然科学相比，社会科学的科学性较弱。人文学科、社会科学、自然科学三大知识领域的科学性依此递增。

无法把人文学科与社会科学截然分开。人一开始就是社会的人，人类精神文化活动就是在社会场景中展开的，本身就是一种社会现象；同时，社会现象又源于人类精神活动的创造。人文现象与社会现象都是由人、人的活动以及活动的产物构成的，这就是人类社会生活的内在统一性。人文学科与社会科学的研究对象是同一个社会生活整体，它们从不同的侧面以各自不同的方式反映同一社会生活，因而，相互补充、相互渗透、相互影响。正是这种水乳交融的紧密联系，构成了二者内在的亲缘性与统一性，成为人文学科与社会科学一体化的客观基础。

在这个问题上，皮亚杰有很深刻的见解："在人们通常所称的'社会科学'与'人文科学'之间不可能做出任何本质上的区别，因为显而易见，社会现象取决于人的一切特征，其中包括心理生理过程。反过来说，人文科学在这方面或那方面也都是社会性的。只有当人们能够在人的身上分辨出哪些是属于他生活的特定社会的东西，哪些是构成普遍人性的东西时，这种区分才有意义。……没有任何东西能阻止人们接受这样的观点，即'人性'还带有从属于特定社会的要求，以致人们越来越倾向于不再在所谓社会科学与所谓'人文'科学之间作任何区分了。"① 正因为如此，现在人们往往把相对于自然科学而言的知识领域，即人文学科与社会科学统称为人文社会科学，有时也简称为社会科学。这里的"人文社会科学"是在承认人文现象与社会现象、人文学科与社会科学之间差异的前提下学科融合的产物，这一趋势充分体现了学科综合的时代特征。

（4）人文社会科学与哲学社会科学。

应当指出，在我国现实生活中，学术界多用"人文社会科学"一词，而

---

① ［瑞士］让·皮亚杰：《人文科学认识论》，1页，北京，中央编译出版社，1999。

行政管理部门多用"哲学社会科学"一词，二者可以通用。毋庸讳言，有时这二者间的差异并非只是字面上的，而是表现在内涵的取舍上。"哲学社会科学"的称谓是基于哲学的抽象性、统摄性和基础地位，把哲学从两类科学认识即自然科学和社会科学中抽取出来。这里一般设定，哲学是关于世界观的学说，是高度抽象的意识形态，对人类认识和实践活动具有规范和指导作用，与社会科学研究关系更是特别密切。因此，将"哲学"与"社会科学"并行并统称为"哲学社会科学"。但应看到，社会科学并不能涵盖人文学科，哲学学科本身的涵盖面也是较窄的，一般不包括除哲学之外的其他人文学科。相对而言，人文社会科学的外延则较宽泛，可以涵盖除自然科学之外的所有知识门类，哲学作为它的一个子集也被纳入其中，学问探究的色彩较浓。

3. 从与自然科学比较的角度看

社会科学和人文学科是相对于自然科学而言的知识体系。当然，两者都是对客观事物的本质、发展规律的揭示，相互渗透、相互转化，具有内在相关性、相似性和统一性。其发展趋势将如马克思所说："自然科学往后将包括关于人的科学，正像关于人的科学包括自然科学一样：这将是一门科学。"①但根源于人类精神活动与社会活动的特殊性，社会科学和人文学科具有与自然科学不同的特点，这也是应该仔细分析的，两者之间的差异有助于了解它们的特点。

——从研究对象角度看。人文社会现象与自然现象、技术现象的差异是造成人文社会科学与自然科学差异的根源。自然现象具有不依赖于主体而存在和发展的客观性和普遍性，科学研究活动中的主客体界线分明，具有较强的实证性。即使涉及人，也是把人作为没有意志的客体看待的，如医学、心理学、人类学视野中的人。而人文社会科学的研究对象具有主观自为性和个别性，其中充满复杂的随机因素的作用，不具备重复性；研究对象本身又是由有意志、有目的和有学习能力的人的活动构成的，涉及变量众多、关系复杂，贯穿着人的主观因素和自觉目的，认识活动中的主客体界线模糊。即使涉及自然物，也是用以再现社会关系与人类精神。如诗人眼中的玫瑰花表示爱情，经济学家眼中的商品体现着劳动价值、生产关系等。自然科学的研究对象大多与时代背景无直接关系，而人文社会科学的研究对象与时代发展息息相关，多带有强烈的时代背景色彩。只有把研究对象置于具体时代背景之

---

① 《马克思恩格斯全集》，中文1版，第42卷，128页，北京，人民出版社，1979。

中，才能揭示研究对象的本质。总之，与自然现象和技术现象的自在性、同质性、确定性、价值中立性、客观性等特点相比，人文社会现象具有人为性、异质性、不确定性、价值与事实的统一性、主客相关性等特点，从而形成了人文社会科学的诸多特色。

——从研究方法角度看。自然科学是以实证、说明为主导的理性方法，而人文学科更多地使用内省、想象、体验、直觉等非理性方法。"（自然）科学和人文学科可以互相补充，因为它们在探究和解释世界的方式上存在根本区别，它们属于不同的思维能力，使用不同的概念，并用不同的语言形式进行表达。科学是理性的产物，使用事实、规律、原因等概念，并通过客观语言沟通信息；人文学科是想象的产物，使用现象与实在、命运与自由意志等概念并用感情性和目的性的语言表达。"[1] 人文社会世界的主体性、个别性、独特性、丰富性特征，要求认识主体具备把握意义世界的主观感悟能力，而这种能力的形成与个体的生活经历、生命体验密切相关，人文社会科学的认识活动因而带有个体性与差异性特点。因此，一些哲学家认为解释学能够提供适合人文社会科学的客观性的方法论。"（自然）科学和人文学科的区别在于其分析和解释的方向；科学从多样性和特殊性走向统一性、一致性、简单性和必然性；相反，人文学科则突出独特性、意外性、复杂性和创造性。"[2]

——从研究手段角度看。自然科学通常使用实验手段，在人为控制条件下，使研究对象得到简化、纯化和强化，使对象的属性及其变化过程重复出现，从而观察和认识研究对象，达到客观统一的认识。而人文社会科学很难使用实验方法，即使社会科学研究中采用的"试验"、"试点"，也总是随时间、地点和具体对象而改变，很难做到研究对象的简化和纯化，也不可能使研究对象的属性重复出现，与自然科学研究中的实验大相径庭。此外，数学方法是自然科学研究中普遍使用的基本方法。但由于人文社会科学现象的复杂性，至今只有经济学、社会学等个别社会科学门类，采用数学方法作为辅助研究手段。至于人文现象，更难以量化和纳入数学模型，很少有采用数学方法进行研究的成功案例。

——从研究目的角度看。自然科学主要是在认识论框架下展开的，目的在于揭示自然界的本质与物质运动的规律，追求认识的真理性，试图规范和指导改造自然的实践活动，造福人类。工具理性维度构成自然科学的核心，价值理性维度多在自然科学视野之外。人文社会科学主要是在价值论框架下

---

[1][2] 《简明大不列颠百科全书》，760页，北京，中国大百科全书出版社，1986。

展开的，目的在于通过对人类文化与社会本质、发展规律的研究，丰富人类精神世界，提升生活质量，指导改造社会的实践活动。人文社会科学不仅有助于营造一个促进经济与社会发展的和谐环境，而且注重探讨与人类生存、发展、幸福有关的价值与意义。"如果人文科学想要求得自身的生存，它们就必须关心价值。这种关心是人文科学与自然科学的最明显的区别。"①

——从学科属性角度看。自然科学具有客观性和真理性，忽视价值判断，可为任何阶级、民族和国家服务。自然科学内部不同学派之间的争论，多是基于认识差异上的学术争论，一般不涉及阶级偏见。而在人文社会科学活动中，认识者往往既是认知主体，又是被认知的客体。作为主体，他能认识客体与自己；作为客体，他是人生意义的产生者、民族文化的承担者、社会活动的参与者、自我认识的历史存在。人文社会科学是真理性、价值性与艺术性的统一，多属社会意识形态，往往程度不一地打上阶级或民族的烙印，难以毫无差别地为一切阶级、民族和国家服务。因此，人文社会科学比自然科学更多地受到统治阶级的干预和控制。正如贝尔纳所说："社会科学的落后主要不是由于研究对象具有一些内在差别或仅仅是复杂性，而是由于统治集团的强大的社会压力在阻止着对社会基本问题进行认真的研究。"② 人文社会科学工作者总是从属于一定的阶级、民族和国家等利益集团，与人文社会现象之间存在着或多或少的利害关系，研究成果往往渗透着各自的知识背景、价值观、民族文化传统，带有阶级倾向性。如历史的"辉格"解释等。这也就是为什么世界上只有一种物理学、化学、天文学，却并存着多种哲学、历史学、法学的原因。

此外，自然科学的时效性较弱，继承性较强；人文社会科学的时效性较强，继承性较弱。自然科学体现的是一种以探索、求实、批判、创新为核心的科学精神；人文社会科学体现的是以追求真、善、美等崇高的价值理想为核心，以人的自由和全面发展为终极目的的人文精神。如此等等。总之，人文社会科学与自然科学在许多方面都存在着差异，这里远未穷尽它们之间的差别，正是这些差异使人文社会科学成为与自然科学相区别的相对独立的知识体系。

二、文科的基本功能和迫切问题

人文社会科学属社会的思想意识和上层建筑，是社会经济基础和政治制

---

① 范景中：《艺术与人文科学》，见《贡布里希文选》，15 页，杭州，浙江摄影出版社，1989。
② ［英］贝尔纳：《历史上的科学》，549 页，北京，科学出版社，1959。

度的直接反映。除了直接从事精神生产，为社会提供精神产品外，人文社会科学还通过人文精神、科学精神广泛影响人类行为与社会生活，规范和指导社会实践活动，表现为社会的思想意识对社会存在的反作用。人文社会科学的功能，即它在人类认识与实践活动中所发挥的独特的认识功能与社会功能，是自然科学不可替代的。在这个问题上，应避免盲目夸大人文社会科学功能的"万能论"，也要克服贬低其作用的"无用论"。

1. 认识功能

人文社会科学是对人文社会世界认识成果的理论化和系统化，它所揭示的人文社会现象的本质、规律等知识，有助于丰富人们的思想，开阔眼界，改进思维方式，提高认识能力。人文社会科学的认识功能集中体现在对人文社会世界的描述、解释与预见等方面。

（1）描述功能。

描述就是运用人文社会科学的专业术语，对研究对象进行客观真实地描述和说明，把研究对象的图景"复制"到主观世界中，建构起研究对象的"模型"。描述是一个理论体系的基本功能，它所要实现的是回答人文社会世界"是什么"的认识目标，这是认识活动的基本任务，也是认识深化与实践操作的基础。从认识发展过程来看，描述是认识成果的总结和表述，可以发生在认识活动的不同阶段。从描述手段看，可以是自然语言，也可以是人工语言，还可以是图表、音像等多媒体技术手段。

按照人文社会科学研究对象的不同，描述可大致分为静态描述与动态描述两大类。所谓静态描述，主要是指对处于相对稳定状态的人文社会科学研究对象的时代背景、外部联系、构成要素、结构特点等方面的细致说明，力图使人们清晰、完整地把握研究对象。所谓动态描述，是指对处于发展变化之中的人文社会科学研究对象的发生与演化过程、运行机理、影响因素、社会后果等方面的详尽说明，使人们对研究对象的来龙去脉有一个清晰的认识。静态描述是动态描述的基础，动态描述是静态描述的展开形态。

客观、真实、准确地描述研究对象，是人文社会科学研究的理想境界，但在具体研究中实现起来却非常困难。其原因有三：一是描述源于观察、体验、分析等主体认识活动，而这些活动总是与主体的知识背景、价值观念、生活阅历等有关，其中必然渗透着主观因素。二是描述所使用的概念、方法、规范等依赖于一定的理论体系，不同理论体系对同一研究对象的描述往往不同，从而使描述带有明显的理论痕迹，难于通约和统一。三是许多研究对象本身就是主观感受或体验（如美感、梦境等），语言等描述手段又有局限性，不同的人会有不同的描述，即使同一个人对同一现象在不同场景下的描述往往也有出入。正是由于这些因素的综合影响，使人文社会科学描述的主观色彩浓厚，从而导致人文社会科学交流与统一的困难。

（2）解释与批判功能。

解释是理论的主要功能之一。解释功能是指认识主体对人文社会世界意义的揭示和阐释，是对人文社会现象的价值、作用、效应的理解和把握。解释功能所要回答的是人文社会世界"是什么"和"为什么"的问题，答疑释惑，将人文社会现象纳入主体认识框架。解释功能是人文社会科学认识功能的拓展和延伸。

人文社会科学解释与自然科学解释不同，"自然的实体可以从外部得到解释，但人类不仅是自然的一部分，而且也是自己的文化、动机和选择的产物，因此在这些方面就要求一种完全不同的分析和解释"①。解释学方法是人文社会科学的基本方法，意义不是世界自发的派生物，需有主体意识地对世界阐释才会呈现。对历史、文化、思想等人文社会现象的解释，在很大程度上表现为对已有文本的理解。

解释不仅是解释者对外在的人文社会现象的认知，而且还是解释者从各自独特视角出发，借助想象、体验、理解进入人的精神世界，对文本意义的再创造与再挖掘，即在意义阐释中创造，在意义创造中阐释。这个认识和把握文本意义的过程，本质上是精神生命的自我实现和自我超越。我国古代人文学科素有"作注"、"释义"的学术传统，本质上就是对文本意义的创造性理解与阐释。解释者的知识结构、时代背景以及文本自身的歧义性等都给文本的创造性阐释留下了空间。"在解释和理论之间争论的背景下，创造性这个难以对付的问题也出现了。……就创造性的想象设立了一场语义学变革的形式而言，隐喻也构成了这些有限研究方法中的一种。以延伸到自然语言的多义性中去为代价，想象在词语的水平上给意义创造出了新的外型。"② 因此，解释不可避免地渗入解释者个人的情绪、愿望等精神因素，由解释而生成的知识、意义、价值等都带有主观成分。

对现实世界进行合理地审视与批判是人文社会科学的重要功能。批判就是对是非曲直与真假善恶的评判，是对理论观点、社会现实、文化传统的建

---

① 《简明大不列颠百科全书》，761页，北京，中国大百科全书出版社，1986。

② ［法］保罗·利科尔：《解释学与人文科学》，37页，石家庄，河北人民出版社，1987。

设性审查，力求观念地建构完美的人文社会科学和实际地建构更加美好的社会现实。现实生活往往具有局限性与不合理性，需要人文社会科学旗帜鲜明地加以批判，追寻和建构理想的新生活，改造社会现实。事实上，现实世界只是客观世界发展变化的多种可能性中的一种，没有成为现实性的各种可能性，只是由于外部条件的限制而成为非现实性。只要具备一定的条件，它们也是可以转化为现实性的。如果我们只囿于多种可能性之一的现实性，就排除了其他可能性。人文社会科学的批判就是试图发掘蕴涵在现实性中的多种可能性，从中探寻改造现实的有效途径，成为社会历史实践的一个内在组成部分。同时，与自在的自然客体不同，人文社会世界表现为一种自为的客观性，其中渗透着主体意志与目的性，是主体参与设计和塑造的处于形成之中的客观实在。人文社会科学通过对人文社会世界的历史与现实意义的阐释与批判，总结利弊得失，探求创造未来美好生活的可能模式。应当指出，在人文社会科学解释与批判过程中，应力求实现人文社会科学的合理性与真理性的内在统一。

（3）预见功能。

预测是依据事物发展规律，从事物发展现状与环境条件出发，预先推测事物未来发展状况的认识活动。预见性是理论超越性的具体体现，是衡量理论科学性的关键指标。人是目的性活动的动物。"最蹩脚的建筑师从一开始就比最灵巧的蜜蜂高明的地方，是他在用蜂蜡建筑蜂房以前，已经在自己的头脑中把它建成了。"① 制定规划和行动方案是人类实践活动的基本特征，而规划的制定又是以对未来的预测为前提的。人文社会科学是千百年来人类认识自身与社会发展成果的结晶，其中所揭示的人类精神世界与社会发展规律，是人们进行预测的理论依据。从事物历史与现状出发，对事物未来发展所进行的预测，勾画出了事物未来发展的各种可能趋势及其动态特性，把人们将要面临的可能境况和问题提前呈现到主体面前，为发展规划和行动方案提供科学依据。这就是预测的认识功能。

"预测就是做出关于一个系统发展的陈述，计划则试图通过对该系统的干预而控制这种发展。在此，控制以目标为前提。"② 预测与规划设计是相互依存、相互制约的，两者共同构成了一个滚动推进的动态反馈回路。预测是规划设计的依据。预测的结果往往并非价值中立，主体按趋利避害原则，制定

---

① 《马克思恩格斯全集》，中文1版，第23卷，202页，北京，人民出版社，1972。

② ［德］伊蕾娜·迪克：《社会政策的计划观点——目标的产生及转换》，29页，杭州，浙江人民出版社，1989。

相应的对策和措施，促使事物朝有利于主体的方向发展。规划设计的实施所引起的事物现状的改变，成为对该事物发展进行再预测的新依据。再预测结果是对照检查和完善实施方案的主要手段，它与主体利益最大化目标之间的"目标差"，是修正原规划和实施方案的依据和出发点。随着人类实践能力的空前扩张，社会实践效应的预测与调控问题日渐突出，人文社会科学的预见功能日显重要。

科学的预测应该使主观的逻辑推演符合预测对象客观的逻辑发展过程。时间上的超前性是预测活动的基本特征和困难所在。目前，人文社会科学领域的众多预测方法多属经验性方法，从逻辑上大致可分为类比性预测、归纳性预测和演绎性预测三大类。在实际应用中，这些方法所依据的经验性原则有惯性原则、类推原则、相关性原则与概率推断原则等，其理论性与准确性都有待进一步提高。

人文社会科学与自然科学在预测的检验上也存在着重大差别。一般而言，自然科学的具体预测不会影响自然事物的发展进程，预测的准确性可通过事物的未来发展得到印证。如依据太阳系运行规律对日食、月食现象的预测等。而在人文社会科学领域，具体预测结论总与预测者所属利益集团存在着或多或少的价值关涉，这就促使他们创造和强化有利条件，削弱和抑制不利条件，从而改变了事物发展的原有进程和原预测的初始条件，使原预测的未来检验难以实现。如股市评论人从股市发展现状与现行经济政策出发，对股市走势的预测总会影响投资者的投资选择，从而使原预测的初始条件和边界条件发生改变，丧失了可验证性或可证伪性。波普尔（又译波普）把预测对被预测事件的影响称为"俄狄浦斯效应"。[①] 只有突破单一的认识论范式，把人文社会科学预测的检验问题置于认识论框架与价值论框架之下，才能使这个问题得到完满解决。

2. 社会功能

人文社会科学的理论和方法为社会实践主体所掌握，运用于指导人类生活与社会实践活动，就会发挥出关怀人生、推进社会发展的积极作用。人文社会科学的社会功能的强弱主要取决于它掌握群众的广度和深度，集中体现在人类精神生活与社会发展两个层面，表现为文化功能、政治功能、社会管理功能、决策咨询功能。

---

① 参见［英］卡尔·波普：《历史决定论的贫困》，9页，北京，华夏出版社，1987。

（1）文化功能。

"人文"就是人的文化，就是人的认识能力与精神境界不断提升的过程。人文社会科学隶属于文化范畴，并构成整个社会文化的重要组成部分。人文社会科学主要表现为精神文化，它是人的本质力量的对象化，在社会生活中发挥着塑造人，推进思想文化建设的功能。

首先，人文社会科学是关于人文社会现象及其规律性的系统知识，自觉学习和运用这些知识，可以使人精神充实，心灵净化，视野开阔，提高解决人生问题、社会问题的能力。人文社会科学的思想、价值观念、行为规范等直接影响着人们的思想和行为，促使人们正确处理和驾驭同外部世界的关系，有效地适应时代和社会发展，完成人的社会化过程。

其次，人文社会科学还具有关怀人生，塑造健全人格的功能。人文社会科学就是在人类精神文化活动的基础上形成和发展起来的，它以创造和阐释人文社会世界的意义与价值为目标，具有社会启蒙作用。人文社会科学可以帮助人们破除迷信，解放思想，滋润心灵，启迪心智，提升精神境界，丰富精神生活。它还为人们提供价值观与理想信念的指导，帮助人们解决人生观问题，给人以终极关怀，抚慰和净化灵魂，安顿生命，为人类守护精神家园。同时，人文社会科学的发展过程就是文化教化、培育、塑造人的过程。文化是人格力量的重要内容和尺度，各种不同性质的文化以潜移默化的形式塑造人，造就不同的人格。读史使人明智，读诗使人灵秀，哲学使人聪慧，逻辑使人缜密，音乐使人高雅，伦理使人庄重，修辞使人善辩。人创造了文化，文化也造就了人本身。正是在这个意义上说，"人是人的作品，是文化，是历史的产物"①。此外，以想象、直觉等非逻辑思维方式为特征的人文学科，有助于平衡以逻辑思维方式为主导的理性思维的僵化，有效地提高人的观察力、理解力、想象力和创造力，促进人类思维和认识活动的全面健康发展。

再次，人文社会科学在思想文化建设方面发挥着作用。人文社会科学依靠理论的力量，以潜移默化的形式全方位提高整个民族的思想道德素质，帮助人们尤其是青少年树立正确的人生观和价值观。人文社会科学能够开阔人们的眼界，提高鉴别是非、善恶、美丑的能力，有助于激发人们追求高尚的道德情操和精神境界，规范人们的行为，形成良好的社会风尚。从另一方面看，人文社会科学是整个文化建设中的重要组成部分。一个民族

---

① ［德］费尔巴哈：《费尔巴哈哲学著作选集》，上卷，247 页，北京，商务印书馆，1984。

人文社会科学素质的高低，在一定程度上折射着这个民族的精神风貌、文化水平、发展潜力。社会精神文化活动是人文社会科学的研究对象，反过来，人文社会科学尤其是其中的操作技术学科的发展，直接规范、指导和带动着社会文化事业的发展，丰富社会精神文化生活。如考古研究的开展直接带来博物馆的繁荣，学术研究与交流带动出版业的发展，等等。正是基于人文社会科学的这一文化功能，它的发展状况直接关涉到社会精神文明建设进程。

人文社会科学研究除揭示人文社会世界的本质与发展规律，生产知识外，还提升出人文精神与科学精神。"所谓'人文精神'，正是从各门'人文科学'中抽取出来的'人文领域'的共同问题和核心方面——对人生意义的追求。"[1]人文精神关注人的审美情感、道德理想、人格完整和终极关怀等文化价值。科学精神是人类在长期自然科学和社会科学活动中逐步形成和不断发展的一种主观精神状态。作为人文社会科学的最重要产物，人文精神与科学精神是整个人类文化的灵魂，它以追求真、善、美等价值理想为核心，以人的自由而全面发展为终极目的，在人类社会生活中发挥着不可估量的作用。

人文社会科学的具体成果总是在一定社会历史条件下取得的，具有明显的时代性特征，不可能一劳永逸地解决各个时代的所有问题。在科学技术与物质文明高度发达的今天，技术、生产、消费等社会活动普遍异化。生活在物欲横流、充满变数的现代社会中的芸芸众生，比以往任何时代都需要终极关怀。科学技术文明是现代社会的基本特征。科学技术的发展在带来物质财富极大丰富的同时，却引发了一系列精神危机与社会危机。生活在危机与困境中的现代人呼唤着人文社会科学的全面复兴与快速发展，以便重建衰败的人类精神家园，安顿处于流离、迷惘之中的生命。

（2）政治功能。

人文社会科学的政治功能主要是指人文社会科学的理论与方法在社会政治生活、军事斗争中发挥的作用与功效，通过对政治家、政治集团与社会各阶层的影响，服务于社会政治生活、军事斗争，为制定政治路线、方针和政策提供理论基础，指导政治活动，规范日常政治行为。

人文社会科学的政治功能突出地表现在社会革命时期，提供革命的指导思想和斗争方略。社会革命的实质是革命阶级推翻反动阶级的统治，对社会政治、经济和文化领域实行根本改造，用先进的社会制度代替腐朽的社会制

---

① 王晓明：《人文精神寻思录》，207 页，上海，文汇出版社，1996。

度，解放生产力，促进社会进步。但是，"没有革命的理论，就不会有革命的运动"①。以社会现实问题为研究对象的社会科学成果，可以从思想上武装先进阶级，为他们指明革命的方向，帮助他们制定革命的纲领、路线和步骤。卢梭的"社会契约论"对法国资产阶级革命的影响；孟德斯鸠的"三权分立"的法律思想对资本主义国家政体的建立；马克思主义对无产阶级革命和社会主义运动的贡献，都是人文社会科学政治功能的表现。同样，以人文社会科学成果为主体的体现先进阶级意志的先进文化，与体现反动阶级意志的落后文化之间的论争，是社会阶级斗争不可缺少的重要战线，体现出明显的政治功能。如以复兴古希腊、古罗马文化为标志的"文艺复兴"运动，本质上就是新兴资产阶级在思想文化领域反对封建主义的斗争。

在社会和平时期，人文社会科学表现出为统治阶级利益服务的政治功能。"统治阶级为着自身的利益，要让他们自己的成员和被统治的人都相信，使他们取得特权的社会秩序是神圣所制定而永远有效的。"② 人文社会科学各学科，以各自独特的方式为统治阶级的利益服务。如政治学、法学直接维护现存的经济和政治制度；艺术则以优美的形式宣扬统治阶级的思想观点和价值观念；等等。

（3）社会管理功能。

管理是社会分工的产物，是围绕主体行为目标，采取计划、组织、指挥、协调和控制等手段，把管理对象涉及的人、财、物诸因素的流转纳入一定程序，以提高活动效率的运作过程，广泛存在于社会生活的各个领域。长期以来，人们主要依靠实践经验从事管理活动，管理效率低下。20世纪40年代以来，在科学管理的基础上形成的管理学，逐步实现了管理过程的科学化、技术化、职业化。管理学是人文社会科学与自然科学交叉的综合性学科群，一方面，因为它涉及物质、能量和信息的流动，必须遵循自然科学规律；另一方面，因为它是在社会领域展开的，又涉及人的心理与行为，是人文社会科学的研究对象。

作为在社会各领域展开的以人为核心的组织活动，管理涉及对复杂系统内外诸因素、关系的协调，需要综合运用多学科知识。人文社会科学与管理活动有很强的相关性，为管理学的发展提供着理论支持。一是应用基础学科与操作技术学科层次的专业性管理，需要掌握这些领域的专业基础知识，如

① 《列宁选集》，第2版，第1卷，241页，北京，人民出版社，1972。
② ［英］贝尔纳：《历史上的科学》，553页，北京，科学出版社，1959。

经济管理需要有经济学知识，人事管理需要有人才学知识，教学管理需要有教育学知识等。通过向专业管理领域的渗透，人文社会科学的许多学科知识就转化为专业管理知识，从而实现社会管理职能。二是元科学、基础理论学科层次的管理理论问题的探讨，往往需要借鉴哲学、心理学、社会学、伦理学、法学、人类学、行为科学等学科的理论与方法。人文社会科学的许多学科知识因此被纳入管理学范畴，进而通过指导管理实践活动，实现社会管理职能。

管理学这个以管理活动为研究对象的新兴学科门类，目前初步形成了以公共管理、工商管理等具体管理活动为划分依据的多级学科体系，出现了元科学、基础理论学科、应用基础学科、操作技术学科四个结构层次。管理学是在概括和总结管理实践经验的基础上形成和发展起来的，是关于管理活动的基本规律和一般方法的专业性理论。把管理理论运用于具体管理实践，必将促进管理工作的科学化，提高管理活动的效率。沿着从理论到实践的顺序，管理学各层次学科的实践指导功能趋于增强。

就经济活动领域而言，管理的目的在于实现人、财、物诸生产要素的最佳匹配，生产、分配、交换、消费过程的最佳运行，降低成本，提高经济效益。因此，经济学等相关人文社会科学学科通过上述途径向经济管理领域的渗透，不仅实现了经济管理功能，而且也派生出间接经济效益。正是从这个意义上说，管理是生产力，人文社会科学也是生产力。

（4）决策咨询功能。

随着工业文明的兴起，社会化的大生产使社会关系日趋复杂，社会发展速度加快，生活的不确定性增加，从而使协调社会各方利益、确保社会平稳发展的社会政策，以及影响国计民生的重大决策的制定愈来愈困难。社会多处于迅速的变化之中，社会科学对某一种形势还来不及作出分析，该形势就已经转变为另一种新的不同的形势了。在现代社会中，单凭领导人个人智慧和实践经验已难以及时掌握错综复杂、千变万化的社会形势，也难以制定出考虑周全、科学严密、推进有序的社会政策与决策。事实上，社会政策的制定与重大决策是一项涉及面宽、影响因素众多、相互关系复杂的系统工程，需要借助人文社会科学的理论和方法，进行周密调研，科学论证，先期试点，反复修改。因此，人文社会科学在社会政策制定、决策、咨询等方面发挥着重要作用。

人文社会科学是社会政策制定和决策的理论基础。政策是指为实现一定的路线而制定的行动准则，所要解决是"如何做"的问题；决策是指作出的策略选择或决定，所要解决是"做什么"的问题。两者是同一过程的两个不同环节，"做什么"是"如何做"的前提；多种"如何做"的方案又依赖于"做什么"的选择。这一过程就是在社会实践中发现问题、分析问题、解决问题的过程，是涉及该问题历史、现实与未来的认识与实践滚动推进的过程。人文社会科学的理论与方法有助于人们观察分析复杂多变的社会现象，作出准确的判断和科学的决策。观察渗透着理论，理论决定着我们能发现什么样的问题，规范着问题的分析与解决途径等。以人文社会世界为研究对象的人文社会科学，涉及人类社会的各个领域、各个层面，是在社会各领域及时发现问题，准确判断问题性质的理论依据。同时，人文社会科学的理论与方法为分析问题发生的原因、波及范围、影响因素的作用机理、未来发展趋势等提供了现成的分析工具，帮助政策制定者理清问题的来龙去脉。人文社会科学的应用研究和发展研究成果，可以直接应用于探求解决问题的方案和对策过程中，为社会政策制定和决策提供了系统的理论和方法，加快了决策的科学化进程。

值得强调的是，具体社会问题总是多重因素错综复杂地纠结在一起，往往涉及许多社会领域，只有综合运用多学科知识，才有可能制定出切实有效的社会政策，作出科学的决策。人文社会科学对社会政策制定与决策过程的作用是通过两条途径实现的：一是通过政策制定者和决策人，把所掌握的人文社会科学知识运用于社会政策制定与决策过程之中；二是委托掌握人文社会科学理论与方法的"智囊团"、"政策研究室"或咨询机构，通过各学科专家的协同努力，完成社会政策制定与决策过程。随着社会政策制定与决策的频繁化、快速化、专业化发展，从政府部门、人文社会科学研究机构中逐步分化出了专门从事社会问题研究，提供政策制定与决策咨询的服务部门。由于社会科学家的本领可以被用来解决社会问题，增进社会的凝聚力与和谐，因而在政策制定过程中他们处于十分重要的地位。咨询服务部门属第三产业，不仅面向政府、政党和社会团体，而且面向社会各界尤其是产业界；咨询内容不仅涉及社会政策制定与决策，而且涉及发展战略、经营管理规划、工程方案论证、社会调查、市场预测、产品开发等社会各个领域。

应当指出，人文社会科学的决策咨询功能多是潜在的、间接的，如果无视人文社会科学对社会发展的多重间接作用，则在学术上是片面的，在实践上是近视的、急功近利的。

3. 意识形态性与科学性问题

近年来，我国人文社会科学领域的确取得了许多重大进展，但也存在着许多不容忽视的问题。有必要从宏观上揭示目前人文社会科学发展过程存在的主要问题，展望人文社会科学的未来走势，以引导人文社会科学的健康发展。

人文社会科学的科学性与意识形态性之间的矛盾源于其认识论与价值论的矛盾。与自然科学不同，人文社会科学的认识主体与客体对象是二位一体的，这从其诞生之日起就注定了其认识功能与价值功能不可避免的相互影响、相互作用。认识论上的人文社会科学，特别是社会科学，其认识方法的本质与自然科学并无大的不同；价值论上的人文社会科学则深深地烙上意识形态的痕迹。以为我们可以"滤清"一切意识形态的影响，追求所谓知识论上纯粹的人文社会科学，或者以为人文社会科学就是意识形态本身，根本不具任何科学品格，这两种极端的看法都没有能把握人文社会科学的真正本质。长期困扰我国人文社会科学研究的是，将人文社会科学的认识意义与价值意义混为一谈，导致"意识形态中心化"、"片面政治化、教条化"，给学界造成了相当严重的甚至灾难性的后果。因此，区分人文社会科学的两重属性、两重功能，最终在认识论与价值论之间保持"必要的张力"就具有特别重要的意义。

（1）作为意识形态的人文社会科学。

"意识形态"（ideology）作为社会意识的一部分是相对于"社会存在"而提出的概念，它是特定统治阶级基于自己特定的历史地位和根本利益，以理论形态表现出来的对现存社会关系（特别是经济和政治关系）的态度和观念的总和，它在本质上是统治阶级的自觉意识的理论表现。意识形态由经济基础所决定，是阶级意识、阶级利益以及相应的价值观念的反映，又为其存在进行合理性论证与辩护。作为人类精神与社会活动的自我反思，人文社会科学往往具有阶级倾向性，不能一视同仁地为一切阶级、一切政治制度同样有效地服务。正如列宁所说，"建筑在阶级斗争上的社会是不可能有'公正的'社会科学的"[①]。

就研究主体而言，由于社会科学家本身也归属于一定的阶级或阶层。他们不像自然科学家那样，同研究对象之间无利益关系，而是同被研究对象相互作用、相互影响。他们按照本阶级的世界观、方法论解释社会现象。不同阶级的社会科学家对同一社会现象的解释往往具有阶级倾向性。

还应注意，人文社会科学作为社会意识形态往往比自然科学更容易被当做政治统治的工具，受到社会统治阶层的政治干预和控制，他们通过自己的

---

① 《列宁选集》，第 3 版，第 2 卷，309 页，北京，人民出版社，1995。

政府，运用科研物质条件、舆论、法律以至强权达到其控制的目的，这就不能不强化意识形态性对社会科学体系构建的渗透。

现实中许多人文社会科学研究都是在一定的意识形态背景和氛围中展开的。其中政治意识形态的影响最为深刻。统治阶级关心的首先是其政治统治的问题，因此，他们总要把社会成员的一切思想和行为纳入到一定的政治规范之中，以政治权力为支撑，利用各种传媒手段将其统治合理化和泛化。相应地，统治阶级的思想也就成了社会的统治思想，政治意识形态也成了一切阅读和理解的有意识或无意识的基本视野，作为一种评价规范和标准而影响着人文社会科学的研究。因此"科学无禁区"这个正确的命题，在人文社会科学领域里实行起来，比在自然科学领域里要困难得多。

但人文社会科学具有意识形态性，只是一般的抽象。具体到各门学科，则有意识形态程度的强弱之分。具体学科的对象越是触及国家机器的核心部位，其阶级性越强；越是远离国家机器的核心部位，其阶级性越弱。从这个角度，可以将人文社会科学的具体学科分为三个层次：一是意识形态性强的学科，如政治学、法学、政治经济学、伦理学、历史学、新闻学等；二是意识形态性较弱的学科，如管理学、教育学、应用经济学、人文地理学、民族学、人口学、人类学等；三是不具有意识形态性的学科，如语言学、考古学等。对具有意识形态性的学科，还应区别其理论体系和研究方法的区别。一般而言，理论体系有意识形态性和阶级倾向性，但其研究方法却可能是无阶级性的，如统计方法、数学模型等，可以为不同阶级的人文社会科学研究所共同使用。

（2）作为科学的人文社会科学。

不能以人文社会科学具有意识形态性来怀疑和否定人文社会科学的科学性。要尊重人文社会科学的科学品格。人文社会科学是否具有科学性不能完全用自然科学的标准和方法来衡量，也不能用自然科学的典型特征来替代科学的特征。

人文社会科学作为科学的认知方式，追求的最高目标仍然是关于人及人类社会的客观规律，它通过从经济的、政治的、法律的角度对人类社会的组织结构、功能作用、稳定机制、变迁动因等进行分析，获得关于人类社会发展和运行的系统知识和理论，使人类更有效地管理社会生活；通过关注人的价值、精神、意义、情感等问题，为人类构建一个有意义的世界，使人类的心灵有所安顿、有所归依，从而形成一种对社会发展起校正、平衡、弥补作用的人文精神力量。这是人文社会科学独特的科学品格。

人文社会科学在本质上既是求实的，又是创新的。作为人与社会求真关系的一种理论表现，既为人的活动制定了法则，规范和指引着人的活动，使人不断摆脱盲目、自发，走向理性和自觉，又为人的活动不断开拓着新天地，人文社会科学从理论上是人对外在世界的征服，是人的本质力量的公开揭露和展现。

在方法与逻辑方面，人文社会科学也采用科学化的方法。最首要的是依靠系统的观察，抽象出各种关系，形成各种假说和理论。随着科技的发展，人文社会科学研究方法也在不断地改进，日益广泛地运用定量化方法，如采用数学工具、统计、实验、模拟与模型方法等。在逻辑方面，任何成功的社会科学理论和体系，都建立在对"社会事实"的充分研究的基础上，都具有严密的逻辑性和完整的系统性，经得起社会实践的检验。

历史经验告诉我们，自然科学出问题往往只涉及局部领域，而社会科学一旦出问题就会迅速流布，甚至影响一个时代。因此，坚持人文社会科学的科学追求是负责任的表现，是历史进步所必需的。

当然，穷究科学性，必定会追问是否具有客观性。从终极意义上讲，自然科学也不是绝对客观的，科学观察渗透理论，这已为科学哲学所论证。因此，强调人文社会科学的客观性时，本身就蕴涵着一个"什么是人文社会科学的客观性"的问题。面对这一问题，我们其实是无法获得终极层面的解释的。自然科学的客观性决定于经验的证实，而经验证实具有独立于主体的客观性，但囿于经验的天生局限性，这种证实只能是有限的，其客观性也是相对的。回到具有二元属性的人文社会科学，就更无法做出准确回答。因为，我们既无法用自然科学的客观性来要求人文社会科学，又不能由人文社会科学自身来确立标准。

客观性终极标准的相对性并不意味不存在实际的客观性要求，人文社会科学不可能找到终极意义上的确定的客观性标准，并不妨碍人文社会科学特别是社会科学对客观性要求的逼近与追求。这个过程就是人文社会科学家超越个人主观限制、抗拒所在社会场域意识形态干扰的过程。

对中国人文社会科学来说，强调客观性是为了弘扬一种求真的学术精神和求实的学术作风。客观性要求的缺位会直接导致学术研究标准的混乱，导致人文社会科学跌落为一个什么人都可以任意胡说，没有对和错，又不必负任何责任的自由市场。

（3）克服片面政治化和片面意识形态化。

人文社会科学研究不能超越政治而绝对独立，但如果因此将其政治化，当成政治统治随心所欲的工具，则不利于促进人文社会科学的客观性和科学性。

历史上曾经有过这样的经历：研究经济体制，必须将市场与计划的问题定位于姓"资"和姓"社"的问题。研究历史，只能讲阶级斗争，只能讲农民战争对历史的推动作用。十一届三中全会以前，长期把阶级斗争绝对化，认为在人文社会科学中必须用阶级斗争的观点"观察一切，分析一切，解释一切"，不加区别地看待各门具体学科，以价值的纷争替代知识的争论，以现实的政治需要决定学术的真伪，这完全违背求真的精神。

人文社会科学研究应该建构起自己的研究对象，而不是简单地将那些社会热衷的现象作为其研究的当然对象。布迪厄认为，人文社会科学中登峰造极的艺术便是"能在简朴的经验对象里考虑具有高度'理论性'的关键问题"，而"当一种思维方式能够把在社会上不引人注目的现象建构成科学对象，或能从一个意想不到的新视角重新审视某个在社会上备受瞩目的话题时"，人文社会科学的强大变革力量就会凸显，其批判性与超越性就会张扬。①而简单地甚至是有意地迎合，将自己的学术研究热点仅仅锁定在当下所谓热点、焦点，就会丧失人文社会科学所必须具备的批判性，既无法在求真中逼近客观性目标，又无法真正实现其应用的价值属性，仅仅成为迎合当下决策的舆论宣传工具。这种缺乏求真精神的"科学"研究，并不具备对政府决策的理性反思，也就无法最终为政府提供有价值的决策反馈，完全丧失了理论创新的可能。只有真正具有知识价值的人文社会科学成果才能使知识分子从站在远处的、捧场的旁观者变成近处持理性精神、批判态度的积极的政策设计者。

对人文社会科学来说，奠基于个人体验基础上的创作几乎完全是主观思考的结果，主观性恰恰是其存在的主要形式与意义。人文社会科学这种认识与价值的二位一体既是制约其完全科学性的原因，但也是使其区别于自然科学而能独立发展、壮大的重要因素。一方面需要一种求真精神追求人文社会科学的客观性，另一方面又必须正视其价值属性，在实践中保持"必要的张力"。

4. 学术失范与规范重建问题

学术道德领域的违规和失范是当今必须正视的问题。在现实生活中，有

---

① 参见邓正来：《关于中国社会科学的思考》，11页，上海，上海三联书店，2000。

些人弄虚作假，采取非法手段，利用假学历、假文凭、假论文骗取职称和学术地位，甚至走上了领导岗位；有些人或单位沽名钓誉，抄袭、剽窃他人研究成果；还有人热衷于学术炒作与形象包装，采用不正当竞争手段影响评委，以获取课题经费、科研奖励、学位点；等等。这些严重的违规和失范现象带来的是虚假的学术繁荣，使有真才实学者难以获得应有的社会承认，而弄虚作假者扶摇直上，严重败坏了学风。

分析种种学术失范甚至腐败现象，可以看到不少人急功近利，以不诚实的态度对待科学研究，以粗制滥造的作品污染读者的视听，以抄袭、剽窃占用他人的研究成果，其实质在于将学术研究作为一种谋取私利的手段，将非学术的目的强加于学术活动之中。究其原因，主要有以下四点：

——在道德层面。学术研究主体的道德自律不够，学术共同体学术道德意识不足。且不说抄袭、剽窃在法律上有侵犯他人著作权应追究法律责任的后果，就是粗制滥造游戏学术也是一种对待学术的极不严谨的态度，违反了从事科学研究应有的学术道德。就研究者而言，是科研道德自律不足，缺乏应有的严谨的治学精神和求实的研究态度；就学术共同体而言，则是没有建立良好的学术研究行为规范，没有形成良好的学术批评和舆论环境、健康公正的评价机制和有效的约束、监督机制。自律与他律之间没有达成互补而导致学术失范恶性发展。

——在思想层面。以世俗权力为中轴的意识形态依然起较大作用。"学而优则仕"的传统观念根深蒂固，以世俗权力为中轴的意识形态是人们行为的深层动因，尤其是人文社会科学研究方面，由于缺乏技术上的特征和器物成果的展示，也无法带来生产力上的直接改变，人文社会科学研究工作往往被定位为软任务，最好的出路在于步入仕途，而衡量的标准是什么呢？就要有不仅在质量上而且在数量上也占优势的科研成果，当二者不可兼得时，对"量"的追求便成了粗制滥造的动因。

——在学术评价层面。现行的学术评价制度如评职称、申报课题，主要依据发表了多少论文、出了几本专著、编了几套教材、完成了几个课题、获得了什么奖励等，这是种种学术失范行为的"催长剂"。建立在科研成果的"量化"评价基础上的职称评审制度、课题申报制度、成果评审制度和各种评奖制度在客观上滋长了学术失范行为。

——在社会大环境层面。任何科学研究都是在一定的社会大背景下进行的，人文社会科学研究也不例外。在当今社会转型时期，追求物质享受、拉关系、走后门、行贿受贿等社会问题突出，科研机构和研究部门也未能免俗，

305

媚俗媚权的现象日趋严重，产生了学术政治化、官本位化、人情关系化、功利化等问题。

学术失范的影响是恶劣的，当务之急是要探讨如何重建学术规范、整饬学术道德。其实，每个学科根据自身的特点都有一定的学科规范，社会学、政治学、文学、艺术等在知识创新方面均有各自的创作体例和思维模式，以贯彻各自的价值观念。但是，精神的、内在的学术规范并不能自然变成外在的行为约束，因此，既要加强人文社会科学工作者自身的道德自律，又要加强人文社会科学共同体的道德约束和监督。同时要依赖于学术评价、奖励制度的完善和发展，加强制度建设和相关的法律建设，加强对违规和失范现象的监控、预防和惩治。规范一旦确立，就要严格执行，严肃查处违规者；转变"家丑不外扬"的旧习惯，不手软、不护短、不找借口、不搞"下不为例"，使这些规范内化为科研人员的基本素质。

三、问题意识和超越情怀

1. 矫正定位倒错，凸显问题意识

反思新中国成立以来我国人文社会科学的发展历程，不难看出，问题意识淡漠和运作性不强是制约我国人文社会科学发展最突出的问题。

问题意识淡漠既有学科自身的原因，也有特定的政治根源和社会历史根源。基于这两方面的原因，一些人文社会科学工作者，至今不敢触及敏感的理论问题，更不敢涉足引起困惑的社会现实问题。他们的研究工作要么限于注释经典著作，在经典体系内兜圈子；要么仅仅为现行政策或政治理念作宣传。即使在人文社会科学的应用学科或工程学科中，也多是迎合长官意志，不敢越雷池一步；对问题多避重就轻，隔靴搔痒。虽然有一些视学术良心为生命、责任感强的学者，不随波逐流，直面社会现实问题，大胆进行理论探索，可惜他们当时很难得到恰当的评价。

应当指出，问题是研究的起点，也是学科发展的生长点。对于人文社会科学，问题意识淡漠，脱离时代与社会现实，无异于切断了它们发展的源头，必将成为无源之水，无本之木，生命力将随之枯竭。

必须为凸显问题意识而矫正几个最严重的定位倒错。

（1）非体系本位意识。

应当看到，人文社会科学各学科发展很不平衡，甚至有些学科发展状况

不尽如人意。这其中既有人文社会科学自身局限性的作用，也有现行科研体制以及与此相关的一系列体制的弊端。而在这种种原因中，一个内在的、起着直接制约作用的因素是思维方式所存在的局限，是"体系本位意识"的消极作用。

由于体系本位意识的作用，人们往往更注重从学理的角度考虑学科的需要，也就是说，更容易并且更主要的是以一种较为封闭、静止的观念和较为狭窄的眼界来构思学术研究。在此过程中，关注的主要是概念、范畴、逻辑、体系以及学科本身的知识积累，而构成学科发展前提的活生生的社会现实则得不到应有的重视，甚至完全被忽略。在这种情况下，学术研究便难以从现实中发现问题、得到启迪、获得灵感，因而也难以与时俱进。

随着时间的推移和客观条件的变化，体系本位意识的负面影响逐渐显现出来。特别是当这种意识逐渐成为不自觉的集体"冲动"时，当这种意识导致为体系而体系、把体系当做学科建设的全部目的时，就会形成一种经院习气，束缚学科不断更新和发展，成为阻碍人文社会科学研究不断拓展和深入的因素。

当人们对一系列纷至沓来的新现象、新问题感到迷惑不解，需要理论提供一种有助于"解惑"的认识，而理论又回避推诿之时，理论研究的作用难免令人置疑。在这样的情况下，学科建设、理论研究也就得不到公众的认同、理解和支持，这也是人文社会科学长期遭到社会轻视的部分原因。

新时期所出现、形成的新问题，是很难完全纳入既成的知识和概念框架并以原有的理论体系来认识和解决的。这并不是说原有的理论体系对研究、解决这些问题不起任何作用，相反，无论问题如何"新颖"，都必须借助某些现有的概念、范畴和知识体系，只是不能停留于此。关键在于，不能学究式地面对问题，如果囿于体系本位意识，所提问题其实不需要解决，它们不构成真实的难题，因为提问的时候，答案已经有了，表面的热闹只是使学术讨论始终在一个圈子里打转。

（2）非功利主宰导向。

市场经济鼓励人们追求个人利益。但是，在社会尚未建立良好约束机制的情况下，过分强调个人价值和个人利益，容易浮躁和急功近利，对迫切的规范化和本土化要求反而掉以轻心。

近期引人关注的学术界的弄虚作假、粗制滥造、抄袭剽窃、包装注水等现象，部分也是市场经济体制不完善在学术领域的表现。在短期利益驱动下，一些学人自律不足，随波逐流，求量不求质，不端行为频生，甚至成为金钱的奴隶。

然而，不能全怪学者个人，现有的学术激励制度、成果评价体系过于急功近利，工资、职称、奖励、房子及各种其他待遇都决定于科研成果的多寡。学术成为谋利的工具。急功近利的浮躁心态严重败坏了清正严明的学术风气，致使不少人从以往的"羞于言利"蜕变为"事必言利"，甚至把社会上走后门拉关系、请客送礼等套路引入科研成果的发表、鉴定、评奖和职称的评审之中，从而产生学风不正、学术腐败等问题。

科研管理本身是一门科学，但是现在的人文社会科学的管理，在相当一部分高校和研究机构，就是催促各个部门及个人每个季度和每年填一堆表格，统计发表了多少文章、获得了什么奖、争取到什么级别的课题和拿到多少课题费，再根据这些统计数字，通过一定的程序提升某人的职称，给予某部门更多的经费。长此以往，人文社会科学很难获得大的发展。

市场经济鼓励竞争，这对促进经济的发展确实功不可没。但是，科学研究工作不能等同于经济工作，虽然不能不言功利，但如果受功利主宰、成为功利的奴隶，势必走向歧途。特别是一些基础学科、重大理论课题等方面的研究，都需要研究者潜心钻研，甘坐冷板凳。人们除了在经济、政治利益驱动下无休止地开展各种功利性活动外，也需要没有功利目的地思考一些非功利意义的问题，实现一种对世界的精神上的把握。因此，在评估人文社会科学成果方面，不能简单地把工程计量方法搬到人文社会科学领域来。

（3）去片面意识形态化。

在人文社会科学与意识形态相互关系问题上存在两种片面观点：一是把两者相互混同，二是将两者截然对立。

人们常说马克思主义是意识形态，其实这种说法过于笼统。马克思主义的世界观和方法论、总的理论原则和思想体系是意识形态，而马克思主义的经济学、历史学、社会学则是科学，或是建立在牢固的科学基础之上的。

经典作家强调社会科学首先是一种探索真理的认识活动，其首要标志应当是对科学性的追求，以及怎样努力排除非科学因素（包括反动阶级的意识形态）干扰的问题。马克思早就对研究主体的价值取向提出了要求，即真正的学者应当具有独立思维的品质，要有与干扰这种独立性的外界影响甚至反动势力进行斗争的勇气。马克思曾反问道：难道真理探讨者的首要任务不就是直奔真理，而不要东张西望吗？[1] 马克思认为："一个人如果力求使科学去

---

① 参见《马克思恩格斯全集》，中文1版，第1卷，6页，北京，人民出版社，1956。

适应不是从科学本身（不管这种科学如何错误）而是从**外部**引出的、与科学**无关的**、由**外在**利益支配的观点，我就说这种人'**卑鄙**'。"① 马克思称赞英国资产阶级经济学家大卫·李嘉图的观点是客观的，他的观点的客观性就在于如果科学要求他作出与他的阶级利益相对立的结论，那么他也能作出。这提醒我们：一定不要把简单的意识形态立场作为我们学术思想的预设，那结果很可能阻碍人们对学理问题的诚实探讨。

"文化大革命"时期把学术问题一概视为政治问题，把学术批评当成正确的批评错误的，政治上先进的批判政治上反动的，分不清学术和政治的界限，以这样的态度当然就难以开展正常的学术批评了。

总体上讲，人文社会科学有作为意识形态的一面，也有超越意识形态的一面。如果将其完全政治化、片面意识形态化，以价值评判代替知识争论，以一时的政治需要决定学术真伪，既严重影响学术的独立性，也使人文社会科学研究不敢、不能直接提出真正的问题，这是不利于学科健康发展的。

还应注意，新思想的孕育和成长，有赖于自由的学术空气；学者的创新精神离不开学术自由环境的滋养。囿于学术权威的观点和政治权威的权力，是不可能提出什么有价值的问题的，也无法发现现实中涌现出来的重大理论和实践问题。只有突破这些约束，树立创新的信心，问题意识才有真正建立的可能。

2. 多元的价值追求

提倡问题意识，不能抱持急功近利的心态，而要张扬一种超越情怀。这就要求在咨政与怡情、建构与解构、学者人格与多元追求之间保持必要的张力。

（1）咨政与怡情。

如果说咨政的取向主要是从物质的、功能的角度看人文社会科学，那么它在精神层面的意义可归结为怡情的追求。这种追求既表现为人文社会科学工作者在其创造性研究过程中陶冶情操、愉悦身心的效果，又表现为人文社会科学对民族文化素养、道德水平和精神境界的提升。

人文社会科学的咨政功能具有久远的历史渊源。从柏拉图的《理想国》开始，西方就传承着一种追求乌托邦的传统，经过中世纪的政教合一的神学时代，宗教思想对政治统治表现了深刻的影响力；在中国，儒家思想、"三纲

---

① 《马克思恩格斯全集》，中文1版，第26卷（Ⅱ），126页，北京，人民出版社，1973。

五常"的观念则伴随着历代的君王走过几千年的政权更迭。人文社会科学的咨政功能在社会革命时期，表现为为革命提供指导思想和斗争方略。

随着社会的变迁，成长中的人文社会科学也在调整自己的取向。尤其是在科学化的历程中，随着政治意识形态在各个领域的淡化，人文社会科学的咨政功能更多地表现为政策支持和决策咨询的作用。

政策制定与决策依赖人文社会科学理论，反过来也推动后者的发展。注重运作的政策性研究进一步使人文社会科学从理论走向现实。研究覆盖许多与国家、社会有关的实际问题；通过对现存的社会问题的分析、研究和解释，可对现实各种紧张的社会关系起到一种缓解的作用。

现在，人文社会科学的咨政功能得到前所未有的张扬。但人文社会科学的研究同时要坚持自主性发展，按学科本身的特点和需要，科学地建构研究对象，防止那些"偷运进社会科学大门的社会问题"。如果人文社会科学研究的资源完全按照长官意志由行政来安排，形成"有奶就是娘"的局面，就会使人文社会科学家自觉或不自觉地成为利益所左右的"近视者"，损害他们所应该具有的自我批评和信息反馈能力，消解他们作为社会良心的作用。

特别要提防人文社会科学研究非怡情化的趋向。上世纪 80 年代以来，随着后现代主义在国内的传播和走向市场经济的变革，一些人全盘接收了后现代主义思潮，热衷于反基础主义、反本质主义和反理性主义的观点，怡情的追求也面临着种种边缘化的危机。最早的人文知识分子，就像知识社会学创始人曼海姆所称，是"自由漂浮者"——有着自由思想的特点，有着对国计民生的天然忧患和关怀意识，在沉沉黑夜中担当守更人的角色。但随着人文社会科学的建制化发展和知识分子角色的分化，人文知识分子已经从纯粹的单一的"守更人"角色分化为一系列以知识谋生的职业群体。很多人文学者和社会科学家面对市场经济，自觉或不自觉地将知识资本和文化资本转化为经济收入和社会地位，淡化了作为思想者的社会精神向导的意识。如果人文学者完全被利益言说所左右，完全推行市场化的平面创作模式和思想方法，推销商业主义的审美霸权，就会失去人文社会科学本应具有的超越情怀！

（2）建构与解构。

超越情怀的现实意义，一是在对问题的反思中，坚持一种实事求是的客观公正的态度；二是在对现实的批判中，寻求建设性的解答。

自古以来就形成的批判性思维的学术传统，是人文社会科学的意义所在，也是人文学科与社会科学得以世代传承、不断进步的基础。然而，在当下急功近利的语境中，某些人文学者开始忘掉原来对日常生活的反省和批判，使得知识层文化阐释和文化批判功能衰减，人文社会科学家自身的反思能力减弱，学术含金量降低。现实的利益驱动代替了真正的价值判断，出现了诸如心态浮躁、学问空疏、门户之见、论资排辈等弊端。这些都需要我们及时寻找应对之策，以推进真正的学术繁荣。

合理的批判和破坏是进步的，但是，将批判和破坏贯彻到底则难免犯偏激或虚无主义的错误。当下，关于现代性和后现代性的言说是学界的主导话语，而西方后现代主义思潮却将现代社会的危机归因于现代性，把现代性看成是造成现代社会一切弊端和一切矛盾冲突的根源，并从多个角度批判、消解和摧毁现代性。后现代主义思潮所表现出来的文化虚无、主体死亡、理想破灭、传统丧失、游戏人生的理论取向，从根本上否定了西方近代以来形成的崇尚理性与崇高的思想传统，是对现代性的彻底消解和破坏。应该看到，后现代主义的这种思想取向在现阶段对我国的文化建设和思想建设具有破坏性的一面，照搬后现代主义，后果将不堪设想。

批判的意义不限于破坏与解构，在学术领域，批判的目的既不是要否定、打倒权威，也不是要讨好权势，而旨在通过争鸣与辩论以更全面地了解问题，达致对事实与问题本身的合理化解释。在社会科学领域，还要寻求问题的解决方案，实实在在地解决问题，哪怕提出的方案并不一定是官方或既有权威所乐意接受的，这就是所谓的批判意味中的建设性。

从实践的维度看，作为提供关于社会知识和方法的社会科学，其建设性意义则更为感性具体。可以说，人文社会科学的建设性意义无论在理论还是在实践的向度都已是不争的事实，深层的问题在于人文社会科学的建设性效果何以可能？如何才能达致并提高当下中国人文社会科学的建设性作用？

（3）学者人格与多元追求。

中国人文知识分子自古就形成了有别于西方学者的人文传统，在西方同仁关注自然、探求宇宙的本源与发展规律、探求超越现象世界的客观的纯粹知识之时，中国的人文学者将关注的目光更多地投向了生活现实和人本身，在"人文"与"天道"契合的视野里，虚置彼岸，执著此岸，形成了独特的"文人精神"：一是深刻的忧患意识；二是对道德理想的探求和对社会道德秩序的建构与维系；三是具有强烈的政治抱负，关注政治、参与政治，置政治于学术之中。

中国的人文学者在历史上的作用是辉煌的。他们曾被塑造为一群超人，一群在人格上高于普通众生的精英，一群为知识、为某种价值和信念随时献身的文化英雄。而今，如同风吹云散，一切都在改变，包括曾经的得意与失

311

意！也许可以这么说，中国的人文学者从未在历史的和平时期遭遇过如此深刻的失落，一种在政治与经济的热浪外、在科技英才激昂的凯歌中默然走向边缘化的失落。

人文学者作为社会分层中一个特殊的群体，也许是因社会及自身社会地位的变迁而失落，但在遭遇人文学科的困境之时，合乎情理的选择应是对学科走向及个人学术行为的反思，寻求走出困境的办法。

每一种选择都无法超越多元化的现实。多元化源于社会同质性的消解。在改革开放之前，我国传统的经济、政治与文化之间是一种高度同质的整合关系，计划经济、以阶级斗争为纲的政治与一元主义的文化，三者彼此协调。但在思想解放、改革开放之后，尤其是 20 世纪 90 年代以来，三者之间的这种同质的整合关系在很大程度上被打破了，呈现了分裂状态。经济与政治、政治与文化、经济与文化之间并不总能相互支持与阐释。

多元化不是中国首创，而是全球发展的基本趋向。全球化导致的悖论在于，全球化一方面加剧了某种一体化，但同时也培育了多元化的可能。在全球性的资本扩张中，无法回避的是当地的社情和文化传统。

多元化之合法化呼唤的是对话与理解，是对异质性的宽容，是对绝对的单一的评判标准的反动。正确的选择应是对人文学者本身的重新反思和自我定位。摘下启蒙的帽子，更多地关注现实中具体的人和事。人文学者应成为关注并就社会问题发言的公共知识分子，而不仅仅是"象牙塔"里的学究。

对社会公共问题的关注意味着人文社会科学家要保持对社会的独立批判精神，在"出世"与"入世"之间保持必要的张力。没有绝对超然的"出世"，也不要无法自拔的"入世"；"入世"是基本的取向，"出世"是为了与问题保持距离。但跳出问题则是试图看清问题，以求对问题进行批判与超越。或许，在多元化合法化的今天，"出世"与"入世"的融合也是多元化追求的应有之义。

3. 国际化与本土化问题

正如全球化一样，人文社会科学的国际化同样也是一股不可抗拒的浪潮，成为其发展的重要走向。在走向国际化的过程中，中国人文社会科学既面临着与世界人文社会科学相融合的新问题，也面临着保持自身发展的独立品格的新挑战。

人文社会科学的国际化包含着两层意思：一是指人文社会科学的发展超越了一国的界限，成为世界人文社会科学的重要组成部分，具有与国际人文社会科学界对话的能力和地位，得到国际人文社会科学界的承认；二是中国的人文社会科学家能以全球的视角，从世界的高度，从整个人类实践的高度来反思中国的人文社会现象和问题，建构中国的人文社会科学理论，引导人们的价值追求。评价人文社会科学国际化程度的指标主要有：认识主体的国际化、认识客体的国际化、科研信息的国际化、研究行为的国际化、研究成果的国际化和人文社会科学研究的政策体制的国际化等。

（1）国际化问题。

不应否认，中国人文社会科学的国际化程度近年来有了很大提高。从认识主体看，人文社会科学工作者现在已较容易获得支持到国外进行学术交流，参与国际合作研究项目和国际学术活动。从研究的客体或对象看，中国人文社会科学工作者所关注的问题与整个国际社会是一致的，如对全球化、网络安全与伦理、环境、生态与可持续发展问题的研究就取得了重要成果，获得了与国际同行对话和交流的能力，赢得了国际学界的认可。现代电子通讯和网络技术的普及也确确实实为人文社会科学研究带来了新的活力和助力。但国际化并不是完美无缺的。走向国际化的中国人文社会科学同样面临着国际化的陷阱，遭遇国际化的难题。

由于西方学术成就的广泛引进，我们现今所使用的理论与方法受其影响很深，尤其是在经济学、社会学、心理学、人类学、管理学等方面更是如此，我们的研究面临着这样的问题：我们所探讨的对象虽是中国社会与中国社会中的中国人，所采用的理论与方法却是西方的或西方式的。在日常生活中，我们是中国人，在从事研究工作时，我们却变成了西方人。我们有意无意地抑制自己中国式的思想观念与哲学取向，使其难以表现在研究的历程之中。

国际化意味着越来越多的国际交流与合作。但在国际合作研究中，由于议程的优先权多在对合作项目提供资助的外来机构和捐赠者一方，他们往往将研究的视角对准我们的问题，我们主要是协助对方研究本地的问题，难以获得真实全面的对方的实证材料，很难谈得上真正从比较的观点研究议题。

国际化提供了更多的机会接触和获取国外的著作，许多人文社会科学工作者如获至宝，如饥似渴地阅读外国作品，并以其作为提升课题研究的指标。对国外著作、学术信息的需求十分强烈，国内翻译和引进国外文章、著作的数量剧增；与此相反，大多数国内文章、著作却极少被翻译成英语或其他语言，难以得到国外同行的了解和研究，不能被纳入更广泛的学术讨论之中。

文化帝国主义是一种优势文化的心理态势，以本民族文化优于其他民族文化而对之加以排斥和否定，国际化加剧了这种优势心理。国际化网络旨在促进信息、资讯的国际流动，但实质是：网络语言主要是英语，英文的话语霸权充斥网络，其他国家和民族的语言面临着被淹没的危机；同时，网上的信息资源主要来自西方发达国家，其中 80%来自美国，这些国家利用其技术和资金的优势，输出各种信息资源，而信息的传播在文化上并非是中性的，发达国家在输出信息的同时也输出其文化倾向、价值观念和意识形态，张扬其话语霸权，这就是区别于军事帝国主义、政治帝国主义、经济帝国主义的文化帝国主义，发展中国家时时面对这些扑面而来的冲击，面临着接受西方文化观念与保持本土文化传统和价值观念的两难选择。

（2）本土化问题。

本土化（indigenization）又译为"本国化"、"本地化"或"民族化"。本土化的含义在于使某事物发生转变，适应本国、本地、本民族的情况，在本国、本地生长，具有本国、本地、本民族的特色或特征。中国人文社会科学的本土化主要是将西方人文社会科学的一般理论、概念和方法与中国的文化传统、价值观念和具体实践相结合，描述、解释和说明中国的人文现象和社会问题，预测中国社会的未来发展，形成自己的理论特色。

本土化的需求并非是中国特有的，它是在第二次世界大战以后，美国以外的其他工业国组成的第二世界和包括中国在内的第三世界国家掀起的一种普遍的学术运动，其原因在于欧美发达工业国家，尤其是美国，在整个人文社会科学领域占据主导地位，其他国家在引进和移植应用外来理论时，常常发现这些理论具有文化的限定性，不适应本国的文化情境，难以应用于本国实践，故而倡导对外来理论进行重新反思。社会学是最先提出本土化取向的学科，在社会学变迁史上，本土化作为一种自觉的群体性的学术活动取向，率先出现于 20 世纪二三十年代的拉丁美洲（尤其是墨西哥）和中国的社会学界，主要是对具有浓厚西方文化特征的欧美社会学的反思。1953 年巴西社会学家拉莫斯在第二届拉美社会学家大会上首次提出本土化运动的主张，要求同仁们丢弃从发达世界运来的"罐装社会学"，建立适于解决拉美问题的学派。在中国，经过上世纪 80 年代对西方学术成果的大量介绍、引进和学习之后，各个学科，如法学、人类学、经济学、心理学等，研究力量逐渐加强，也纷纷提出了本土化的发展要求，强调关注本国的社会现实、社会特性和文化传统，进行本土化的理论创新。在全球化时代，当西方发达国家利用其资金和技术优势大力推销其价值观念、意识形态和文化霸权时，本土化研究的意义日益凸显。

本土化的目的在于增进对本土社会的认识，解决本土的问题，增强理论在本土社会的应用度。当前中国人文社会科学的研究事实上存在着西方的话语霸权，这种话语霸权消解了中国问题本身的重要性，而凸现了西方社会关注的问题。"本土化"的关键还在于确立"中国问题"的主体意识，切实从中国的实际出发，建构出对中国人的行为及中国社会的组织运作具有确切解释力的人文社会科学理论，真正解决中国自己的问题。

本土化与国际化是人文社会科学研究的两个方面。从形式上看，本土化注重本土研究，国际化强调国际交流与研究对象的国际层次，追求理论、概念和方法的普遍性，二者走的是两条不同的路径，但二者并不矛盾。因为完全意义上的国际化研究形成的理论架构、概念系统、方法和研究结果具有文化的普遍意义，适用于描述和解释不同国家或地域的总体状况；但由于研究对象处于不同的地理和人文环境而具有特定的文化限定性，因此，就需要在特定文化背景中将具有文化普遍意义的研究的指导理论和概念具体化、可操作化，使之适合各个特定的文化。这时，本土化就要被强调。

315

小 结

相对于自然科学，社会科学的发展相对滞后，而古老的人文学科与一般公认的"科学"标准也有较大差距且有一些重要的不能以"科学"来涵盖的特点。一般把社会科学和人文学科统称为人文社会科学。

人文社会科学具有真理性与价值性相统一的特征，在实践中应该在认识论框架与价值论框架间保持必要的张力，既追求认识的真理度，又追求评价的合理度。人文社会科学的认识功能集中体现在对人文社会世界的描述、解释与预见等方面，其社会功能则体现在指导人类生活与社会活动的实践中。

问题意识淡漠和运作性不强是制约我国人文社会科学发展最突出的问题，需要摆脱体系本位意识、功利主宰导向以及片面意识形态化，应在咨政与怡情、建构与解构、学者人格与多元追求之间保持必要的张力。

思考题

1. 简述社会科学与人文学科之间的联系。

2. 人文社会科学有哪些基本功能？

3. 如何理解人文社会科学当中真理性与价值性的关系？

4. 当下我国人文社会科学发展中存在哪些迫切问题？

5. 应该如何应对我国人文社会科学当中问题意识淡漠和运作性不强的

问题?

延伸阅读

1. 许良英等编译:《爱因斯坦文集》(第一卷),北京:商务印书馆,1976 年。

2. 柯普宁:《辩证法·逻辑·科学》,上海:华东师范大学出版社,1981 年。

3. 皮亚杰:《发生认识论原理》,北京:商务印书馆,1981 年。

4. 阿·迈纳:《方法论导论》,北京:三联书店,1991 年。

5. 方华,刘大椿:《走向自为——社会科学的活动与方法》,重庆:重庆出版社,1992 年。

6. 张华夏等:《科学·哲学·文化》,广州:中山大学出版社,1996 年。

7. 斯诺:《两种文化》,上海:上海科学技术出版社,2003 年。

后 记

从上世纪 80 年代至今，科学技术哲学有了极为迅速、极为深刻的成长。她不但自身壮大成一门体制内的有自己特定内容和目标的学科领域，而且在更大的范围里发挥着独特的、不可替代的作用。她是科学技术与哲学交汇和倚赖的管道，是文科与理科交融和结合的桥梁，也是科学精神与人文精神汇合和互补的平台。我在上世纪 80 年代中期和 90 年代之初曾分别参编《自然辩证法教程》和《科学技术哲学引论——科技革命时代的自然辩证法》。新世纪以来，又分别撰写或主编《科学技术哲学导论》和《自然辩证法概论》，这两种书曾被许多同仁作为专业教材或教学参考书，并且都一再重印和再版，得到学界和读者的首肯。

近几年来，随着教育改革和通识教育的提升，人大出版社引领潮流，陆续出版了若干本适合广大读者需要的通识教育系列著作。他们希望我能回应科学技术哲学领域不断提出的新要求，设计和改编一本内容更新颖、理念更前卫、结构更紧凑并且针对性更强的著作，以敷通识课堂教学和一般读者阅读之需，我于是在原来编就的几本教材和著作的基础上，以《科学技术哲学导论》（第 2 版）为主要蓝本，经过大量增删，撰就了这本《科学技术哲学概论》。

我一向认为，大学的通识教育应该全面审视科学——从知识层面、精神层面、器物层面和社会层面几个不同的维度来进行。"知识层面"主要是科学的知识和技能部分；"精神层面"包括科学方法、科学思想以及科学精神；"器物层面"涵盖被转化为技术和力量的科学，可以直接用来变革自然、为人类服务；"社会层面"则是从外向里的反思，强调科学是一把"双刃剑"，一方面可能极大地推动社会发展，另一方面也可能造成严重的负效应。作为通识教育的《科学技术哲学概论》无论如何都需要积极关注这四个层面的工作。

本书实质上是对当代科学技术及其相关问题、要求和挑战的哲学回应。

在撰写时既注意到涵盖该领域的主要内容，又充分吸纳了近20年来有关研究的新开拓和新成果。本书着重考察了科学技术与人、自然、社会、经济及文化的关联和相互作用；对现代科技观和自然观问题、生态价值观和可持续发展问题、科技时代的伦理建构问题、科学发现与科学辩护问题、科学认识的经验基础和理论建构问题、技术和工程的概念基础问题、技术创新的理论与实践问题、社会科学的哲学反思问题等，在基本的论述之外都有一些比较深入的解读。全书连引论共10章，每章均有重点内容、小结、思考题和延伸阅读，以帮助读者理解和消化。全书还另附电子版的讲读大纲，图文并茂，是一份精心编就的辅助材料。（请于人大社学术出版中心网页下载）

本通识教材力求在通晓科学技术哲学知识体系结构以及重要知识点的基础上，应用相关学科知识，如科学思想史、自然哲学、科学哲学、技术哲学、科学技术与社会研究，等等，帮助和启发读者树立正确的自然观、科学观、技术观、社会科学观。

本书涵盖面非常宽，引用了大量公开发表的观点和材料，其中包括我所主持项目的研究成果。在本书撰写和改编过程中，刘蔚然和万重英为我零乱的手稿做了细致的编辑加工，王东按我的要求编写了很好的讲读大纲（PPT）。这本专著之所以能够问世，要感谢所有这些同仁和朋友对科学技术哲学在理论上的推进，要感谢出版社的决策和责任编辑的辛勤劳动。

科学技术哲学具有巨大的活力，不但已经积累了许多成熟的观点和内容，而且有更多需要继续探讨、不断修正的疑难问题。这是一个必须与时俱进的领域。虽然本人前后耗时一年有余，应算尽心尽力，但出手的成品粗糙之处颇多，欢迎业界专家和广大读者批评指正。

刘大椿

2011年春节于人大宜园